NVH 前沿科技与工程应用

〔美〕 黄显利　著

机 械 工 业 出 版 社

《NVH前沿科技与工程应用》以简洁明了的形式、通俗易懂的文字，配合丰富的图表，通过大量可借鉴、可复制的详细开发方法与工程应用案例，系统介绍了由声学超材料/超结构催生的NVH前沿科技成果，包含声学黑洞、声学超材料、局域共振超材料、新型减振技术、微穿孔板、施罗德扩散器和仿生声学超材料等内容，力求帮助读者开阔眼界、提升认知，启迪读者迸发出更多奇思妙想。

本书既适合作为从事NVH相关工作的工程技术人员的实践参考书，也适合作为高等院校机械、汽车、船舶、航空等专业师生的教学参考书。

北京市版权局著作权合同登记　图字：01-2022-6767号。

图书在版编目（CIP）数据

NVH前沿科技与工程应用/（美）黄显利著.　—北京：机械工业出版社，2024.6

ISBN 978-7-111-75651-4

Ⅰ.①N…　Ⅱ.①黄…　Ⅲ.①噪声控制②结构振动控制　Ⅳ.①TB53②TB123

中国国家版本馆CIP数据核字（2024）第079834号

机械工业出版社（北京市百万庄大街22号　邮政编码100037）
策划编辑：孟　阳　　　　　　　　　　　责任编辑：孟　阳　丁　锋
责任校对：张婉茹　丁梦卓　闫　焱　　　封面设计：马精明
责任印制：邓　博
北京盛通数码印刷有限公司印刷
2024年7月第1版第1次印刷
184mm×260mm·18.75印张·463千字
标准书号：ISBN 978-7-111-75651-4
定价：159.00元

电话服务　　　　　　　　　　　　　网络服务
客服电话：010-88361066　　　　　　机　工　官　网：www.cmpbook.com
　　　　　010-88379833　　　　　　机　工　官　博：weibo.com/cmp1952
　　　　　010-68326294　　　　　　金　书　网：www.golden-book.com
封底无防伪标均为盗版　　　　　机工教育服务网：www.cmpedu.com

致　谢

　　本书是对有关超材料/超结构的理论与实验研究成果的总结，同时包含了已经批准或正在申请的超材料/超结构方面的专利，以及一些在互联网上搜索到的关于超材料/超结构的工程化应用案例。感谢科技界先贤们探索、创造出如此神奇美妙的科学与技术。我试图将他们的成果融汇提炼后奉献给读者，并尽最大努力标明引用文献的出处。但遗漏在所难免，如果您发现书中所引内容为您原创但未标明出处，还望您谅解，我无意冒犯您，只是希望将您的成果介绍给广大读者，让您的成果得以善用。

　　感谢机械工业出版社的赵海青女士，她的远见卓识与鼓励是本书得以付梓的原动力。感谢机械工业出版社的孟阳编辑，他为本书的创作和付梓提供了支持与建议。

　　感谢李汝佳与覃伍兵夫妇非常及时地提供了一些参考文献，使我在无法获取资料的困境中能继续写作。

　　感谢我的夫人李晓蔚、女儿黄斯睿和黄瑞秋，感谢她们无限的爱、理解与支持，我希望将这本书奉献给她们，作为爱的回报。

前　言

NVH 中的 N 代表 Noise（噪声），V 代表 Vibration（振动），H 代表 Harshness（敲击或冲击）。我们使用的工具甚至我们居住的环境，充满了 NVH 所带来的困扰与不适，我们一直致力于使用 NVH 技术来减少这类影响。

传统的 NVH 技术有两大基本功能，一个是隔声功能，另一个是吸声功能。隔声功能是阻止声音从一个介质进入另一个介质，而吸声功能则是将一个介质中声音的能量转化成另外的能量形式，然后加以吸收。这两大功能分别建立在传递损失的质量定理（Mass Law）与声音吸收的吸声定理（Absorption Theorem）的基础上。这两个定理都与所处理的声的波长有关，波长越大，频率越低，需要的隔声或吸声材料就越厚。另外一个影响因素是质量密度，质量密度越大，声音的传递损失就越大。因此，传统的 NVH 技术都受制于材料厚度的影响。当我们试图控制中、低频（波长为 0.6 ~ 3m）的声波时，设计空间制约了 NVH 技术的应用。还有一个 NVH 应用的现实问题是，无论是质量定理还是吸声定理，都对声音的峰值频率没有选择性，换句话说，就是不能对声音在某些频率上的峰值进行有选择性的控制。例如，电动汽车驱动电机的噪声是有阶次的，传统的 NVH 技术无法对这些具有阶次的噪声进行有选择性的控制，因为传统的 NVH 材料服从声波的反射与折射定律。

近年来，电磁学、光学技术有了突破性的发展，电磁隐身、完美透镜等新技术相继诞生。这些突破性的技术都属于超材料技术范畴。超材料技术是通过人们在结构与材料上的巧妙设计，使所设计出的材料与结构产生自然界中所不具备的特性，例如电磁学中的负介电常数，或负磁导率，或两者均为负。负介电常数在自然界的物质中是不存在的。这些自然界中不存在的特性产生了奇异的物理特性：负折射、左手材料、完美透镜、电磁与光隐身等。超材料的奇异负反射与负折射特性启发人们导出了广义反射定律与广义折射定律，这就为超材料的设计提供了理论基础。

声波与电磁波和光波一样，都服从麦克斯韦（Maxwell）方程。人们自然而然地想把这些神奇的电磁与光学材料的特性应用于 NVH 技术。电磁学中的负介电常数与负磁导率，相当于声学中的质量密度与弹性模量。如果在声学介质中质量密度为负，或弹性模量为负，或两者皆为负，则声波会产生奇异的负折射与负反射现象，这对声波的传播产生了奇特的影响，例如传播方向的改变、波的传播禁带、完美吸声等。这些减噪效果都是在次波长下完成的，也就是说，用于减少噪声的部件厚度是所减少的噪声波长的 12.8%，起到了"四两拨千斤"的作用。另一个突出的特点是，这些 NVH 新技术本身与制造这些装置的材料几乎是没有关系的，它们只与装置本身的结构相关，这就突破了对 NVH 新技术的使用场合与环境的所有限制。这些神奇的 NVH 特性为 NVH 技术开辟了一个新的领域，为 NVH 技术的发展带来了新的方向。

　　本书以简洁明了的形式、通俗易懂的文字，通过大量可借鉴、可复制的详细开发方法与实际应用案例，系统介绍了各种由声学超材料催生的 NVH 前沿科技成果，包含声学黑洞、声学超材料、局域共振超材料、新型减振技术、微穿孔板、施罗德扩散器和仿生声学超材料等，力求为读者抛砖引玉，激发读者的创造力，启迪读者迸发出更多奇思妙想。本书在讲解实际应用案例时，尽可能涵盖了包括原理、材料、方法在内的所有内容，使读者可以按图索骥，亲手重现应用过程和结果，这能帮助读者更好地理解 NVH 新技术的内涵与价值，提高读者的开发设计与实施操作能力，更有利于读者举一反三，去继续践行 NVH 技术的创新之路。

黄显利

目　录

第1章　声学黑洞与伊顿透镜

1.1　声 学 黑 洞

1.1.1　声学黑洞的技术背景

在广义相对论中，有这样一种天体，它的吸引力是如此之巨大，以至于任何临近它的物体都会被吸引进去，甚至连光也无法逃逸，这种天体就是黑洞。在现代声学中，有与天体黑洞相似的一种结构，当声波在传递的过程中遇到它时会被聚集到一个中心，既没有折射也没有反射，永远不会逃逸出去，这种声学结构我们称之为声学黑洞（Acoustic Black Hole，ABH）。

天体黑洞是自然形成的，而声学黑洞是人创造的结构。声学黑洞结构的截面厚度以幂指数形式逐渐减少至零，波传播的相位速度与群速度随着厚度的减少而减少，直到为零。声学黑洞会产生一些非常奇特的物理现象，例如，由于波速减小至零，导致波永远不能达到声学黑洞的中心，因此，波在声学黑洞中的传播既没有折射也没有反射。这样的结果导致波的能量聚集在声学黑洞的中心。这些奇特的现象在减少结构振动与结构噪声辐射方面起到了非常神奇的作用。

声学黑洞是立陶宛学者 Chaim Leib Pekeris（图 1.1）在1946 年发现的。Pekeris 先生是麻省理工学院的高材生，学士、硕士、博士都在麻省理工学院完成。他最开始是读气象学的，曾经获得 Guggenheim 奖学金，去奥斯陆学习气象学。作为地球物理学家，他曾经研究过地球的自由振动与强迫振动，并计算了地球的振动频率。第二次世界大战期间，Pekeris 先生开始研究脉冲的传播。1936 年，他被提升为麻省理工学院的地球物理研究员，开始对地震波的传播感兴趣。1941—1945 年，他开始涉足军事研究，研究声学脉冲与波的传播，应该是与军舰抗爆炸相关的研究领域。1946 年，他将自己的发现发表在美国声学协会的杂志上。他的发现是在半空间的表面上的一个点声源向下传播时，

图 1.1　声学黑洞的开山鼻祖
Chaim Leib Pekeris
（1908—1993 年）

声速会随着深度的增加而减少，这样就会形成一个有边界的"幽灵区域"，在这个区域中声源不能穿越。

苏联科学家 M. A. Mironov 在 Pekeris 的研究基础上，研究了弯曲波在板中的传播，他证明了弯曲波板的厚度按抛物线规律平滑地减少到零时，入射弯曲波被完全吸收，没有任何反射。这些理论研究为声学黑洞奠定了完整的理论基础。但是由于信息缺乏传播，这些理论研究直到 21 世纪初才开始被人知晓并且受到广泛关注。

声学黑洞的另一位推动者是苏联学者 V. V. Krylov 教授（图 1.2）。Krylov 教授 1981 年毕业于莫斯科州立大学，所学专业为物理与数学，精通于声学。他毕业后在苏联的许多所学校任职，最后移民到英国，在 Loughborough 大学任终身教授。在英国，Krylov 教授在声学黑洞方面进行了一系列的研究与实验，发表了一系列这方面的文章，他的许多研究成果都被后来的声学黑洞学者采用，对声学黑洞的研究与应用起到了巨大的推动作用。

图 1.2　Krylov 教授

结构振动是产生噪声的源头之一。减少结构弯曲共振的方法就是通过提供阻尼来减少源自结构自由边界的弹性弯曲波的反射。但是增加阻尼的方法并不是很有效，一方面，它要求阻尼覆盖整个振动表面，而且要有相当的厚度，这就大大增加了结构质量；另一方面，有些阻尼材料不适合在某些极端环境，例如极热环境、极冷环境或高腐蚀的情况下工作。此外，这种方法对于低频振动效果不佳。还有一种方法是主动振动控制。这种方法就是在振动板上获取振动信号，然后通过控制器发出控制信号，再通过执行器在板上产生反向振动来抵消振动。这种主动控制对低频振动的控制效果比较好，但带宽比较窄，而且成本很高，机构也比较重。

结构振动产生的声音辐射称为"结构噪声"，结构噪声分为两部分，一部分为共振噪声，另一部分为非共振噪声。共振噪声是通过板与空气之间的频率耦合来传递噪声的，而非共振结构噪声是通过声音的折射与反射，从结构的一面传递到另一面的。根据这些噪声的传递原理，传统的结构噪声减少方法之一是在结构上附加阻尼，以增加波传递过程中的能量损耗，减少结构振动，从而达到减少结构噪声的目的。另一种方法是根据"质量定律"增加结构的面密度，从而使结构的功率传递损失增加，达到减少噪声的目的。

声学黑洞是人造结构，这为我们利用系统工程的方法，利用优化设计的理论以及设计科学进行优化设计提供了一个广阔的应用场景。为了减少振动与噪声，我们不再被动地对振动进行围、追、堵、截，而是利用我们的智慧与想象力，像大禹治水一样把振动与噪声随心所欲地进行引导，使用更科学的方法、更优化的方案，在更有效的地方，以更方便的方式减少振动与噪声。减少振动与噪声的设计可以是设计者设计思想的实践，我们可以在结构允许的情况下，根据振动能量的分布与振动特性，将其引导到一个或多个设计者指定的位置，再将振动能量聚集起来进行消耗，或者进行主动控制。这种全新的 NVH 设计理念与方法可以在更广泛的应用领域，例如工业、农业、军事等，发挥前所未有的作用。这种全新的设计理念与方法必将为 NVH 技术的应用谱写新的篇章。

1.1.2　声学黑洞的理论基础

1. 波数

为了更好地利用声学黑洞，我们需要对声学黑洞进行简要的理论介绍。声波的传播速度可以用波数来描述。对于厚度均匀的板来说，弯曲波的波数公式为

$$k = \left[\frac{12\rho(1-v^2)}{Eh^2} \right]^{1/4} \sqrt{\omega} \qquad (1.1)$$

式中，k 为波数；ρ 为材料的密度；v 为材料的泊松比；E 为材料的弹性模量；h 为板的厚度；ω 为板中波的圆频率。

四边形的梁的弯曲波波数为

$$k = \left[\frac{12\rho}{Eh^2} \right]^{1/4} \sqrt{\omega} \qquad (1.2)$$

式中，k 为波数；ρ 为材料的密度；E 为材料的弹性模量；h 为板的厚度；ω 为板中波的圆频率。

声学黑洞的一个重要特点是结构的厚度按幂指数变化至零。以梁或板为例，其厚度变化如图 1.3 所示。

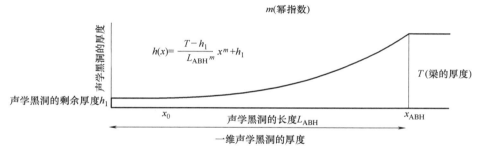

图 1.3　声学黑洞的厚度变化规律

在这种情况下，厚度不再是常数，而是随着 x 的增加而减少。为什么厚度必须是幂指数？因为厚度不能有突变，一旦出现突变，就会在厚度突变处形成折射与反射，所以厚度必须是光滑变化的。在这种情况下，波数方程为

$$k(x) = \left[\frac{12\rho(1-v^2)}{Eh(x)^2} \right]^{1/4} \sqrt{\omega} \qquad (1.3)$$

由式（1.3）我们可以看到，波数在板（或梁）中随着板厚减少到零而变成无穷大，弯曲波数在单位长度内有无限个波周数，而波长对于一个任意的频率都会变成零。

弹性波在均匀板厚中的传播特性是波长保持为常数。当板厚减少时，弯曲波的传播特性会发生改变。当波传播到声学黑洞时，越接近声学黑洞的中心，其波速与波长就越小，而振幅却越来越大（图 1.4）。当厚度无限小时，波速与波长趋近于零，其物理意义是波永远传播不到板的边缘，因此，也就永远不会碰到边缘而反射回来。波就像进入了一个宇宙黑洞一样，永远不会逃出来。形象地讲，我们可以设想波是一个人向终点跑去，他的目标是一旦碰到终点后，立即以同样速度与步长折返跑回到起点。但是这条路是一条特殊的路，这个人越接近终点，他的跑步速度就越慢，同时步长也越小，就像在做跑步的慢动作一样，永远在跑向终点的路上而且永远达不到终点，他折返的目标就永远实现不了。这种情况使我们想起夸

父逐日的故事。夸父越接近太阳就越感到炙热，永远达不到太阳，也永远不能返回他的家乡。这样的结果从声学的角度来讲，就是弹性波在经过声学黑洞时，既没有折射也没有反射。

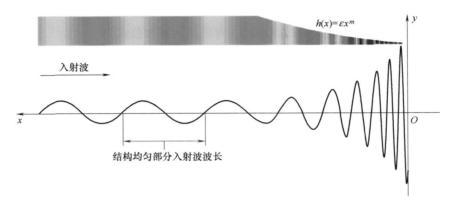

图 1.4　弯曲弹性波在板中的传播特性

板中的弹性波在传播的过程中，遇到断面或不连续的界面时会产生反射现象，反射波从断面向波的起点传播，这样两个波在传播的过程中就会产生叠加。在断面上的应力会叠加成一倍于原来的波的应力。如果借助这个因断面幂指数减少而产生弹性波的黑洞现象，就不会有反射波，也就是没有波在边界上的叠加现象。

2. 波动能量

波传播时携带着能量，这些能量推动波的传播，而能量是不能被消灭的，是守恒的。波的能量分成两部分，一部分是波的动能，另一部分是波的势能。波的能量是一个常数：

$$E = \frac{\rho g A^2}{2} \tag{1.4}$$

式中，E 为能量；ρ 为材料的密度；A 为振动幅值；g 为重力加速度。

3. 波动能量的聚集效应

当波传播到声学黑洞时，波速降低，波长减小，幅值增大，这就产生了另一种奇特现象；在声学黑洞中，不同时刻的波陆续到达，但这些波的行进速度降低了，各个时刻的波排着队在一个很小的空间中前进，而且波与波之间的距离也越来越小，这就形成了波的能量在声学黑洞中心附近聚集的奇特现象。对于一个二维空间的圆形声学黑洞，当波在声学黑洞外传播时，是沿着直线方向行进的；当波行进到圆形声学黑洞的边缘时，其传播方向会沿着圆形的边缘产生朝向圆心位置的偏转，即所有到达圆形声学黑洞区域的波都会改变方向，向着声学黑洞中心的方向前进，最终都聚集在圆形声学黑洞的中心点，因此，在圆形声学黑洞中心产生了能量聚集，如图 1.5 所示。

图 1.5 中的红线代表弯曲波的传递路线，点 O 是圆形声学黑洞的中心点。我们可以看到，当弯曲波行进到声学黑洞边缘时，波的行进路线发生了向着声学黑洞中心的偏转，到达中心点的路径在 y 方向，越远离中心点的弯曲波路径越长。

古希腊神话中的伊娃戈瑞（Evagora）与勒娅戈瑞（Leagore）是海洋中的聚集女神（图1.6）。她们的职责是保护海洋中的鱼类，因此，她们有聚集鱼群的神力。当鱼群有危险时，她们将鱼群召集到一起来保护它们。如果我们把结构看成海洋，把声波看成海洋中的鱼类，

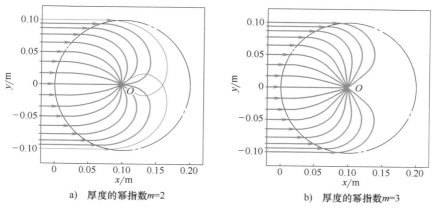

a) 厚度的幂指数$m=2$ b) 厚度的幂指数$m=3$

图 1.5 声学黑洞中的弯曲波的传播轨迹

图 1.6 骑着海豚的聚集女神

注：该图来自 THEOI 希腊神话网站

那么聚集女神就是聚集鱼类的声学黑洞中心。

4. 声学黑洞的特例：椭圆形板

这种声学黑洞的特点是将椭圆形板的一个焦点作为激励点，而另一个焦点作为声学黑洞的中心点（图 1.7）。

在激励点产生的所有弯曲波都会聚集到声学黑洞的中心，其中一部分弯曲波直接聚集到黑洞中心，其他部分根据椭圆形的图形原理，会先经过自由边界的反射再聚集到声学黑洞的中心。

声学黑洞聚集声波的另一个特点是在声学黑洞外传播的波，只要传递路径不在声学黑洞的范围内，就不会聚集在声学黑洞中。对于一块二维板，如果声学黑洞不能涵盖所有传递路径，就总有某些波从声学黑洞旁路过而不被吸引到声学黑洞中，就像大禹治水一样三过家门而不入。

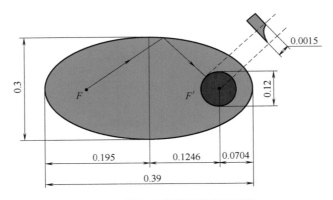

图 1.7　具有声学黑洞的椭圆形板

椭圆形声学黑洞大大降低了椭圆板波的速度，是非常好的减振措施（图 1.8）。

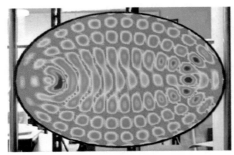

a)　基础线椭圆形板

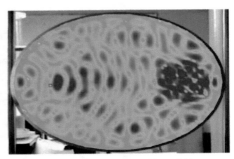

b)　带有声学黑洞的椭圆形板

图 1.8　实测椭圆形板的速度场

5. 声学黑洞对反射系数的影响

我们再来看加上声学黑洞后，波在板中的反射系数会如何变化。

图 1.9 中横坐标为频率，纵坐标为波在板中的反射系数。我们可以看到，当板厚按照幂指数减少时，幂指数越大，板的反射系数越小，对于同一个幂指数，频率越高反射系数就越小。这两个声学黑洞的特性对声波在板中的传播有影响，进而对板的声学传播特性的改变具有非常重要的实际意义。比如，我们有一个一维的结构，在板中间加上一个声学黑洞，当有一个弯曲波沿着板的一端向另一端传播到达声学黑洞时，由于板的厚度改变而产生反射，但是反射系数随着厚度的减小而减小。也就是说，反射波随着板厚度的减小而减小，当厚度为零时，就没有任何反射了。

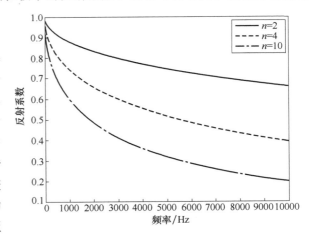

图 1.9　反射系数与板厚的幂指数及频率关系（其中 n 为幂指数，$n \geqslant 2$）

声学黑洞的这些特性，为开展减少噪声与振动的设计提供了依据。

1.1.3　声学黑洞的结构

在设计声学黑洞时我们需要注意以下几点。

1）声学黑洞的重要特征是其厚度按幂指数逐渐减小至零。设计声学黑洞时要考虑厚度以及幂指数的选择。

2）在实际加工时，声学黑洞的边缘是不可能为零的，总要有一些截断，即声学黑洞的中心很薄，但不是零。

3）为了利用声学黑洞减少振动，还要在声学黑洞中心的边缘上加阻尼片，这样声学黑洞的减振效果会更好。

声学黑洞的加工方式可以分为机械加工与3D打印。

1. 平面板的声学黑洞形式

工程中经常用到的结构以二维平面板形式为主，平面板的声学黑洞设计可以有不同形式，读者可以根据实际应用情况进行选择。

每一个声学黑洞结构都由两个声学黑洞组成。图1.10中，形式1是标准的二维声学黑洞，形式4与形式1是一样的，只不过它的厚度是形式1的2倍；形式5是将2个声学黑洞背对背地粘在一起；形式6是在1个厚板上做2个对称的声学黑洞；形式7是2个声学黑洞面对面粘到一起；形式8是2个声学黑洞在比较厚的板中形成；形式9是1个板上有4个声学黑洞；形式10是2个具有2个声学黑洞的板组合成具有4个声学黑洞的结构。

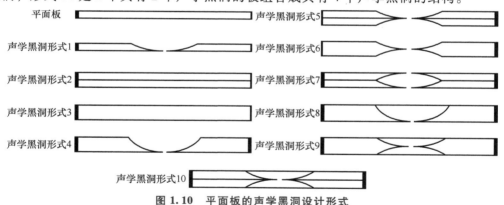

图 1.10　平面板的声学黑洞设计形式

2. 环形或圆柱形声学黑洞形式

环形和圆柱形结构在航海、航空、电机等领域中有广泛的应用，这类结构的振动衰减特性有着非常高的实际应用价值。平板型声学黑洞可以自然地延伸、扩展为环形结构。

图1.11中，环形结构声学黑洞的区间是轴向$-r_{ABH}$到r_{ABH}，其中心厚度为h_c。厚度服从幂指数变化：$h(x) = \varepsilon h^m + h_c$，其中 ε 是平滑参数。区间 $[-r_v, r_v]$ 代表阻尼层，厚度为 h_v。

由图1.12可以清楚地看到，环形声学黑洞应用到圆柱形结构中，圆柱形的辐射声功率无论在临界频率 $f_c = 585\mathrm{Hz}$，还是在环频率 $f_r = 865\mathrm{Hz}$ 以及其他频率上，都有非常显著的衰减现象。

3. 轻质声学黑洞超结构的工程化设计

西安交通大学的刘波涛和张海龙等人提出一种新型声学黑洞轻质超结构。该轻质超结构

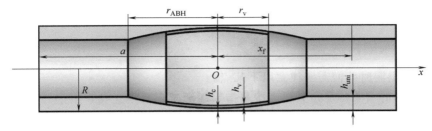

图 1.11　环形结构的声学黑洞设计

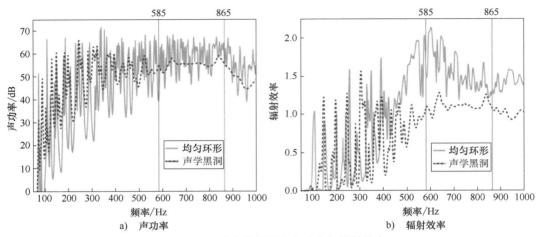

a)　声功率　　　　　　　　　　　　　　b)　辐射效率

图 1.12　环形声学黑洞的声功率与辐射效率

声学黑洞由一系列声学黑洞周期性地排成列阵组成,可以实现在低频下的带宽隙,从而实现低频宽带高效隔声。图 1.13a 所示为理想化声学黑洞的周期性排列列阵形式。在此基础上,

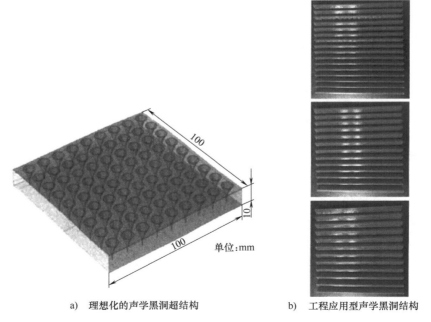

a)　理想化的声学黑洞超结构　　　　　　　b)　工程应用型声学黑洞结构

图 1.13　声学黑洞超结构

有学者提出了更加接近工程应用的楔形折弯声学黑洞排列列阵（图1.13b）。这种工程应用型声学黑洞结构是将声学黑洞的尖端1mm截断，再将声学黑洞的楔形几何在薄板上进行多次等距离一维拉伸加工而成的。

试验证明，这种工程应用型声学黑洞结构中，50~1600Hz频率段内的平均隔声量达到30~40dB，具有低频宽带高效隔声效果（图1.14）。

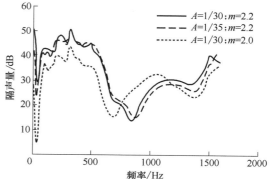

图1.14 工程应用型声学黑洞结构的隔声量

4. 阿基米德螺旋声学黑洞

如何增加声学黑洞的阻尼性能，同时减少声学黑洞所占的空间？把直线式的声学黑洞改为曲线式的声学黑洞就是一种方法。之所以采用阿基米德螺旋线来形成声学黑洞，是因为它能够最小化动力变形时基本模型物理接触的可能性。

使用阿基米德螺旋声学黑洞，避免了在长度方向上占用空间。从图1.15所示的试验结果可以看到，声学黑洞本身的两个振动峰值可以分别减少12.6dB与7.5dB，如果加上阻尼，这两个峰值的振动可以分别减少21.9dB与27.4dB。可见声学黑洞阻尼的减振作用是非常大的。

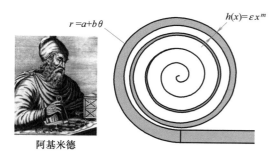

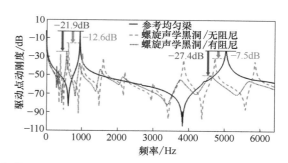

图1.15 阿基米德螺旋声学黑洞及其减振性能

5. 具有横向开槽的声学黑洞杆

这种装置是在均匀的杆或板的两边开出不同深度的槽，槽的深度满足声学黑洞的幂指数定义，如图1.16所示。这种特殊的声学黑洞装置的槽减少了弯曲刚度，实际上并没有改变线性质量，因此声学黑洞的门槛频率降低了。另一个好处是加工更容易了，对于生产精度的要求也降低了，因为开槽比在板上加工按幂指数变化的厚度要容易得多。

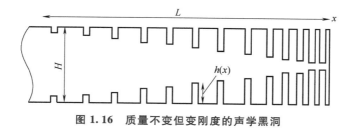

图1.16 质量不变但变刚度的声学黑洞

1.1.4　声学黑洞特性的利用

1. 振动控制

主动结构声振控制（Active Structural Acoustic Control，ASAC）技术是使用结构执行装置，通过控制结构振动达到抑制结构噪声的目的。该装置安装点的选取颇费思量，需要考虑选择安装在结构的哪个或哪些点上才能更高效地减少结构振动。结构中的声学黑洞具有聚集能量的特性，即可以把结构的振动能量聚集到人们想让它聚集的地方，然后用主动的和被动的减振方式减少振动能量。

2. 噪声控制

我们再讨论一下声学黑洞对结构的声传递的影响。板的声传递是指声在板的一侧通过板传到另一侧的能力。声传递的能力用声传递损失来表示。板的声传递分为两部分，一部分是非共振性声传递，这部分的声传递主要是由质量定理决定的，即声传递损失与板的面密度的平方成正比；另一部分是共振式声传递，这部分声传递主要是板的振动激励了与板接触的空气，使空气产生波动与辐射，进而产生了噪声。当板上带有声学黑洞时，板受到振动激励时的振动响应受到了抑制，振动减少，辐射噪声就会减少。理论上，声学黑洞的边缘厚度应该为零，但实际工程加工是做不到的，板的边缘会很薄，也就是有些截断。另外，声学黑洞在中心附近的能量聚集为我们高效地减少和消耗振动能量提供了一个绝好的基础。基于这些考虑，工程应用上经常在声学黑洞中心的边缘贴上一些吸收振动能量的阻尼片，这样就能把聚集起来的振动能量高效地转化为热能，进而消耗掉。

3. 声学黑洞的组合列阵

声学黑洞没有天体黑洞那样的强大吸引力，不能把不经过声学黑洞的能量都吸引到其中心。当一个结构为二维时，波的传递路径不可能布满作用的结构面积时，在结构中布置一个声学黑洞进行结构的减噪与减振就显得捉襟见肘了。为此，我们需要采用把若干个声学黑洞组成组合列阵的设计方式，在结构上合理地、优化地布置声学黑洞列阵。在设计条件允许的情况下，最大化声学黑洞的减振与减噪功能。一个设计原则是不要将两个声学黑洞布置在一个振动波的传递路径上，而要将多个声学黑洞布置到不同振动波的传递路径上，以最大限度地聚集振动波，进而最大限度地衰减振动波的能量。

4. 黑洞中心的阻尼效应

声学黑洞中心积聚了振动能量，并且粘贴有阻尼材料。试验证明，最大的共振幅峰值可以衰减20dB，由此可见声学黑洞聚集能量对振动抑制有着巨大的作用，可以充分用于振动衰减。试验还证明，在声学黑洞边缘粘贴一条比较窄的阻尼材料，比在整个声学黑洞区都粘贴阻尼材料的振动抑制效果还要好，这个结果出乎人们的直观感觉，也是一种多快好省的振动抑制方法。在实际应用中，声学黑洞边缘必须要有截断，而只要有截断就会有折射和反射。试验证明，阻尼材料对声学黑洞的反射系数有明显的降低作用。

5. 声学黑洞在温度场中的振动衰减

有些结构需要在一定的温度场中工作，这种工作环境使振动衰减受到很大的限制，因为阻尼材料通常都不耐热。温度场沿着梁的梯度分布呈现幂指数形式，如图1.17所示。

根据这些试验数据，我们可以看到在热载荷作用下，没有声学黑洞的梁具有明显的共振峰。加上一个温度场（i）后，共振峰明显减弱，再加上一个温度场（ii）后，共振峰完全

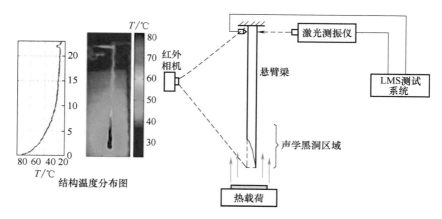

图 1.17 声学黑洞在温度场中的减振试验

消失了，如图 1.18 所示。这就说明声学黑洞可以设计成使用温度梯度控制梁的弹性模量，甚至不需要梁的厚度的机械式减少。

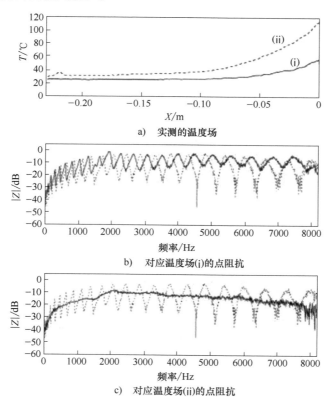

a) 实测的温度场

b) 对应温度场(i)的点阻抗

c) 对应温度场(ii)的点阻抗

图 1.18 温度场对共振峰的影响

可以把声学黑洞的这种性质进一步扩大应用到高温的工作环境中。

6. 能量俘获器

声学黑洞把能量聚集到黑洞中心，如何俘获这些能量就成了一个科学课题。振动能量的俘获有两个目的，第一个是收集这些能量以备它用；第二个是将这些能量收集后消耗掉，以减少振动。如果把上面描述的单个声学黑洞组合叠加起来，就可以形成一个声学黑洞能量俘获器（简称俘能器）组，将声学黑洞聚集起来的能量俘获，然后将这些能量消耗掉，这就是一个很好的减振装置，如图 1.19 所示。

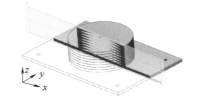

a) 声学黑洞俘能器组的三维示意图

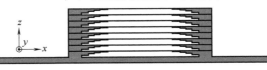

b) 声学黑洞俘能器组的剖视图

图 1.19 声学黑洞俘能器组合

这种声学黑洞俘能器的优点是像创可贴一样，可以非常容易地安装在任何一个需要减振的地方，也非常容易拆卸，设计制造起来也很容易。

声学黑洞俘能器本身具有一个结构共振频率，这是一个设计问题：我们首先要通过试验或计算发现被减振结构的问题共振频率，然后设计声学黑洞俘能器的共振频率，这两个频率应该相同。声学黑洞俘能器的共振频率能形成反共振，使得减振结构的共振幅值减小。

声学黑洞俘能器设计的关键是通过材料特性与板厚的设计，使其共振频率与振动源的共振频率相接近，俘能器产生局部的反共振，实现耗能减振的作用。例如，有一个结构，它的共振频率是 310Hz，我们希望设计一个声学黑洞俘能器来抵消 310Hz 的共振。设计的方法是通过有限元模型的计算，对声学黑洞的尺寸进行优化。我们假设一个声学黑洞俘能器由 5 种阶梯厚度的圆环组成，声学黑洞中心开孔直径为 30mm，各个圆环的宽度为 15mm、30mm、30mm、30mm、30mm，整个声学黑洞区域的直径为 300mm。$r_1 = 15\text{mm}$（$h_1 = 0$），第 1 圈圆环的宽度 $d_1 = 15\text{mm}$，而第 2 圈到第 5 圈的圆环宽度相同，都等于 30mm；最大圆环的外圆半径 $r_{ABH} = 150\text{mm}$；最外层厚度 $t = 9\text{mm}$；声学黑洞的厚度按幂指数 $h = \varepsilon x^m = tx^2/r^2 = 493.827x^2$ 呈阶梯状；材料为钢板。根据有限元模型计算，该装置的第一阶共振频率为 305.14Hz，基本满足设计要求。

7. 片状声学黑洞

声学黑洞的基本特点是结构厚度按照幂指数连续变化到零，可以"俘获"特定频率的弯曲振动波，而声学黑洞中心处的厚度为零，可以像天体黑洞一样"吞噬"振动弯曲波。而"吞噬"的实际效果是波动能量聚集在声学黑洞中心，形成高密度能量。

最简单、最容易实现的声学黑洞是用 3D 打印制造出来的，但 3D 打印是一层一层地打印，这种制作特性很难实现按幂指数连续减少的板厚。为了模拟这种 3D 打印的声学黑洞，可以用片状声学黑洞来近似，如图 1.20 所示。

1.1.5 声学黑洞技术的应用

1. 在汽车发动机顶盖中的应用

传统燃油汽车的发动机安装在发动机舱内，是其主要噪声源之一。除了发动机本身的降噪外，还可以在发动机舱中设计减噪措施，例如发动机顶盖的减噪。发动机顶盖设

图 1.20 圆形平板上的片状声学黑洞

计在发动机的上方，基于部件静、动干涉的考虑，它与发动机上部留有一定的设计空间。

图 1.21 中，发动机顶盖的下方设计有 5 个声学黑洞。声学黑洞将发动机上部产生的噪声与振动聚集到其中心，通过阻尼材料加以吸收，减少了发动机顶部向外辐射的噪声，如图 1.22 所示。

试验结果说明，该发动机辐射噪声在发动机顶盖及其声学黑洞作用下平均减少了 6.5dB。

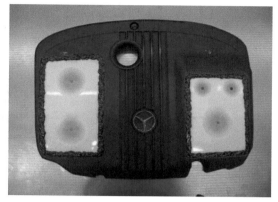

图 1.21　某奔驰汽车发动机顶盖的声学黑洞设计

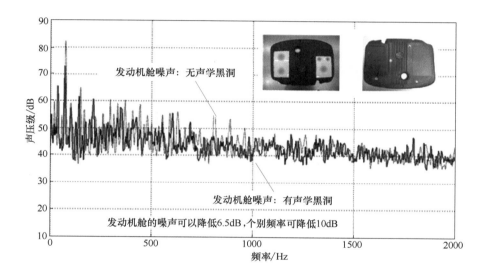

图 1.22　采用无声学黑洞发动机顶盖与有声学黑洞发动机顶盖时的发动机舱噪声对比

2. 在喷气发动机风扇叶片中的应用

喷气发动机风扇叶片的主要失效原因之一是流体引起的叶片振动。振动使得叶片产生交变应力，从而产生疲劳与破坏。减少振动是叶片设计的重要内容，这样可以减少叶片所承受的交变应力，进而延长其使用寿命。叶片的截面特性与声学黑洞很相似，都是厚度由中心向边缘逐渐减小。叶片的后缘厚度接近零，因此，只需要对叶片的后缘稍加改动就可以形成声学黑洞，由图 1.23 我们可以看到，使叶片的后缘以一定形式弯曲便可以形成声学黑洞。

以 NACA1307 翼形叶片作为参考基础叶片。叶片由铝块经数控机床加工而成，刀具转速为 1200r/min。

如图 1.24 所示，一共制作了 4 个（2 对）样本。第一对的第一个是参考叶片，是直的，第二个具有按幂指数变化的边；第二对的参考叶片是弯曲的，而对比叶片也是弯曲的，且具有按幂指数变化的边。

不同样本的振动特性及其声学黑洞的效果比较：通过将叶片吊起来形成自由边界条件，然后在叶片上使用激振器进行激励，同时在激振点上测量叶片的振动响应，其测量点的方向

具有声学黑洞的叶片

一般叶片基础模型

图 1.23　一般叶片与具有声学黑洞的叶片对比

a)　直的参考叶片　　b)　直的具有幂指　　c)　弯曲的参考叶片　　d)　弯曲的具有幂
　　　　　　　　　　　　数边的叶片　　　　　　　　　　　　　　　　　　指数边的叶片

图 1.24　试验样本对

与激振器激励方向在一条线上，也就是激励点的动刚度测量（图 1.25）。

叶片

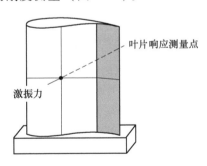

叶片响应测量点

激振力

a)　提供激振力的激振器　　　　　　b)　叶片样本上安装的加速度仪测量点

图 1.25　叶片样本的试验验证示意图（直线形叶片）

　　试验结果如图 1.26 所示，实线为具有声学黑洞+阻尼片的叶片的曲线，虚线是不具有声学黑洞的参考叶片的曲线。我们可以看到，当频率在 1500～3500Hz 之间时，带有声学黑洞的叶片的加速度相对于参考叶片的加速度峰值个数变少了，峰值变小了，频率大于 3500Hz 后就没有峰值了。在这个例子中，频率小于 1500Hz 时振动峰值没有变化，声学黑洞没有效果。

　　叶片在实际工作中还承受空气流动激励产生的振动。这样的工作状况可以在闭路风洞中

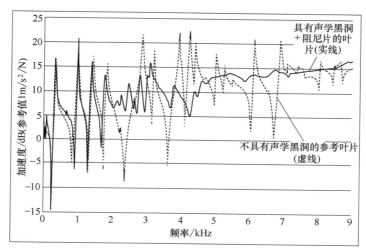

图1.26　声学黑洞减振效果试验验证

进行验证。叶片在风洞中受到气流的吹动，气流在流经叶片时激励叶片产生振动。在同样条件下对比试验不同的叶片，然后对比声学黑洞的减振效果，如图1.27所示。尽管风洞使用最大的风速并不能代表实际的发动机转速情况，但可以作为初始评价，也可以用于发动机起动或停车时的验证。

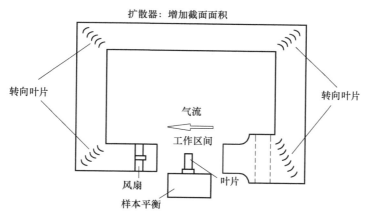

图1.27　闭路风洞叶片试验示意图

　　风洞试验中的叶片样本共有4个。第一个是参考叶片，即传统的叶片；第二个是将后缘改成声学黑洞的叶片；第三个是在第二个叶片上加上简单的阻尼片的叶片；第四个是在第二个叶片的基础上加上模仿原始叶片形状的阻尼片的叶片，如图1.28所示。参考叶片是原始设计的，充分考虑气流的特性。附加声学黑洞改变了叶片截面，破坏了叶片的原始流体特性，风洞中流体的可视图（图1.28b与图1.28c）都显示了附加的湍流。我们可以通过在声学黑洞上设计阻尼片来恢复原始的设计截面，样本产生的湍流在图1.28d中消失了，这样既可以减少叶片由气流引起的振动，又不会因为声学黑洞的引入而导致新的振动。

　　如图1.29所示，风洞气流引起的力都在低频频谱，并且激励了两个工作频率，一个是60Hz，另一个是360Hz，声学黑洞以及带有叶片原始形状的阻尼片的加入，60Hz时的加速

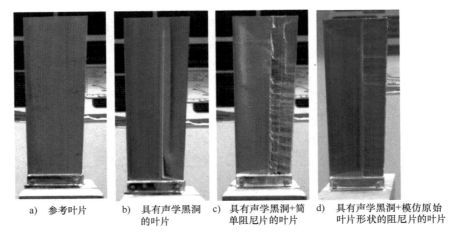

a) 参考叶片　　b) 具有声学黑洞　　c) 具有声学黑洞+简　　d) 具有声学黑洞+模仿原始
　　　　　　　　　的叶片　　　　　　单阻尼片的叶片　　　　　叶片形状的阻尼片的叶片

图1.28　风洞试验中的参考叶片与声学黑洞设计

度由 3m/s² 减小到 1.5m/s²，360Hz 时的加速度由 2.5m/s² 减小到 1.25m/s²，即叶片的振动在这两个共振频率时的峰值减少了 50%。声学黑洞使得叶片振幅减小，进而减小了循环应力，从而提高了叶片的疲劳寿命。

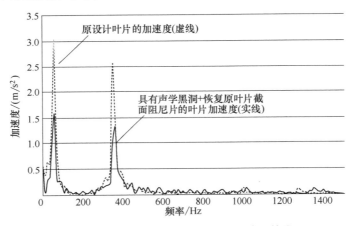

图1.29　声学黑洞叶片的风洞试验验证结果

　　尽管叶片附加声学黑洞在激振器与风洞中都显示了出色的减振效果，但并没有在叶片的实际工作环境下进行设计验证（Design Verification）和实际产品的确认（Product Validation），而这两个步骤在设计验证中是必不可少的。

3. 在直升机驾驶中的应用

　　直升机的体积比较小，发动机的安装位置距离驾驶舱非常近，导致驾驶舱噪声问题非常严重。驾乘人员长时间受到高强度噪声的影响会导致他们出现心理与生理健康问题。声学黑洞技术具有结构简单、易制造、减噪高效、轻质、宽频、易安装、易集成等特点，用于直升机的减振与减噪非常合适。

　　根据对直升机的噪声源与传递路径分析，驾驶舱的后隔板是一个主要的噪声传递路径，是控制驾驶舱噪声的有效途径，如图1.30所示。根据分析，直升机的声源具有典型的宽带特性，为 200~3000Hz。

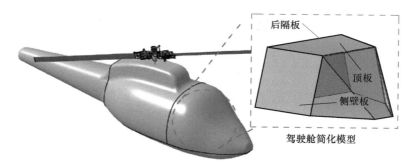

图 1.30 直升机驾驶舱简图

设计思路：第一种设计方案是在后隔板上加入内嵌式声学黑洞，就是在后隔板上去除材料，从而形成一个厚度按幂指数变化的声学黑洞（图 1.31a）；第二种设计方案是附加式声学黑洞，就是在后隔板上附加一个声学黑洞俘能器，使其共振频率与后隔板主结构的共振频率相匹配（图 1.31b）。这种俘能器的结构设计比较特别，圆盘中心区域（$O \sim R_1$）的厚度为板厚，在区域 $R_1 \sim R_2$ 内的厚度按幂指数减少，在圆边缘附加宽度为 R_d 的环形阻尼片。可以把这个声学黑洞俘能器安装在任何一个能够最大幅度减少后隔板振动的位置上，若有必要甚至可以在后隔板上安装多个这样的装置。

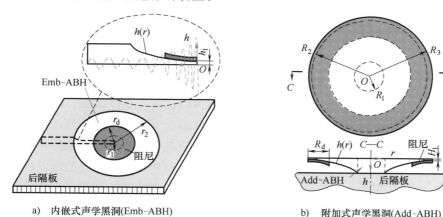

a) 内嵌式声学黑洞(Emb-ABH)   b) 附加式声学黑洞(Add-ABH)

图 1.31 直升机驾驶舱后隔板声学黑洞设计方案

为了方便读者了解这些声学黑洞的具体设计方案，特抄录了它们的具体物理参数与几何参数，见表 1.1 和表 1.2。

表 1.1 声学黑洞的几何参数

内嵌式		附加式	
h_1/mm	0.4	H_1/mm	0.2
r_1/mm	10	R_1/mm	5
r_2/mm	120	R_2/mm	55
r_d/mm	60	R_3/mm	61
m	2	R_d/mm	10
a	0.0003	A	0.001

表 1.2　声学黑洞的物理参数

参数	后隔板	阻尼
弹性模量/GPa	71	0.1
密度/(kg/m³)	2820	1780
泊松比	0.33	0.45
损失因子	0.002	0.28

根据理论分析这些声学黑洞的降噪效果，如图 1.32 所示。

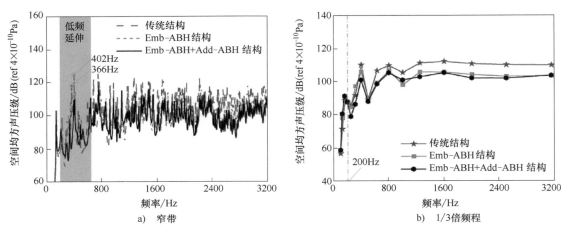

a)　窄带　　　　　　　　　　b)　1/3 倍频程

图 1.32　直升机驾驶舱后隔板的声学黑洞降噪效果

从图 1.32a 中可以看到，结构的共振频率的噪声峰值在 110～125dB，而加上内嵌式声学黑洞的结构的共振峰值在 100～115dB。从图 1.32b 来看，减噪效果是相当明显的。

如果我们对声学黑洞的设计参数进行优化，根据直升机驾驶舱后隔板的共振频率，对直升机驾驶舱声学空腔的共振进行详细分析，分析后隔板与声学空腔之间的流固耦合性能，对声学黑洞的位置与共振特点进行优化分析，减噪效果会更加有效。注意，这些设计同样需要进行试验验证与产品证实。

4. 在船舶基座结构中的应用

大型船舶发动机的特点是功率大，产生的动态激励力也很大。这些激励力会激发船体产生大振幅的振动，这些振动通常是有害的。由这些振动引起的噪声也是一个严重的设计问题。降低船舶振动与辐射噪声最优先的设计方式就是抑制或者减少船上动力装置造成的机械振动。船用发动机是通过基座安装到船体上的，发动机的振动通过基座结构传递到船体上。在基座中融入声学黑洞目前还是一种新颖的设计概念。船用发动机安装基座通常尺寸比较大，这为声学黑洞的设计提供了一个重要的基础条件。

船用发动机安装基座的一般结构如图 1.33 所示，主要部件是支座侧板（腹板）、支座板（面板）与加强筋板（肘板）。肘板是发动机振动向船体传递的主要路径，在其上进行声学黑洞设计可以更加高效地抑制发动机传向船体的振动。面板与腹板均为长 1m、宽 0.4m 的矩形板，肘板是上底长 0.3m、下底长 0.4m、高 0.4m 的梯形，所有的板厚均为 5mm。

在肘板、腹板上都可以融入声学黑洞设计，并且可以有不同的设计方式，包括一维楔形

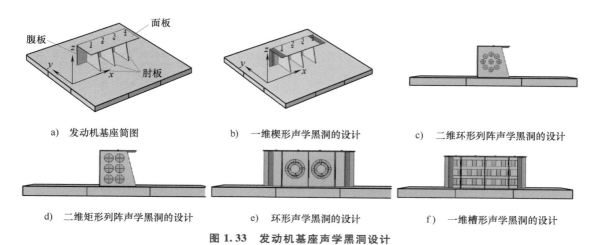

a) 发动机基座简图　　　b) 一维楔形声学黑洞的设计　　　c) 二维环形列阵声学黑洞的设计

d) 二维矩形列阵声学黑洞的设计　　　e) 环形声学黑洞的设计　　　f) 一维槽形声学黑洞的设计

图 1.33　发动机基座声学黑洞设计

式、二维环形列阵式、二维矩形列阵式以及一维槽形式等。

一维楔形声学黑洞设计（图 1.33b）：在腹板与肘板的底部加入横截面边长 0.04m、长度与板底部长度相等的实心阻振体，楔形宽度为 0.1m，贴有阻尼材料，阻尼材料宽度为 0.05m，厚度为 0.005m，材料密度为 $1780kg/m^3$，损耗因子为 0.28。

二维环形列阵声学黑洞设计（图 1.33c）：黑洞半径为 0.03m，每个肘板上安装 9 个声学黑洞结构，腹板上的肘板间空隙处按照均匀间隔安装 7 个声学黑洞结构。声学黑洞底部敷设半径 0.25m、厚度 0.004m 的阻尼材料。

二维矩形列阵声学黑洞（图 1.33d）：黑洞半径为 0.05m，黑洞底部敷设半径 0.03m、厚度 0.004m 的阻尼材料。每块肘板以及腹板上肘板间空隙处按照均匀间隔安装 6 个声学黑洞。

环形声学黑洞（图 1.33e）：黑洞内径为 0.05m，外径为 0.11m，中间截断部分宽 0.01m，截断厚度为 0.001m。截断位置下敷设宽度为 0.04m 的环形阻尼材料。在环形声学黑洞上设有 4 个扇形角均为 10° 的肋。

一维槽形声学黑洞（图 1.33f）：在腹板与肘板上开出槽，槽宽 0.08m、长 0.05m，底部敷设 0.04m 宽、0.005m 厚的阻尼材料，各槽交错排列，确保振动自上而下传递时，其路径至少经过一个声学黑洞。

声学黑洞可以用机械加工的方式制作，其厚度的幂指数可以选 2。声学黑洞的设置很明显是在 Z 方向减振，因为发动机的主要振动一般情况下是在垂直方向上最大。样本材料可以是铝板或钢板等。机械加工受到加工工艺与加工刀具的限制，到声学黑洞边缘时很难加工成厚度为零，具体的妥协加工方式是在边缘留有截断，即不加工到厚度为零，只加工到厚度为某一个比较小的值为止。

这些声学黑洞的设计需要进行科学验证。江苏科技大学的硕士研究生刘尊程在完成这些声学黑洞的设计后，使用有限元方式对结构进行了理论计算与评估。表 1.3 所示为他的理论验证结果。

我们可以看到，减振效果最大的是槽形声学黑洞，为 34dB。但在低频段（10～100Hz）却起到放大的作用，增加 0.8dB，这是我们不想看到的。其次是矩形列阵，总的减振效果为 29dB，在低频与中高频段减振效果都很优异。可能的原因是主要的振动是从上至下传递的，矩形列阵声学黑洞的布置结构恰好在这个传递路径上。

表 1.3　声学黑洞的减振效果的理论验证结果

声学黑洞形式	设计实施	质量增幅（%）	10~100Hz 平均减振效果/dB	110~5000Hz 平均减振效果/dB	最大减振效果/dB
楔形		7.7	1.71	2.67	25
环形列阵		7.3	1.57	2.63	29
矩形列阵		6.8	1.56	3.87	29
环形		6.9	1.56	2.89	28
槽形		6.2	-0.8	4.08	34

5. 在气垫船中的应用

如图 1.34a 所示，1 号舱安装了 1 台推进风机。气垫船的噪声源是推进风机。1 号舱噪声的幅值频率试验测得为 310Hz。根据噪声峰值特性，可以使用声学黑洞俘能器进行减振减噪。将俘能器安装在 1 号舱推进风机下方的甲板上，通过减少甲板振动来减少推进风机所激励的结构噪声。

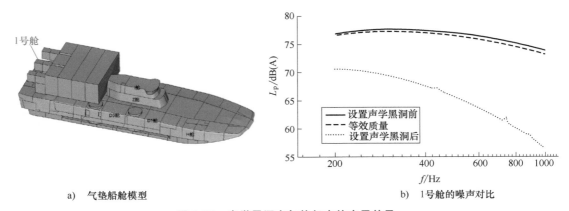

a）气垫船舱模型　　　　　　　　　　　　b）1 号舱的噪声对比

图 1.34　声学黑洞在气垫船中的应用效果

由图 1.34b 可以看到，声学黑洞俘能器的减振减噪效果在全频率域都是非常好的，低频减振效果也不错，在最高幅值的频率 310Hz 上减少了 8.4dB（A），频率越高效果越好。

由表 1.4 可以看到，该声学黑洞俘能器对所有舱室的噪声都有非常大的抑制作用，减少 10.5~24.3dB（A）。该俘能器只有 16.15kg 的质量，对气垫船来讲是可以接受的。因此我们可以这样说：声学黑洞俘能器的减噪效果的性价比是非常高的。此外，还可以在声学黑洞的中心加阻尼层，这样减噪效果会更好。

表 1.4 设置声学黑洞前后声压级对比

舱室	原型机 声压级/dB（A）	设置声学黑洞后的 声压级/dB（A）	噪声降低 /dB（A）
1 号舱	95.4	84.9	10.5
J 舱	46.6	22.1	24.5
Z 舱	50.1	26.7	23.5
H 舱	37.7	15.9	21.8
D1 舱	49.9	25.7	24.3
D3 舱	53.6	31.2	22.5

1.2 伊顿透镜

1.2.1 什么是伊顿透镜

如果板的厚度不按小于-2 的幂指数减少，那就是伊顿透镜（Eaton Lens）。

韩国浦项科技大学的 Rho 教授带领的团队深入研究了伊顿透镜，提出了一种利用伊顿透镜无限大折射系数的奇异性原理实现隐身效果的理论与方法。使用这种方法，通过设计带有弧线的板，可以改变弹性波的传递与传播方向。这种变厚度的板就是伊顿透镜，实质上就是声学黑洞的一个变种。

伊顿透镜的折射系数与板的厚度成反比：

$$n(r) = \begin{cases} \left(\dfrac{2R}{r}-1\right)^{\theta/(\theta+\pi)}, & r < R \\ 1, & r \geq R \end{cases} \tag{1.5}$$

式中，R 为装置的半径；r 为到原点的欧几里得距离；θ 为在半径上的任何折射角。当 $r \to 0$ 时，折射系数为无限大，该点称为伊顿透镜的奇异点。

从图 1.35a 中我们可以看到，伊顿透镜的折射系数在奇异点上是无限大的。从图 1.35b 中我们可以看到，这个带有曲线的板的所谓伊顿透镜实质上就是一种声学黑洞，只不过其厚度不是按小于-2 的幂指数变化而已。图 1.35c 所示的厚度曲线对于 90°伊顿透镜几乎接近直线：$n(r) = \left(\dfrac{2R}{r}-1\right)^{1/3}$。根据式（1.5），当 $\theta = \pi$ 时，厚度曲线是按照 1/2 幂指数变化的：$n(r) = \left(\dfrac{2R}{r}-1\right)^{1/2}$。

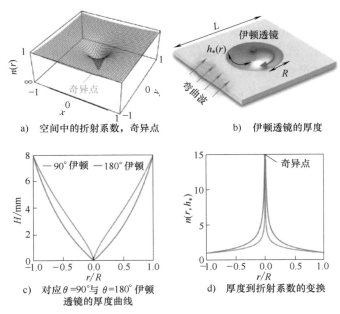

a) 空间中的折射系数，奇异点   b) 伊顿透镜的厚度

c) 对应 $\theta=90°$ 与 $\theta=180°$ 伊顿   d) 厚度到折射系数的变换
   透镜的厚度曲线

图 1.35　伊顿透镜的特性

1.2.2　波在伊顿透镜中的传播特性

从图 1.36a 可以看到，从左边入射的弯曲波，在遇到 $90°$ 伊顿透镜后，方向转动 $90°$ 向

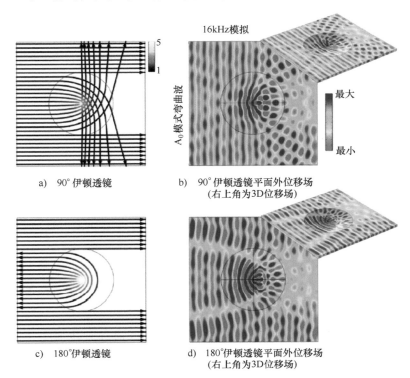

a) $90°$ 伊顿透镜   b) $90°$ 伊顿透镜平面外位移场
                              （右上角为3D位移场）

c) $180°$ 伊顿透镜   d) $180°$ 伊顿透镜平面外位移场
                              （右上角为3D位移场）

图 1.36　波在伊顿透镜中的传播特性

两边传播，而同样的波在180°伊顿透镜上传播，弯曲波像声学黑洞一样集中到奇异点，即伊顿透镜的中心（图1.36b）。16kHz弯曲波在伊顿透镜上的模拟结果（图1.36c和图1.36d）与波的轨迹完全吻合，显示了波在每一个折射角的折弯情况。特别是对于90°伊顿透镜的位移场，在奇异点右侧的弯曲波场的图形有点像一个棋盘，这是从左向右的弯曲平面波与经过奇异点后的转向90°的折射波互相干涉的结果，即入射平面波与90°折弯波之间的干涉。两个不同伊顿透镜（90°与180°）的共同特点就是入射波不能通过它们，这一特点与声学黑洞是完全一样的。

1.2.3　伊顿透镜的应用

Rho教授在谈到他们提出的新伊顿透镜时说，根据爱因斯坦的广义相对论，质量引起的重力场的改变，会引起时空的翘曲。当光经过翘曲的时空时，其传递路径会发生改变。Rho教授提出的新型伊顿透镜可以控制弹性波的传播。伊顿透镜的奇异点相当于一个巨大的质量，改变了附近的时空，使时空产生翘曲。当弹性波通过这个翘曲的空间时，会改变传播方向。Rho教授期望这些技术能为核电站或建筑提供防地震保护。

1. 核电站与民用建筑的抗震设计

像核电站这样的重要建筑，以及在地震多发地的民用建筑都需要进行抗震设计。除了传统的结构抗震设计外，伊顿透镜可以用来控制地震波，使地震波按我们希望的任何方向传播，或传播到某一点或面上再将其能量吸收，最大限度地减少地震对建筑物的破坏，这样与传统的结构抗震设计协同，为关键基础建设提供又一道安全保障。

当地震发生时，冲击波通过地面在很短的时间内沿着所有方向传播，对建筑物产生水平激振力。这种激振力会使建筑物的墙、地板、梁以及把它们连在一起的连接器产生位移。建筑物顶端与底端的位移差会对建筑结构产生很大的应力，过大的应力可能使支撑框架断裂，最终可能导致人间悲剧。

中国科学院院士、水利工程与地震工程专家、大连理工大学（原大连工学院）教授林皋（笔者在读硕士时的导师，图1.37）毕生从事水利工程、结构工程领域的教学和研究工作，在水坝抗震理论和模型实验技术、地下结构抗震分析和混凝土结构动态断裂、核电站工程结构抗震设计的技术理论、试验和计算方法等方面，为学科发展做出了重要贡献，在解决大坝、海港、核电站等工程实际问题的关键技术方面发挥了至关重要的作用。林教授从20世纪50年代至今，一直活跃在结构抗震科学领域，为我国众多重点水利工程与核电站建设项目解决抗震这一关键技术做出了不可磨灭的贡献，为国家培养出大批抗震学术与技术人才，是我国水利工程结构抗震学科的奠基人。

林教授指出，核电站结构抗震设计的每个环节都从保守的角度出发留出一定的安全裕度，以使核电站在意外超强地震的作用下具有必要的抵御能力，因为地震强度超越地

图1.37　中国科学院院士、大连理工大学林皋教授

注：该图来自大连理工大学网站

震的风险是实际存在的。但是现有的设计方法与实践还不能明确给出低于地震破坏的安全程度，或是遭受地震损伤的风险大小。除了各种抗震安全的传统设计与规范外，在这里我们提供一种新的抗震手段，也是对这些抗震安全设计的一个补偿，对于抗震安全来讲，多一种抗震手段总是百利而无一害的。

2. 用伊顿透镜进行核电站的抗震设计

如图 1.38 所示，当地震的能量到达地球表面时，它产生了两种波，每一种波都是根据波的发现者的名字命名的，地震瑞利波（Rayleigh）是一种在地球表面传播的机械波，就像是海洋中的波浪一样，当瑞利波传到一个平坦的地方时，肉眼可以看到地表像波浪一样起伏。它是与地震相关的远场破坏的一部分原因。另一种波是乐甫波（Love），是剪力波，就像阳光浴者在后背上一圈一圈

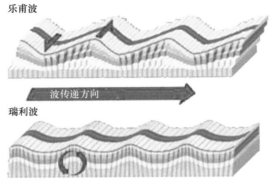

图 1.38　地震的两种表面波

地抹防晒油一样。两种波都对建筑物有破坏作用，后者更为严重。控制这两种地震表面波就是利用伊顿透镜进行结构地震保护的范例。

根据地震表面波的特点，我们可以将 90° 与 180° 的伊顿透镜按顺序组成列阵，应对乐甫波与瑞利波。第一，在伊顿透镜上加阻尼材料，当地震能量聚集在奇异点时，将地震能量消耗掉；第二，90° 伊顿透镜使入射波的传播方向转变 90°，向两侧传播，在这个方向上利用透镜两侧阻尼材料将其吸收；第三，将 90° 与 180° 两个透镜并排排列，形成一个列阵单元；第四，根据需要阻挡地震波的长度，将列阵单元进行组合。如图 1.39 所示，深色部分为阻尼材料。

伊顿透镜列阵单元可以用水泥等材料制成，构成结构抗震单元，然后根据所需要的长度与深度对这些单元进行排列组合，以便实现沿着各个方向减弱地震表面波的功能。

根据瑞利波的特性，在地表层下，我们将伊顿透镜的后端朝向核电站，前端朝向震源方向。将这些伊顿透镜单元组合成包围核电站的一个圆圈，可以称为表面抗震圈。在表面抗震圈的下面布置对付乐甫波的抗震结构。我们把伊顿透镜单元垂直竖立起来，再围成一圈，可以在这个圈下面以同样的方式布置多层。这样就在核电站的地基周边形成了一个柱形伊顿透镜列阵抗震结构。在地震平面波与剪力波到达核电站前，它们的能量就会被有效衰减。另外，地震表面波在我们的设计下，一部分波的运动方向被引导到远离建筑物的方向，也减少了对核电站的破坏，如图 1.40 所示。

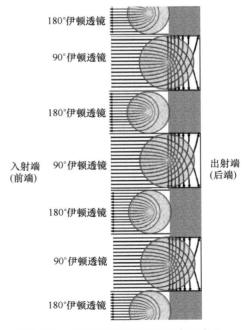

图 1.39　伊顿透镜抗震列阵概念示意图

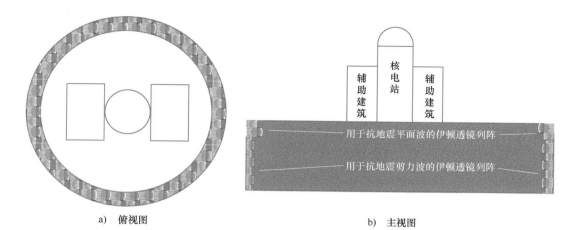

a)　俯视图　　　　　　　　　　　　　　b)　主视图

图 1.40　核电站的伊顿透镜抗震列阵概念示意图

参 考 文 献

[1]　ZHAO C H, PRASAD M G. Acoustic black holes in structural design for vibration and noise control [J]. Acoustics, 2019, 1 (1)：220-251.

[2]　季宏丽, 黄薇, 裘进浩, 等. 声学黑洞结构应用中的力学问题 [J]. 力学进展, 2017, 47：333-384.

[3]　FEURTADO P A, CONLON S C, SEMPERLOTTI F. A normalized wave number variation parameter for acoustic black hole design [J]. The Journal of the Acoustics Society of America, 2014, 136 (2)：EL 148-EL152.

[4]　BOWYER E P, KRYLOV V V. Sound radiation of rectangular plates containing tapered indentations of power profile [C]//164th Meeting of the Acoustic Society of America. New York：Acoustical Society of America, 2012.

[5]　王小东, 秦一凡, 季宏丽, 等. 基于声学黑洞效应的直升机驾驶舱宽带降噪 [J]. 航空学报, 2020, 25 (10)：1-10.

[6]　BOWYER E P, KRYLOV V V. A review of experimental investigations into the acoustic black hole effect and its applications for reduction of flexural vibration and structure-borne sound [C]//Inter-Noise 2015. Luzern：International Institute of Noise Control Engineering, 2015.

[7]　BOWYER E P, KRYLOV V V. Damping of flexural vibrations in Turbofan blades using the acoustic black hole effect [J]. Applied Acoustics, 2014 (76)：359-365.

[8]　陆洋, 马逊军, 王风娇. 直升机舱内噪声主动控制技术研究 [J]. 航空制造技术, 2016, 8：38-45.

[9]　刘尊程. 声学黑洞在船舶基座结构中的阻波特性及减振性能分析 [D]. 镇江：江苏科技大学, 2020.

[10]　贾秀娴, 杜宇, 于野, 等. 声学黑洞理论应用于板类结构的轻量化减振分析 [J]. 振动工程学报, 2018, 31 (3)：434-440.

[11]　成利. 基于声学黑洞现象的结构波操纵及其在振动噪声控制中的应用 [J]. 噪声与振动控制, 2018, 38 (A01)：371.

[12]　赵业楠, 赵德庆, 王博涵. 声学黑洞俘能器在气垫船舱室噪声控制中的应用研究 [J]. 中国造船, 2020, 61 (3)：38-67.

[13]　杨晓. 二维声学黑洞平板结构的能量聚集及俘获技术研究 [D]. 哈尔滨：哈尔滨工程大学, 2020.

[14]　黄薇, 季宏丽, 裘进浩, 等. 二维声学黑洞对弯曲波的能量聚集效应 [J]. 振动与冲击, 2017, 36

（9）：51-57.

[15] 刘波涛，张海龙，王轲，等. 声学黑洞轻质结构的低频宽带高效隔声机理及实验研究 [J]. 西安交通大学学报，2019，53（10）：128-134.

[16] BOWYER E P, KRYLOV V V. Experimental study of sound radiation by plates containing circular indentations of power-law profile [J]. Applied Acoustics，2015，88：30-37.

[17] 胡昊灏，沈琪，胡东森. 声学黑洞对结构水下声辐射影响分析 [J]. 声学技术，2017，36（5）：71-72.

[18] LIANG H M, LIU X D, YUAN J K, et al. Influence of acoustic black hole array embedded in a plate on its energy propagation and sound radiation [J]. Applied Sciences，2022，12（3）：1325-1348.

[19] HAN B, JI H L, QIU J H. Wave propagation in plates with periodic array of imperfect acoustic black holes [C]//21st International Conference On Composite Materials. [S. l.：s. n.]，2017.

[20] 李敬，万志威，李天匀，等. 周期声学黑洞结构弯曲波带隙与振动特性 [J]. 噪声与振动控制，2021，41（2）：21-27.

[21] BOWYER E P, KRYLOV V V. Damping of flexural vibrations in turbofan blades using the acoustic black hole effect [J]. Applied Acoustics，2014，76：359-365.

[22] KRYLOV V V, WINWARD R E T B. Experimental investigation of the acoustic black hole effect for flexural waves in tapered plates [J]. Journal of Sound and Vibration，2007，300（1/2）：43-49.

[23] KADAM R. Vibration characterization and numerical modeling of a pneumatic impact hammer [D]. Virginia：Virginia Polytechnic Institute and State University，2006.

[24] KRYLOV V V. Propagation of plate bending waves in the vicinity of one- and two-dimensional acoustic 'Black Holes' [C]//ECCOMAS Thematic Conference on Computational Methods in Structural Dynamics and Earthquake Engineering [S. l.]：Open Archives Initiative，2007.

[25] DENG J, GUASCH O, LAURENT M, et al. Annular acoustic black holes to reduce sound radiation from cylindrical shells [J]. Mechanical Systems and Signal Processing，2021，158：1-20.

[26] DENG J, Guasch O, LAURENT M. Annular acoustic black holes to reduce propagative bloch-floquet waves in periodically supported cylindrical shells [C]//Inter-Noise 2019. Luzern：International Institute of Noise Control Engineering，2019.

[27] DENG J, GUASCH O, LAURENT M. Effects of annular acoustic black holes on sound radiated by cylindrical shells [C]//Inter-Noise 2021. Luzern：International Institute of Noise Control Engineering，2021.

[28] GEORGIEV V B, CUENCA J, GAUTIER F, et al. Damping of structural vibrations in beam and elliptical plates using the acoustic black hole effect [J]. Journal of Sound and Vibration，2011，330：2479-2508.

[29] 黄显利. 卡车的 NVH 设计与开发 [M]. 北京：北京理工大学出版社，2019.

[30] PEKERIS C L. Theory of propagation of sound in A half-space of variable sound velocity under conditions of formation of a shadow zone [J]. The Journal of the Acoustics Society of America，1946，18：295-315.

[31] MIRONOV M A. Propagation of a flexural wave in a plate whose thickness decreases smoothly to zero in a finite interval [J]. Society of Physical Acoustics，1988，35：318-319.

[32] MIRONOV M A. Acoustic black hole [C]//Inter-Noise 2020. Luzern：International Institute of Noise Control Engineering，2020.

[33] Naval Ocean System Center. Possible effects of noise from offshore oil and gas Drilling Activities on Marine Mammals：A Survey of The literature [R]. [S. l.：s. n.]，1982.

[34] DENG J, GUASCH O, ZHENG L. Annular acoustic black holes to reduce propagative bloch-floquet flexural waves in periodically supported cylindrical shells [C]//Inter-Noise 2019. Luzern：International Institute of Noise Control Engineering，2019.

［35］ LEE D，HAO Y，PARK J，et al. Singular lenses for flexural waves on elastic thin curved plates ［J］. Physical Review Applied，2021，15：034039-1-034039-9.

［36］ 林皋. 核电工程结构抗震设计研究综述（Ⅰ）［J］. 人民长江，2011（19）：1-6.

［37］ 刘波涛，张海龙，王轲，等. 声学黑洞轻质超结构的低频带宽高效隔声机理与实验研究 ［J］. 西安交通大学学报，2019，53（10）：128-134.

［38］ BOWYER E P，KRYLOV V V. Experimental investigation of damping flexural vibrations in glass fabre composite plates containing one-and two-dimensional acoustic black holes ［J］. Composite Structures，2014，107：406-415.

［39］ KIM S-H. Retroreflector approximation of a generalized eaton lens ［J］. Journal of Modern Optics，2012，59（9）：839-842.

第2章 声学超材料

2.1 问题的提出

古希腊传说中迈达斯（Midas）是佛瑞吉亚国（Phrygia）的国王。一天，酒神狄俄尼索斯（Dionysus）发现他的老师森林之神希勒诺斯（Silenus）走丢了。迈达斯的臣民发现了他并把他交给迈达斯。迈达斯盛情好客，热情招待了希勒诺斯十天十夜。第七天，酒神狄俄尼索斯为了回报迈达斯的盛情，跟迈达斯说："我可以给你任何一样你想要的东西。"迈达斯回答："那我要任何我碰到的东西都变成金子的法术。"随后，迈达斯如愿以偿。他狂喜地享受点石成金的法术，却不慎在拥抱心爱的女儿时将她也变成了金子（图 2.1）！声学超材料就是一种声学点金术。

图 2.1 古希腊国王迈达斯具有点金术，结果将心爱的女儿也变成了金子

Metamaterial（超材料）是由拉丁语词根 "Meta-"（超级）和 "Material"（材料）组成的一个合成词。它指的是自然界不存在的，拥有一些非自然性质的人造材料。超材料是一种人工设计的特种复合材料或结构，通过在材料关键物理尺寸上进行有序结构设计，以及对各种不同结构的巧妙组合，使所设计的复合材料获得常规材料所不具备的超常物理性质。超材料具有点石成金的神奇功效。它一般由自然材料排列组合，制成尺寸为微毫米（纳米）级

的复合单元结构。这些纳米级的单元结构可以称为人造原子（Meta-atoms）。当把这些不同的人造原子组合在一起时，会形成单个人造原子所没有的、令人拍案叫绝的材料属性和各种奇异的物理特征（电磁、晶体、声学、光学等）。

最先使用人造材料来调控电磁波的探索始于19世纪末。公认的最早可以称作超材料的结构是 Jagadish Chandra Bose 爵士（图2.2）在1898年研究的具有手性（物体与其镜像不能重叠的现象）的物质。

苏联莫斯科物理与技术研究所的 Victor G. Veselago 博士（图2.3）在1967年就制成了如今称为超材料的理论模型。他预言了若干个可能具有颠覆性的电磁现象，包括折射率，同时提出了许多在当时不能用物理定律解释的例外现象。例如，他提出了非常规的透镜，颠覆了斯涅耳反射定律。他首先提出了具有波矢量与其他电磁场反平行行为的"左手材料"的名字。此外，他还研究了双负材料：负磁导率与负介电常数。根据电磁波与声波在麦克斯韦方程中的类比关系，双负材料就相当于有负质量密度与负弹性模量。他提出的这些理论为后来的超材料研究奠定了坚实的理论基础，当时，不论是材料还是计算能力都不足以验证他的理论。直到30多年后，他的理论才得到了证实，他曾经获得诺贝尔奖物理学奖的提名。

图2.2　Jagadish Chandra Bose 爵士

图2.3　Victor G. Veselago 博士

英国理论物理学家 John Brian Pendry 爵士在1992年开始研究光子材料，利用计算机技术开发了世界上第一款能够仿真超材料的程序，计算证明了 Veselago 博士的理论，并设计了一系列具有超常性能的超材料，把超材料的理论研究推向了现实世界的实际结构，吸引了全世界的科技人员对超材料的关注，推动了超材料的大规模普及研究。

值得一提的是，中国天才少年虞南方（图2.4），本硕毕业于北京大学，随后在美国哈佛大学攻读博士，师从 Capasso 教授，现任美国哥伦比亚大学副教授。他以第一作者的身份与他的导师提出了传世般的广义反射与折射定律，将存在于世间300余年的斯涅尔反射定律扩展到了一个新的领域，成为科学发展史上目前仅有的几位能够在物理学领域发明著名定律的中国人。

在超材料研究领域，中国学者做了大量的工作，发表了大量的学术论文与文章。南京大学物理系教授程建春先生领导南京大学声学研究所开展了许多前沿性声学创新研究项目，正如他所说的："声学所的研究涉及多个声学科研领域，既要有声学前沿问题的基础研究，又

图 2.4　美国哥伦比亚大学虞南方副教授与哈佛大学 Capasso 教授

要有与国计民生密切相关的应用研究。"

为什么超材料拥有这些超乎寻常的能力呢？皆因它具有特殊的内部微结构，精密程度可能小于它所作用的波长。因此，这种材料具有对声波施加影响的能力，可以削弱、折射，甚至大比例反射声波。

简言之，超材料是一大类人工设计的周期性或非周期性的微结构功能材料或结构，具有超越天然材料属性的超常物理性能。超材料借助人工功能基元构筑的结构设计源于（但不限于）对自然材料微结构的模仿，具有负折射、热隐身、负刚度、轻质超强等天然材料所不能呈现的光、热、声、力学等奇异性能。从这个角度讲，超材料的结构设计理念具有方法论的意义，解除了天然材料属性对创新设计的束缚。尽管这一理念早在 20 世纪就已在电磁领域初具雏形，不过直至近 10 年来，方才开启电磁波的调控研发，以实现负折射、完美成像、完美隐身等功能。随着制造技术的进步，具有更多样化、更新奇力学特性的力学超材料物理模型也相继问世，尤其是当超材料的独特微结构设计与 3D 打印制造技术形成完美契合时，两者相互整合、协同创新，正开启材料创新设计和制造的新格局。

超材料或其二维形式的超表面，不论是理论上还是实际上，并不是一种新材料，而是一种用自然材料创造出的新结构。这种结构具有自然界材料所不具备的声学特性，或者传统的反射与折射定律无法描述的特性。本书会无差别地使用超材料与超结构这两个术语，它们具有同样的含义。

2.2　技 术 背 景

声波如同光一样在介质中传播，当它从一个介质传播到另一个介质时，会发生反射与折射现象，这些现象服从反射与折射定律。

2.2.1　声波的斯涅尔反射定律

假如我们有两个介质，它们的物理性质，例如质量密度、弹性模量等，不尽相同。将这两个介质在一个平面内无缝地连接在一起。当声波在第一个介质中传播碰到两个介质的接触平面时会改变方向，返回到第一个介质中。
这种现象称作声波的反射（图2.5）。声波
的反射服从费马原理，即波沿着时间最少的
路径传播。

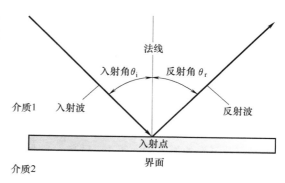

图 2.5　声波的反射

此外，根据费马原理，声波的反射服从
斯涅尔定律（Snell's law）：反射波与入射
波、法线在同一平面上；反射波和入射波分
居在法线的两侧；反射角等于入射角。式
（2.1）表示了斯涅尔反射定律。

$$\theta_i = \theta_r \qquad (2.1)$$

2.2.2　声波的斯涅尔折射定律

声波除了反射以外还有折射现象，即从一个介质传播到另一个介质的界面时会通过这个
界面进入到另一个介质中，并且在另一个介质中的传播方向
会发生改变（图2.6）。

折射率定义为光从真空入射到另一个介质时，入射角 α
的正弦与折射角 β 的正弦之间的比值。

$$n = \frac{\sin\alpha}{\sin\beta} = \frac{c}{v} = \frac{1}{\sin C} \qquad (2.2)$$

式中，c 为真空中的光速；v 为该介质中的光速；C 为该介质
的临界角。因为光在真空中的传播速度大于它在任何其他介
质中的传播速度，所以任何介质的折射率 n 都大于1。对于
声波来讲也遵从光波的折射与反射定律。

当声波从空气中入射到一个介质时，也会发生折射与反
射现象。当声波发生折射时，其频率保持不变，但波速与波
长会发生相应的改变。

如果我们观察界面两边的声线，会发现声线通过界面的
折射，方向改变，发生了弯折。

斯涅尔折射定律：入射角与折射角的正弦之比等于在两
个介质中的相速度之比，或等于折射率之比的倒数。

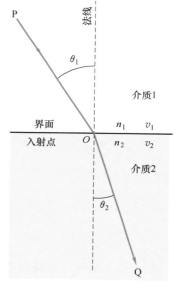

图 2.6　声波在两个不同折射率
的介质的界面上的折射

$$\frac{\sin\theta_2}{\sin\theta_1} = \frac{v_2}{v_1} = \frac{n_1}{n_2} \qquad (2.3)$$

式中，θ_1 为入射角；θ_2 为折射角；n_1 为第一个介质中的折射率；n_2 为第二个介质中的折射
率；v_1 为第一个介质中的波传播速度；v_2 为第二个介质中的波传播速度。对于不同的材料
（介质），声速是不一样的。材料的分子结构越密实，声速越高。

光从真空入射到任何介质，入射角都大于折射角。

根据折射定律，我们得出如下结论。

1）折射光线与入射光线和法线在同一平面内。

2）折射光线与入射光线分居法线两侧。

3）当光从空气斜射入水等透明物质时，折射角小于入射角。

4）当光从水等透明物质中斜射入空气时，折射角大于入射角。

5）当入射角增大时，折射角也随之增大。

从式（2.3）中，我们可以得到折射角的表达式：

$$\theta_2 = \arcsin\left(\frac{n_1}{n_2}\sin\theta_1\right) \tag{2.4}$$

反正弦函数的值不能大于1，只有 $\frac{n_1}{n_2}\sin\theta_1 < 1$ 时，θ_2 才有实数解。$\sin\theta_1 < 1$，只有当 $\frac{n_1}{n_2} < 1$，即 $n_2 > n_1$，也就是折射介质的密度比入射介质密度小时，才有实数解。

2.2.3 临界角与全反射

如果折射角等于90°，那么它所对应的入射角就是临界角。

$$\theta_c = \arcsin\left(\frac{n_1}{n_2}\right) \tag{2.5}$$

式中，θ_c 为临界角，其物理意义是入射角为90°时的折射角，如图2.7所示。

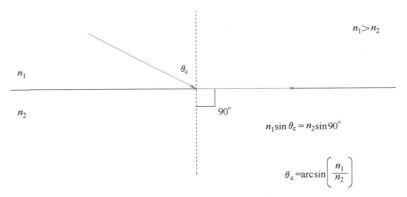

图 2.7　临界角的概念示意

如图2.8所示，当我们不断增大波的入射角时，反射角就会增大，折射角也会增大。当入射角增加到等于或大于临界角时，入射的声波是沿着界面传播的。这种沿着界面传播的反射声波称为倏逝波（Evanescent Wave），又称渐逝波、消逝波或隐失波。这就是波从光密介质入射到光疏介质时，发生全反射在光疏介质一侧所产生的一种波。但入射角等于临界角时，折射角为90°，入射角大于90°，就完全没有折射波了，这种现象称为全反射。

假如我们有一个带有方向性的声波在一块很轻的薄板的一侧向铁板发射，那么反射的声波会有三种情况：①如果声波撞击薄板的反射角小于临界角，那么它在撞击薄板后，一部分沿反射方向反射回来，另一部分通过薄板沿折射方向向薄板的另一侧继续传播；②当我们把声波撞击薄板的角度调整到等于临界角时，它到达空气与薄板的界面时，会沿着薄板的表面传播，没有任何折射；③当我们把声波撞击薄板的角度调整到大于临界角时，它会被完全反射回来，没有任何折射。

情况②、③相当于薄板一侧的声波没有穿过薄板（不考虑质量定律），也就是说我们在薄板的另一侧根本听不到声源发出的声音，而且不管声源的噪声水平有多高，也不管薄板有

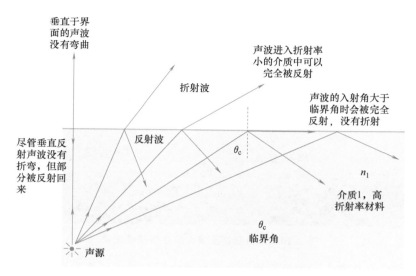

图 2.8 声波的内反射与全反射现象

多薄多轻，我们都听不到声源的声音。这种情况正是 NVH 隔声设计的最高境界。但是这种情况只发生在声源的方向在适当的角度上时。在现实世界中，我们不可能有这样的声源，而且对于声源在界面上的声学行为，我们没有任何设计手段进行调整。另外，折射与反射定律都是假定界面是完美的反射面，对声的折射与反射没有任何控制。基于这两个假设，想要改进声的反射与折射，几乎没有什么非常有效的手段可以供我们采用。

2.2.4 全反射与海市蜃楼现象

当太阳当头照，气候炎热的时候，地面的温度高。随着高度的上升时，温度逐渐降低，形成温度梯度。同时，空气的密度在温度低的地方要大于温度高的地方。温度梯度的形成使温度从地面向上逐渐降低，而空气密度从地面向上逐渐变大。光线从光密介质向光疏介质传播时发生折弯，当折弯的角度大于临界角时，光线会发生全反射现象，如图 2.9 所示。

图 2.9 沙漠中的海市蜃楼现象

例如，新疆鄯善沙漠至火焰山余脉之间，在炎热的夏天，一些地区会出现一个个"小水洼"，并在随后一个小时迅速形成一大片波光粼粼的"水域"，如图 2.10 所示。

图 2.10　新疆鄯善沙漠中的海市蜃楼现象

同样的道理，当你驾车在烈日炎炎的高速公路上行驶时，可能看到汽车前面的公路上似乎有一条河流。当你靠近时，这条河流却向前流动，它在随着你的车运动，永远在你前面的一定距离上，你永远不会进入到这条河流里，如图 2.11 所示。

图 2.11　高速公路上的海市蜃楼现象

声波的折射：声波在空气中传播时，气温会随着距地面的高度变化（高度越大，温度越低），进而改变声波的传播方向。白天近地面的气温较高，声速会随着距地面高度的增加而减小，导致声波传播方向向上弯曲；夜晚地面温度较低，声速会随着离地面高度的增加而增大，传播方向向下弯曲。这就是夜晚声波传播得比较远的原因。

2.3　广义斯涅尔反射与折射定律

2.3.1　光程与相位

如果我们这样设想：两个介质的界面具有声学特征，这个声学特征就可以改变声的传播，在这种情况下，反射与折射定律该怎样描述声的折射与反射特性呢？

光程是波在某一个介质中所经历的几何路程与这个介质的折射率的乘积。声的相位可以描述为

$$\Phi = k_0 n r = \frac{2\pi}{\lambda_0} n r \tag{2.6}$$

式中，k_0 为空气的波数；n 为介质的折射率；r 为波传播的几何路径的长度。

声相位中有三个参数，空气的波数是不能改变的；介质的折射率定义为真空中的光速与介质中的光速之比，这个也不容易改变。但是波传播的几何路径可以进行人为的改进，也就是说，我们可以设计声波在界面的传播路径的大小，从而改变声波传播的相位。

声相位的概念是广义反射与折射定律的基础。我们人为地引进波在两个介质之间界面相位的突变，费马定理依然成立。也就是说，在波实际传播的路径上总的相位也是不变的。基于这个理论，2011 年，哈佛大学的 Federico Capasso 教授与他的学生虞南方提出了广义斯涅耳定律，虞南方作为第一作者发表了他们的研究成果。

如图 2.12 所示，一束光射到一个平面界面，相对于 z 轴的入射角为 θ_i，入射平面在 yz 平面而且界面是沿着 xy 平面的。平面界面把一个突变的相位跳跃分给入射波，沿着相对于入射平面任意方向的梯度是常量，$\nabla\Phi$ 用来描述相位的特征。θ_t 与 φ_t 用来描述折射波的方向。由于缺乏沿着界面平移的不变量，切向波矢量不守恒，界面贡献了附加项 $\frac{\mathrm{d}\Phi}{\mathrm{d}x}$ 与 $\frac{\mathrm{d}\Phi}{\mathrm{d}y}$，这两项可以用来控制沿着 x 与 y 两个方向的折射波。由于相位梯度的存在，反射波在界面上出现两个反射角 θ_r 与 φ_r，同样的，折射波在界面上也存在两个折射角 θ_t 与 φ_t。

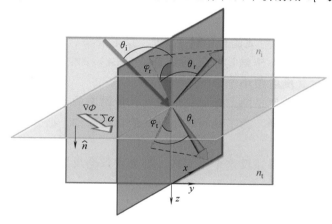

图 2.12　具有相位突变的常梯度在一个平面界面的反射与折射

2.3.2　三维广义反射与折射定律

$$\begin{cases} \cos\theta_r \sin\varphi_r = \dfrac{1}{n_i k_0} \dfrac{\mathrm{d}\Phi}{\mathrm{d}x} \\[3mm] \sin\theta_r - \sin\theta_t = \dfrac{1}{n_i k_0} \dfrac{\mathrm{d}\Phi}{\mathrm{d}y} \end{cases} \tag{2.7}$$

$$\begin{cases} \cos\theta_t \sin\varphi_t = \dfrac{1}{n_t k_0} \dfrac{\mathrm{d}\Phi}{\mathrm{d}x} \\[3mm] n_t \sin\theta_t - n_i \sin\theta_i = \dfrac{1}{k_0} \dfrac{\mathrm{d}\Phi}{\mathrm{d}y} \end{cases} \tag{2.8}$$

注意：当相位梯度是沿着入射平面$\left(\dfrac{\mathrm{d}\Phi}{\mathrm{d}x}=0\right)$时，反射波与折射波也在这个平面，而且如果相位分量都为零，则广义反射与折射定律成为传统的反射与折射定律。

在传统的折射定律中，临界角是这样定义的：大于临界角时全反射出现。但是当具有一个相对于入射界面的任意方向的相位梯度的界面时，这个条件改变了入射、折射与反射的k矢量，因此产生了新的反射与折射的临界角：

$$\theta_i^{c,t}=\arcsin\left[\pm\frac{1}{n_i}\sqrt{n_i^2-\left(\frac{1}{k_0}\frac{\mathrm{d}\Phi}{\mathrm{d}x}\right)^2}-\frac{1}{n_i k_0}\frac{\mathrm{d}\Phi}{\mathrm{d}y}\right] \tag{2.9}$$

反射角与入射角之间的关系是非线性的，这导致了存在两个反射临界角：

$$\theta_i^{c,r}=\arcsin\left[\pm\sqrt{1-\left(\frac{1}{n_i k_0}\frac{\mathrm{d}\Phi}{\mathrm{d}x}\right)^2}-\frac{1}{n_i k_0}\frac{\mathrm{d}\Phi}{\mathrm{d}y}\right] \tag{2.10}$$

在存在相位梯度的条件下，当反射的或折射的波变成倏逝波时，新的临界角才能达到，这意味着相应的波矢量在传播方向上是虚数。如果$n_t>n_i$，就没有临界角，而且折射波与入射波之间的相位保持为零。

第一种情况：当入射角为$0°$（$\theta_i=0°$），并且入射波长大于结构单元的周期（$\lambda>A$）时，有$\sin\theta_t>1$。此时，反射波为非传播模式，垂直入射波将转化为表面的倏逝波，平面入射波将转化为表面波或倏逝波。

第二种情况：入射波长等于结构单元的周期（$\lambda=A$）时，有$\sin\theta_t=1$。在这种条件下，反射角为$90°$。也就是说，入射波的相位转了$90°$，反射波将与入射波垂直。

第三种情况：入射波长小于结构单元的周期（$\lambda<A$）时，有$\sin\theta_t<1$。在这种条件下，反射波为传播模式，且其反射角小于$90°$。

根据广义折射定律，即便是两个介质完全相同，折射波的方向也可以通过沿着界面的常数相位梯度的设计来进行调制。为了获得跨越界面的传播条件，必须满足不等式：

$$-1<\sin\theta_t<1 \tag{2.11}$$

任何选择的相位梯度如果违反这个不等式，都会导致全反射。因此，全反射的条件为

$$\frac{\mathrm{d}\Phi}{\mathrm{d}y}\geqslant\frac{4\pi}{\lambda} \tag{2.12}$$

2.3.3 广义反射定律的说明案例

为了使读者能够对广义反射定律有一个深刻的理解，我们将用一个具体案例对广义反射定律加以说明。我们前面提过：声波的相位与声波传递的路径相关，因此，我们可以在反射界面上设计独特的结构来控制声波传递的路径，从而改变反射面的声波相位，达到改变声波反射特性的目的。如果我们在界面上人工开出凹槽来，那么声波进入凹槽后反射出来，就相当于通过了两倍的凹槽深度。我们设计的反射界面有深浅不一的两种凹槽，一种凹槽宽度为$4\mathrm{cm}$，每个凹槽壁厚$0.5\mathrm{cm}$，4个凹槽组合在一起，则$\Delta x=20\mathrm{cm}$。深一点的凹槽深度$h_1=13.6\mathrm{cm}$，浅一点的凹槽深度$h_2=6.5\mathrm{cm}$，两者之差$\Delta h=7.1\mathrm{cm}$。具体设计如图2.13所示。

根据式（2.6）声相位的定义，该界面的反射相位可以表示为

$$\Phi=2\pi\frac{2h}{\lambda} \tag{2.13}$$

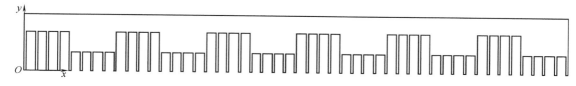

图 2.13　声学超材料的反射界面设计

将一个正入射波源，即 $\theta_i = 0$，代入广义斯涅尔定律有

$$\sin\theta_r = \frac{\lambda}{2\pi}\frac{2\pi}{\lambda}\frac{2\mathrm{d}h}{\mathrm{d}x} = \frac{2\mathrm{d}h}{\mathrm{d}x} \tag{2.14}$$

进一步假设凹槽深度变化微小，有 $\dfrac{2\mathrm{d}h}{\mathrm{d}x} \approx \dfrac{2\Delta h}{\Delta x}$。

如果我们将反射角假设为 $\dfrac{\pi}{4}$，则有

$$\sin\frac{\pi}{4} = \frac{\sqrt{2}}{2} \approx \frac{2\Delta h}{\Delta x} \tag{2.15}$$

$$\frac{\Delta h}{\Delta x} = \frac{\sqrt{2}}{4} \tag{2.16}$$

根据我们设计的凹槽：

$$\frac{\Delta h}{\Delta x} = \frac{7.1}{20} = 0.355 = \frac{\sqrt{2}}{4} \tag{2.17}$$

计算临界角：

$$\theta_c' = \arcsin\left(1 - \frac{\lambda_0}{2\pi n_i}\frac{2\pi}{\lambda_0}2\left|\frac{\mathrm{d}h}{\mathrm{d}x}\right|\right) = \arcsin\left(1 - \frac{2}{n_i}\left|\frac{\mathrm{d}h}{\mathrm{d}x}\right|\right)$$

$$\theta_c' = \arcsin\left(1 - 2\left|\frac{7.1}{20}\right|\right) \tag{2.18}$$

可得 $\theta_c' = 16.86°$

根据广义的反射定律，正入射的波经过人工制造的表面后发生偏转，沿着法线两侧45°的方向反射。这样我们就成功地改变了声波的反射方向，而且是我们任意设计的方向。图 2.14 所示为声波反射的结果，反射角为 40°。

如果我们再一次改变设计，希望正入射实现全反射，即垂直入射的声波沿着介质的界面向两边反射。可以这样设计凹槽，凹槽的深度分别为 $h_1 = 20\mathrm{cm}$，$h_2 = 10\mathrm{cm}$，两者之差 $\Delta h = 10\mathrm{cm}$，则

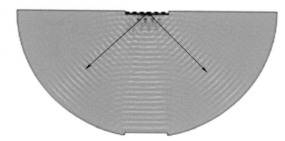

图 2.14　声学仿真结构

$$\frac{\Delta h}{\Delta x} = \frac{10}{20} = \frac{1}{2} \tag{2.19}$$

在这样的设计下，反射角就是90°，即正入射的声波在这种介质上会沿着其界面反射。

这样我们就把声波的传递路线偏转了90°。

这种设计的用途：如果我们将发动机两边用这种超材料包裹起来，发动机的噪声就会沿着车辆行驶的方向反射，而不会传到道路两边，使车辆可以满足国家标准的加速噪声要求。

2.3.4 为什么声学超结构具有超越自然结构的特性

是什么使声学超结构具有超出传统材料的特性？关键在于超结构的微观结构，特别是它们的隐藏自由度，这些隐藏的自由度是局外观察者所探测不到的。这些隐藏的自由度通常是通过对动力微观结构单元的非常用心的布置实现的。最简单的、最常用的微观结构是基于亥姆霍兹（Helmholtz）谐振腔、共振散射器、弹性膜实现的。尽管每一个单元很小，但许多单元的贡献累积起来就有很大的净效应。这种效果使我们不禁联想到：单个风琴管演奏时声音是不引人注目的，但当多个风琴管以正确的方式一起演奏时，会产生雄壮动听的音乐。特别是周期性结构，尽管每一个微观结构的单元与背景介质的波长相比都很小，但它们会导致非常显著的整体响应。进一步来讲，超结构在某些频率上的响应可以是很大的，而且与入射声波的相位是相反的。在这种情况下，对超结构的整体响应可以接受的解释是背景介质包含了各向同性的单元，这些单元的有效材料特性是负的。这些超结构的有效特性必然是频率的函数。

图 2.15 所示为一些简单的、具备一定质量与刚度的机械系统。这些系统可以说明隐藏自由度的出现与布置是如何产生扩展的材料特性的。对于不同的质量和弹簧的布置及组成，我们用一个自由度的有效质量与有效弹簧的单自由度系统来表达。根据牛顿第二定律与材料的胡克定律，我们可以得到这个单自由度的有效质量与有效刚度分别为

$$m_{\text{eff}} = \frac{F(t)}{\ddot{x}(t)}$$

$$k_{\text{eff}} = \frac{F(t)}{x(t)}$$

(2.20)

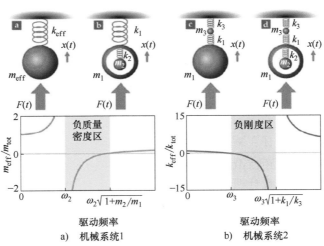

a) 机械系统1　　　　　　　　　　b) 机械系统2

图 2.15　隐藏自由度的说明

图 2.15 可以帮助我们了解隐藏自由度及负有效特性是如何从一般的质量与弹簧系统的

动力运动中产生的。在准静力的情况下，即驱动频率远远小于系统的共振频率时，系统的有效质量与刚度对应于我们从串联的质量与弹簧中获得的类似的正质量与刚度。当驱动频率增加并接近共振频率时，系统开始偏离其相似的行为。这时的响应可以对应于有效质量或有效刚度在振幅的巨大变化。当驱动频率超过共振频率时，有效质量的运动相位相对于驱动力的相位改变了180°。结果驱动力矢量相对于复合体的加速度或位移的方向反转了。那么图2.15a 的等价系统就替代了在某些频率域内具有一个有效质量为负的复合体。同样的道理，图 2.15b 中的系统就替代了某些时候刚度为负的复合体。尽管图 2.15 中简单的弹簧-质量系统似乎是很平常的系统，但它们的基本行为就是许多声学超结构的微观结构的"根"。这些微观结构以及它们代表的隐藏的自由度已经改变了牛顿第二定律与胡克定律所确定的物体的声学物理特性。因此，有学者推导出了经修正的牛顿第二定律，这里就不赘述了。

2.4　超材料的设计方法论

与传统斯涅尔反射与折射定律不同的是，广义斯涅尔反射与折射定律中，反射表面的相位梯度是可以设计的。不同的设计其相位梯度是不一样的，反射角也不一样，反射波的性质也不尽相同。这为我们任意地调制声波的传递方向与传递路径提供了一个广阔的设计平台，也为工程设计中任意改变声波的方向，改变声波的传递路径，从而降低噪声提供了无限的可能性。这些优势为 NVH 设计工程师提供了发挥聪明才智的广阔舞台，他们可以在这个舞台上导演各种"声学大作"。

广义反射与折射定律是光学、电磁与波动学领域具有划时代意义的理论。这个定律使得光、电磁波、声波或任何能够被麦克斯韦方程描述的波都成为任人们揉搓的"面团"，任由人们操控。根据传统的反射与折射定律，光、电磁波、声波都是刚性的，以直线方向传播，在遇到理想界面后只是改变了传播方向，仍然以直线传播，体现出"刚性"的特性。在广义反射与折射定律下，光、电磁波、声波不再是刚性的。超结构的出现可以使声波的传播方向按人们的意愿任意改变。不仅如此，即便是声波赖以传播的介质也可以像爱因斯坦的引力波那样变成是可以弯曲的。

传统的折射定律的实质就是波的折射，只与两个介质的性质相关，分界面仅仅作为两种介质的理想边界，不改变波的任何信息。因此，界面本身不改变波在介质中的传播速度，对波的传播没有任何影响。声学中描述界面的声传递损失的质量定律就完全建立在声的传统反射与折射定律之上。这种理论完全可以解释自然材料的声学传播特性，要想增加自然材料的声传递损失，就必须增加材料的面密度，而与两个介质的界面没有任何关系。如果我们采用人工设计的界面，让界面拥有改变在波长的范围内波传播特性的物理特性，那么传统反射与折射定律成立的基本条件就发生了改变，传统的反射与折射定律就不能正确地描述波在界面的传播。改变界面波传播特性的方法就是利用纳米技术创造出精巧的结构布置与设计。例如，界面的质量密度为负，体积弹性模量为负，或二者皆为负的材料或结构，使得波的传播在该界面上产生相位突变，也就是说界面导致了波传播特性的改变。

超材料/超表面设计的物理基础是声波在一个物体的表面传播受到这个表面的相位梯度的影响。不同的相位梯度，声波的传播特性（方向、路径、相位等）是不一样的。在声波传播的表面上，设置人为的界面或介质的变化，会使声波的传播方式发生改变。调制声波传播界面的相位就成为改变声波传播方向以及反射与折射方式的重要设计手段。

在许多应用中，从工程的角度来讲，我们希望看到总噪声的减少，而不仅仅是某一个频率或频带的噪声的降低。白噪声是一种特殊的噪声，它在整个频率段中的水平都是相同的。人类的听力范围在 20~20000Hz。一般的通用声学装置要考虑整个人类可听频率段上的噪声减少问题。

设计空间与尺寸的考虑，尽管超材料/超表面的尺寸在次声波波长的维度上，但对低频来讲尺寸还是相对比较大的。这就是为什么所有学术文献在最后的试验验证阶段都以高频作为验证案例。高频噪声的波长都比较小，学术上的验证案例可以在空间尺寸比较小的情况下实现，但对于可听频率内的噪声，超结构的尺寸就可能比较大，大到毫米级、分米级甚至米级。这样尺寸级别的声学设计需要考虑使用比较特殊的超材料及模型。

带宽设计：广义斯涅尔反射定律中的界面相位梯度通常是波长的函数，这就决定了反射定律只在很窄的频率带中能够实现低折射，这就是斯涅尔定律的窄带效应。

超材料/超表面的声学过程是物理变化而不是化学变化。超材料本身并不具备决定声学特性的能力。如果超材料/超表面的结构精度达到声学设计要求，则超材料/超表面并不限于任何材料，它既可以是相对软的 3D 打印塑料，也可以是相对坚硬的金属，当然也可以是其他更具韧性的材质。

超材料/超表面结构的通道或开槽，也不一定是圆环，它可以是管状；横截面不一定是圆形，也可以是其他形状，例如多边形。理论上，只需要对材料内部和表面进行一定程度的微调，就可以达到相似的效果。

声学中有许多传统的原理与装置，例如 1/4 波长管、亥姆霍兹谐振腔和施罗德扩散器，对这些传统装置施以超结构的设计，进行周期性排列组合，可以实现负弹性模量，或负质量密度，或二者兼有的"双负结构"。双负超结构产生负折射，单负超结构产生倏逝波。例如，周期性布置的亥姆霍兹谐振腔会产生负的弹性模量与质量密度；1/4 波长管与亥姆霍兹谐振腔的组合可以产生负质量密度。新的设计赋予这些传统声学装置以新的性能，开创了声学设计的无限前景。

电动机驱动系统的噪声与振动都与电机转速相关，而且这些噪声与振动都是基本电路与控制器，极对数、槽数等设计参数所产生的基本频率及其高阶谐波。我们通常的减噪减振设计都是基于消除这些基本频率及其高阶谐波。例如电风扇、抽油烟机、空调压缩机、鼓风机和鱼缸的电机等。对于这样的减噪特性，我们需要对共振类型的超材料进行这样的设计：共振频率与我们所要衰减的噪声频率相同，可以吸收该频率的噪声或抵消该频率的噪声。

另外，超结构的尺寸是次波长的，也就是说超结构可以用远小于调制波长的尺度去调制该波长的波，这就是超结构四两拨千斤的作用。这种作用极大节省了设计空间，也极大降低了超结构的应用维度，极大扩展了超结构的应用范围，可以说没有什么 NVH 问题是不能用超结构解决的。

我们总结前人设计的各种各样的超结构/超表面/超材料的基本单元，这些基本单元可以单独发挥作用，也可以进行有目的的排列组合，各自发挥奇妙的功能。

不管设计方案如何巧妙，问题最终都归结为如何实现这些设计，也就是要制造出设计，使其成为看得见、摸得着的，可以安装到系统上的硬件。目前来看，小规模的、实验室中用的超结构都是用 3D 打印制造的。3D 打印对于小规模的应用或实验应用，无论耗时还是成本都可以接受。如果是大规模生产，或市场上对成本有要求，就要走模具化生产的道路。节省成本，缩短生产时间应该成为我们的首要考虑。

2.5 超材料/超表面的基本结构单元

超材料/超表面的结构设计多种多样，但都属于积木式设计，非常有规律。对于应用工程师来讲，了解构成超结构的基本结构单元的形式非常重要。这些基本结构单元可以作为未来推动超结构的设计与推广的基础。以下介绍这些基本结构单元的构成、尺寸、材料，以及它们对声波的调制作用。

2.5.1 迷宫式单元

1. 瓦楞式（彩虹式）单元

如图 2.16 所示，瓦楞式超结构单元沿着 X 轴方向的槽的尺度是次波长的，可以保证沿着表面相位形状的次波长的分辨率。另一方面，槽沿着 Y 方向的深度与共振波长不相上下，以获得足够的相位迟滞。通过选择每一个空间位置的不同的槽深度，可以获得反射波空间变化的相位移动。入射角为零时的反射角是 45°，而且这个反射角可以自由调制。这种超结构单元的特点是相位与频率无关。

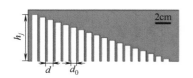
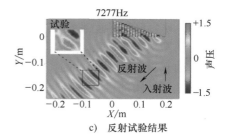

a) 截面几何 b) 3D样本照片 c) 反射试验结果

图 2.16 次波长瓦楞式超结构单元及反射试验结果

这种结构的锯齿形高度满足下列条件。

$$h_1 = \frac{\lambda}{4}(2m-1) \tag{2.21}$$

式中，λ 为波长，也称围困阶次；$m = 1$，2，…。

图 2.17b 是将图 2.17a 中的基础 I 去掉，用另一个锯齿形代替，然后将两个锯齿形安装在一起。锯齿形的总高度是 1/2 波长的奇数倍，因此有 $2h_1 = (2m-1)\lambda/2$。围困效应是在空气气隙中的共振。

例如，2400Hz 的波长为 14.29cm，1/4 波长，即锯齿高度 h_1 为 3.58cm，以及 10.72cm，相当于在式（2.21）中取围困阶次 $m = 1$，2。这就说明这个频率的入射波非常有效地被这个结构吸收了。

这种结构的气隙宽度是次波长的，两个刚性长方形锯齿之间的间隙可以认为是沿着 y 方向的一维波导，因此，其波数 $k_y = k_0 = \frac{\omega}{c_0}$。高度 h_1 是 1/4 波长的奇数倍，可保证声完全被围

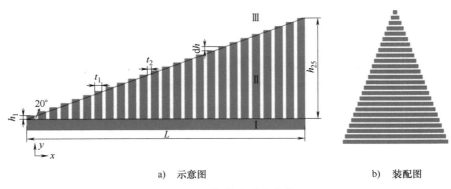

a) 示意图　　　　　　　　b) 装配图

图 2.17　超带宽吸声结构

困在间隙中。基于这种声围困效应，我们可以依靠在背景介质中的固有黏度效应来实现宽频吸声，而不需要涉及任何传统的吸声材料。在这个结构中，两个相邻锯齿形之间的间隙的宽度只有 5mm，这与波长 λ 相比是非常小的。在这种情况下，黏度损失就非常大了。这种大黏度损失的结构导致了在波导中的高吸声性。考虑到在细小的管路中的这种黏度，吸声系数可以用以下近似公式计算：

$$\alpha \approx \frac{2}{t_2 c_0} \sqrt{\frac{\eta \omega}{2\rho_0}} \tag{2.22}$$

式中，η 为剪切黏度系数；ρ_0 为背景介质的质量密度。

从图 2.18 中可以看到，该结构在 650～7800Hz 的宽频谱内的吸声系数高于 74%。因为最大的锯齿高度为 140mm，从式（2.21）可以推断，通过选择 $m=1$，最大波长为 560mm，也就是该结构的最低有效频率为 612Hz。

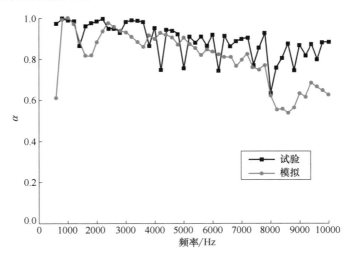

图 2.18　吸声系数

这种超宽带吸声器的优点是结构简单，不受制造材料的限制，最重要的是它是超薄型的，可以用于设计空间特别小的装置。另外，它可以针对不同的噪声频率进行设计，有效地减少某些具有峰值的噪声。这种特性适用于具有单频激励的噪声源的减噪。

2. 等相位迷宫式单元

如图 2.19 所示，这种迷宫有 8 个单元，每个迷宫单元可以让声波相位发生 $\frac{\pi}{4}$ 的移动。该迷宫分为两种，一种是 A、C、E、G、I，另一种是 B、D、F、H、J。这两种迷宫交替排列，提供了声波相位的突变。厚度 t 的改变可以改变声在迷宫中传递的相位，这是一个设计参数，可以用来调整声波。

3. 喇叭端式单元

如图 2.20 所示，喇叭端式单元展现出在 $2400 \sim 3000\text{Hz}$ 之间的负折射率，虚部接近零。声阻抗保持不变，共振峰

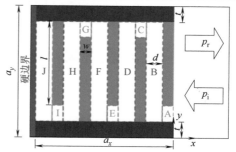

图 2.19 等相位迷宫式超结构

值出现在 3000Hz 左右，这时的折射率接近于零，也就是说在 3000Hz 左右，该单元对这个频率的噪声有着非常好的衰减作用。

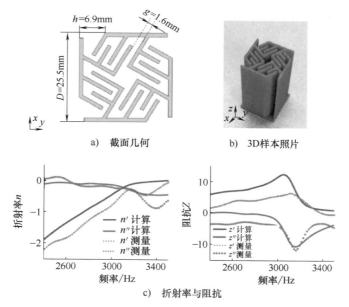

a) 截面几何　　b) 3D样本照片

c) 折射率与阻抗

图 2.20 喇叭端式单元

4. 零折射率与梯度折射率单元

如图 2.21 所示，如果把零折射率单元与梯度折射率单元组合，即叠加在一起，一种是梯度折射率单元面向入射波，这是折射波为低折射率的情况；另一种是零折射率单元面向入射波，这是折射波为高折射率的情况。

5. 各向异性螺旋式迷宫单元

如图 2.22、图 2.23 所示，这种螺旋式迷宫单元的功用是让声波在迷宫中传播更远的距离，如果按时间与距离计算，就好像声波的波速变慢了。美国杜克大学的 Cummer 教授解释说，

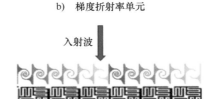

a) 零折射率单元   b) 梯度折射率单元

入射波   入射波

c) 高折射率组合单元   d) 低折射率组合单元

图 2-21 零折射率单元、梯度折射率单元及其组合

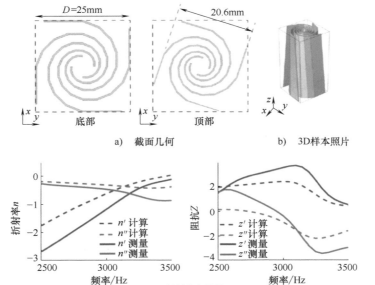

a) 截面几何   b) 3D样本照片

c) 折射率与阻抗

图 2.22 螺旋式迷宫单元 1

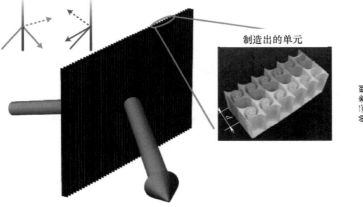

制造出的单元   在每个单元中相位改变

图 2.23 螺旋式迷宫单元 2

这种装置的另一个功用实际上是通过迷宫将入射的声波引导返回到入射口，从而达到减噪的目的（图2.24）。

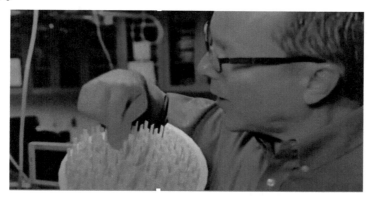

图 2.24　美国杜克大学 Cummer 教授在展示超结构

6. 全角度负反射式单元

全角度负反射式单元的几何尺寸为 $l=28\mathrm{mm}$、$d=33\mathrm{mm}$、$w=2\mathrm{mm}$、$p=34\mathrm{mm}$。不同单元的反射相位移动是通过设计获得的，如图 2.25b 所示。但声波入射角为零时，入射声波被这个结构转换成在该结构表面传播的倏逝波（图 2.25c 中底部的箭头）。

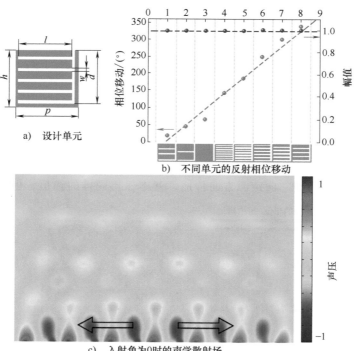

a)　设计单元

b)　不同单元的反射相位移动

c)　入射角为0时的声学散射场

图 2.25　全角度负反射式单元

7. 空间折叠式迷宫单元

既然界面的声学设计可以改变声的传播路径，那么我们自然会想，能否使入射的声波改变方向，转动 180° 回到声源，而不是向前传播？结论是可行的。在南京大学程建春教授的

.

指导下，张海龙博士等提出一种全新的超结构，如图 2.26 所示。

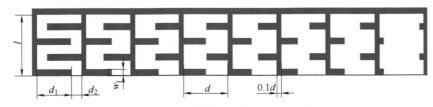

图 2.26　可改变波传播角度的空间折叠式超结构

结构单元参数：$w_1 = 1\text{mm}$，$l = 10\text{mm}$，$d = 10\text{mm}$，$l = 0.128\lambda$。厚度取决于设计频率的波长。

这种超结构的特点是每一个迷宫的开口宽度 d_2 是从左向右逐渐变大的，这个开口宽度决定了声波在这个迷宫里的相位角。

如图 2.27 所示，当声波沿着这个超结构传播时，其相位角发生了改变。传播到第 8 个迷宫时，它的相位角刚好是 $\dfrac{\pi}{2}$，其方向在刚刚进入超结构时是 0°方向，到了超结构的末端转了 90°。如果我们再加一个同样的迷宫，并将这个波的相位转 90°，就相当于将这个声波转了 180°，并向进口方向传播。也就是说，这个回转的声波与入口的声波相位刚好相差 180°，而且幅值一样，两个声波相互抵消。这种巧妙的设计构成一个精巧的自动消声器，令人拍案叫绝。如果把这种超结构放到中空管道里的上下方，就可以实现精妙的噪声抵消现象。

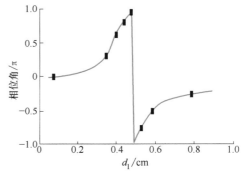

图 2.27　空间折叠式超结构中迷宫的相位

图 2.28a 所示为上边界的异常声波反射，声波沿着超结构的路线向下弯曲 90°，成为下边界的入射波，图 2.28b 所示为其计算的声波。下边界的超结构使这个改变方向的入射波的方向再次改变 90°，进而使它向声源方向传播，基本保持同样的幅值，但方向已为入射波的

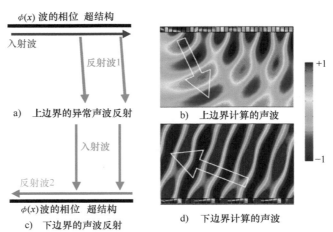

a) 上边界的异常声波反射

b) 上边界计算的声波

c) 下边界的声波反射

d) 下边界计算的声波

图 2.28　超结构的声波抵消原理与计算结果

反方向（图2.28c），图2.28d所示为下边界计算的声波。由此可见，经过这个超结构的调制，声波将产生相互抵消的效果。传递系数是透射声能与入射声能之比，越小越好。我们可以用传递系数来评价超结构的消声效果（图2.29）。每个迷宫都有共振频率，考虑设计三种特殊的情况，分别覆盖不同的频率：$f_1 = 4346$Hz；$f_2 = 4346$Hz、4370Hz、4400Hz；$f_3 = 4312$Hz、4346Hz、4370Hz、4400Hz、4446Hz。传递系数为零的覆盖的频率越多，则调制波的频带越宽，消声效果也越好。

这种单元可以用于管道的噪声减少，将其安装在管道的壁上，减少管道的噪声。

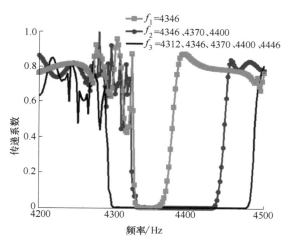

图2.29 具有不同迷宫个数的超结构的传递系数

2.5.2 开口式单元

1. 螺旋式开口单元

如图2.30所示，螺旋式开口单元的尺寸如下：外直径$D = 28$mm，内直径$d = 6$mm，总长度$L = 41$mm，螺纹导程$P = 9$mm。该结构由4个相互间隔90°的螺旋叶片组成，通过中间细长的柱体连接在一起。所有几何尺寸都小于空气中声波的波长。在这个超结构中，声波被限制在结构中沿着螺旋路径传播。D_e代表声波在螺旋中传播的有效直径。该超结构的折射率为

$$n = \frac{\sqrt{(\pi D_e)^2 + P^2}}{P} \tag{2.23}$$

$$n_{\text{eff}} = \frac{c_0}{2 \Lambda L} \tag{2.24}$$

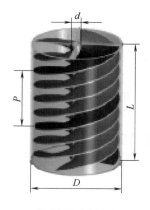

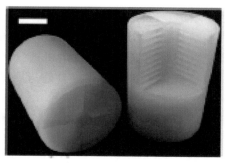

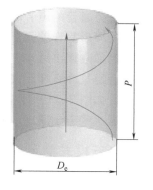

a) 柱形螺旋式超结构单元   b) 实物照片   c) 声波传播路径

图2.30 螺旋式开口超结构单元

$$\rho_{\mathrm{eff}} = \frac{\rho n_{\mathrm{eff}}}{\sqrt{T_{\min}}} + \rho_0 n_{\mathrm{eff}} \sqrt{\frac{1}{T_{\min}} - 1} \qquad (2.25)$$

当声波通过这种超结构时，有效折射率以及动质量密度与螺纹导程 P 成反比。

例如，一个结构的 $D = 28\mathrm{mm}$、$d = 6\mathrm{mm}$、$L = 41\mathrm{mm}$、$P = 9\mathrm{mm}$，$n_0 = 1$，$\rho_0 = 1.2\mathrm{kg/m}^3$，$c_0 = 343.2\mathrm{m/s}$，计算结果：$n_{\mathrm{eff}} = 5.6$，$\rho_{\mathrm{eff}} = 51.67\mathrm{g/m}^3$。

当 $P = 6.4\mathrm{mm}$ 时，有效折射率可达 8，而有效惯性质量密度达到 $120\mathrm{kg/m}^3$，是空气密度的 100 倍。

该结构的另外一个特点是，当导程 P 很高时，有效折射率与动质量密度及频率无关。

2. 开口式静音环

如果我们把上面的螺旋式开口单元中间的空心柱加大，就形成了开口式静音环。开口式静音环有两种形式，一种是管路采用不同材料，不同的材料声阻抗不一样，折射率也不一样。在这种设计下，通过管路的声波的传递率也产生了变化，在某一特定频率下，传递率等于零，也就是说这种结构产生了声禁带，在某一个频率段声音是不能通过的（图 2.31）。

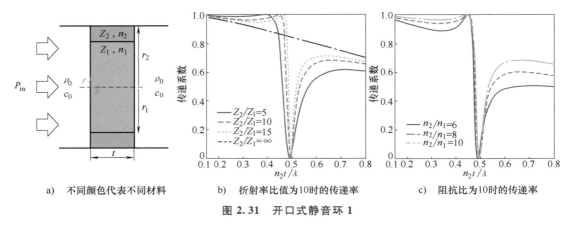

a) 不同颜色代表不同材料　　b) 折射率比值为10时的传递率　　c) 阻抗比为10时的传递率

图 2.31　开口式静音环 1

开口式静音环的另一种形式是通过人工设计，在管的边缘设计类似旁通管的形式，强迫声或流体既通过管路又通过旁通管。旁通管加长了声音或流体的流程，相当于减少了波数，导致通过旁通管的声音的折射率增加。这样的设计使该管路产生了声禁带效应（图 2.32）。

这种环形静音单元对于那些既要有流体通过，又要减少噪声的情景是最有效的静音设计方式。例如空调出风口、空调进风口、空调风道、发动机进气口、发动机消声器和声障碍墙。声音经过静音环后，其相位被扭转了 180°，在出口处与原噪声相遇，因此将出口的噪声抵消，如图 2.33 所示。

根据这些声学原理，静音环还可以设计成长方形，以适用其他场景。

2.5.3　五模式单元

1. 六角形五模式单元

图 2.34 所示的六角形五模式（pentamode）超结构单元最终组成的超结构样件如图 2.35 所示。

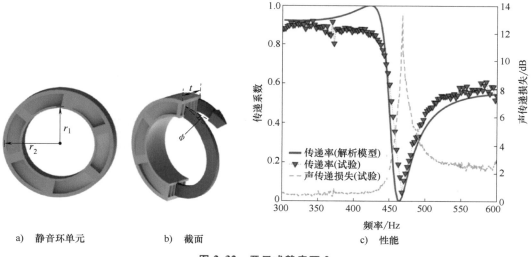

a) 静音环单元   b) 截面   c) 性能

图 2.32 开口式静音环 2

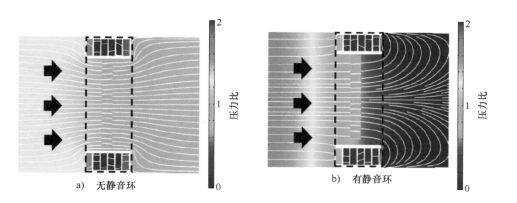

a) 无静音环   b) 有静音环

图 2.33 开口式静音环的噪声抵消示意

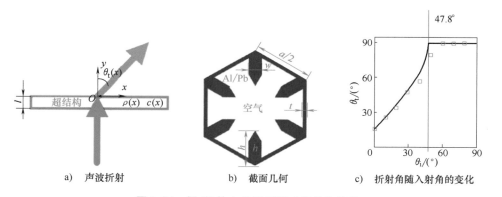

a) 声波折射   b) 截面几何   c) 折射角随入射角的变化

图 2.34 铝/铅的六角形五模式超结构单元

单元组成：厚度为 l，侧边长 $a/2 = 6.7337\text{mm}$，6 个附加质量的材料为铝或铅，宽度为 w，高度为 h，终端为等边三角形，内部空间充满了空气，背景介质为水。当入射角等于或大于 47.8° 时，折射角为 90°，该结构实现了声波的全反射。

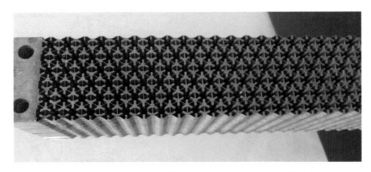

图 2.35　水刀切割制备的铝基六角形五模式超结构样件

2. 负折射二维方形曲折格栅单元

图 2.36 所示负折射二维方形曲折格栅单元的几何尺寸为 $a = 0.02\text{m}$、$b = 0.05a$、$c = 0.23a$、$r_1 = 0.145a$、$r_2 = 0.16a$ 和 $\theta = 30°$，材料为铝。当入射波进入由该单元组成的超结构时，在结构的右侧产生负折射现象。

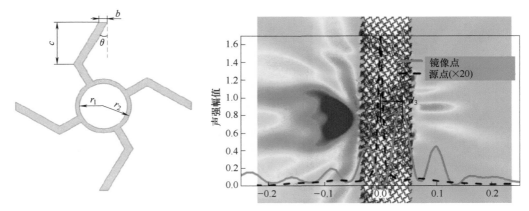

图 2.36　负折射二维方形曲折格栅单元及其折射效应

2.5.4　声单向传播单元

1. 声单向操控单元 1：薄板单元

南京大学程建春教授领导的课题组提出了一系列极具创意的声单向操控单元（声二极管、声晶体管等）。最简单的声单向操控单元是薄板单元，尺寸为 $w = 1\text{mm}$、$t_1 = 1\text{mm}$、$t_2 = 2\text{mm}$、$s = 1.5\text{mm}$ 和 $p = 4\text{mm}$。它是一个均匀板与一个带有周期性开口槽的结构，开口槽部分为输出端，均匀板侧为输入端，如图 2.37 所示。

将该单元浸入水中，当入射波从正面入射时，声波可以通过该结构；当声波从反向入射时，由于均匀板与水之间的阻抗完全失配，声波不能通过。这个原理就像二极管的整流原理一样。

2. 声单向操控单元 2：混合单元与迷宫单元

图 2.38 中的左图是声学相位列阵与零折射单元的组合。入射波在声学相位列阵上为正向，入射波在零折射单元上为负向。入射波从正向入射才可以通过这个组合单元折射，从反

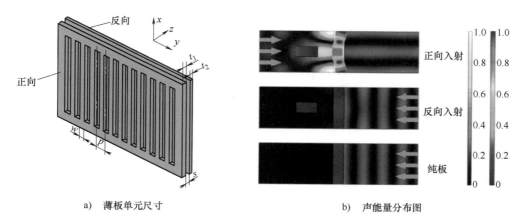

a) 薄板单元尺寸　　　　　　　　　　b) 声能量分布图

图 2.37　薄板单元

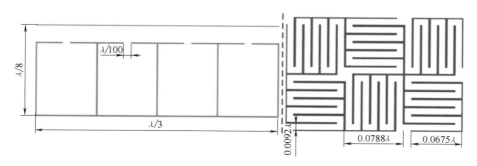

图 2.38　混合单元与迷宫单元

向入射则不能通过这个组合单元折射。零折射单元提供了非常大的相位速度，导致接近 0° 的临界角，以及固有的非常高的选择性。高选择性就是仅允许具有均匀相位分布的横向传播，阻止具有非均匀分布的横向传播。另外，保持入射波的传递相位不变，使入射波与折射波保持同样的相位分布形式。

3. 声单向与全向双向钩状单元

这种单元用一种类似钩状的超薄型环氧树脂材料制成（图 2.39a）。尺寸为 $l=42\text{mm}$、$b=6\text{mm}$、$e=1.5\text{mm}$ 和 $t=3\text{mm}$。d 不是固定的，用来设计调制所要求的相位迟滞。图 2.39b 中有 8 个单元，每个单元的开口是不一样的。d 从 0 增加到 37mm，对应的相位迟滞覆盖 1.7π。

在两个墙之间加了由 8 个单元组成的 6 组叶片，如图 2.39b 所示。当入射波从左侧入射时，折射系数对左侧入射基本为 1，而对右侧入射出现一个频率禁带，如图 2.39c ~ 图 2.39e 所示。

这种单元对一个方向的波有阻滞作用，而对另一方向的波是开通的状态，就像二极管一样。注意这种单元是开口形式的，即单元的两侧可以通光、通风。

有趣的是，当叶片机械式地旋转一个角度时，单向单元转变成全向双向单元，如图 2.40 所示，即不管入射波从左侧入射还是从右侧入射，该单元对该波都有阻滞作用。这就是所谓的可切换式超结构。

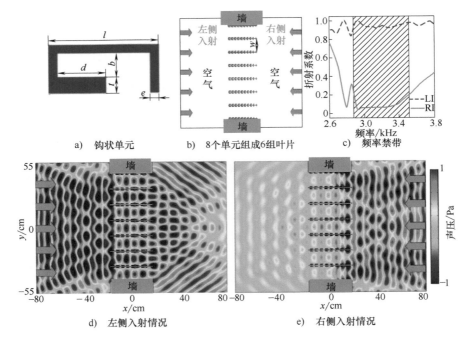

a) 钩状单元　　　b) 8个单元组成6组叶片　　　c) 频率禁带

d) 左侧入射情况　　　　　　　　e) 右侧入射情况

图 2.39　单向开口式单元

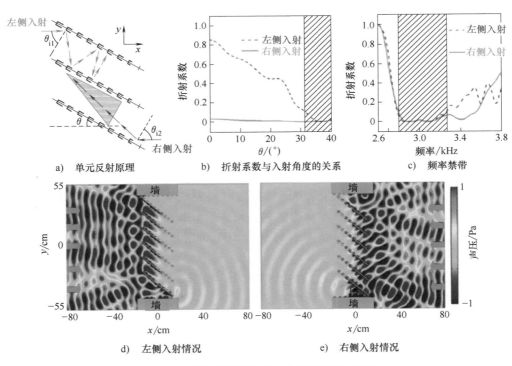

a) 单元反射原理　　b) 折射系数与入射角度的关系　　c) 频率禁带

d) 左侧入射情况　　　　　　　　e) 右侧入射情况

图 2.40　单向单元转变成全向双向开口式单元

4. 椭圆环形渐细式单元

在一个边长 $L = 40\text{mm}$ 的四方形单元中，嵌入一个椭圆环形渐细结构，以及一个中心质量。中心质量的大小可以通过厚度的大小来调制。横截面如图 2.41b 所示，图中 a 与 b 分别为椭圆的半主轴与半幅轴，r 代表环形的外半径，h 代表可调制的中心质量的厚度，t 代表中心质量对称轴的位置。

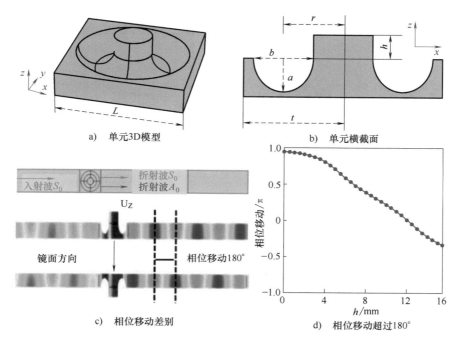

a) 单元3D模型   b) 单元横截面

c) 相位移动差别   d) 相位移动超过180°

图 2.41 椭圆环形渐细式单元

我们考虑完全相同的两个单元，当两个单元的方向与中性平面互为镜像方向时，就可以获得折射与转变-模式 A_0 之间的 180° 相位移动差别（图 2.41c）。此外，如果我们变化中心质量的厚度所获得的相位移动已经超过 180°（图 2.41d），就意味着一个单独单元的运行频率可以进一步降低，从而改进该结构的次波长性能。这种装置特别适合调制固体中的折射波。

2.5.5 振动控制单元

如图 2.42 所示，基础共振单元由一个长方形金属块组成，尺寸为 $W = 40\text{mm}$、$L = 80\text{mm}$、$T = 8\text{mm}$。设计任务就是将这些单元组合在一起，附加质量用来调制系统的共振频率，以形成全反射，让噪声不能越过该结构，从而达到减少噪声的目的。

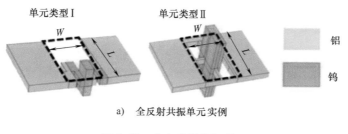

单元类型 I   单元类型 II   铝   钨

a) 全反射共振单元实例

图 2.42 全内反射共振单元

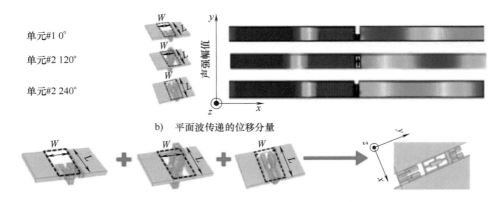

单元#1 0°
单元#2 120°
单元#2 240°

b) 平面波传递的位移分量

c) 组合的超级单元覆盖360°相位移动

图 2.42 全内反射共振单元（续）

这种结构单元可以用来减少板的振动。图 2.43a、图 2.43b 所示分别为板的前后面。图 2.43c 所示为板的平均响应谱。我们可以看到，在频率为 5750Hz 处有一个非常大的振动减少，这个频率就是该结构的运行频率。

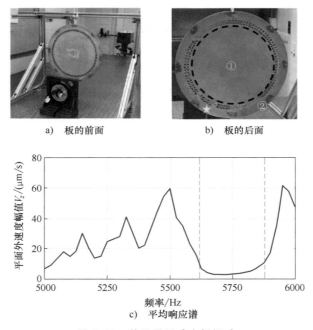

a) 板的前面   b) 板的后面

c) 平均响应谱

图 2.43 单元用于减少板振动

2.6 隐身技术

2.6.1 五模式声隐身单元

五模式材料的特征是各向异性，它的 5 个固有频率为零而且只能承受压应力。各向异性材料的应力张量是由一个 6×6 的矩阵来表示的，尽管这种材料是固体材料，但它的性质却如同液体一样。Norris 教授首先从理论上证明了使用这种材料实现声隐身的可行性。他在数学上证明了在单一链接的区域中的一个点，可以通过数学变换映射到隐身域中的一个洞。也就是说，如果有一个声源，我们可以设计一种五模式超结构，当声波遇到这个结构后会绕开它继续传播，好像它不存在一样，这就是声隐身。

我们设计一个隐身域后，放到声场中，声在传播中遇到隐身域后，会绕过这个隐身域，然后沿着原来的路径传播。在隐身域内感受不到声波，如图 2.44 所示。

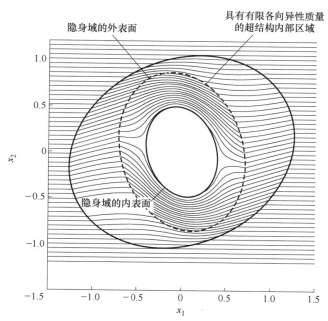

图 2.44　声波在隐身域中的传递特点

什么样的超结构是可行的呢？1995 年，美国犹他大学的 Milton 教授和 Cherkaev 教授证明并提出了格栅常数为 a 的人造晶体结构具有钻石式对称性。构成超结构的单元是两个连接在一起的锥形。理想化的连接是将这两个锥形的尖连在一起，形成一个如同钻石一样的晶体，也就是机械式超结构，如图 2.45 所示。它们的晶格常数为

$$a = \frac{4h}{\sqrt{3}}$$

每个这样的晶体单元都很小，在微米尺度内，是用浸入式直径激光光刻机制造而成的。

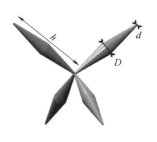

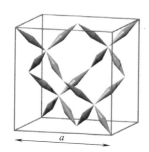

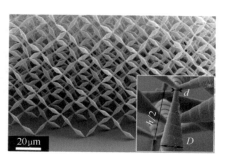

a)　理想五模式基本结构　　　b)　构成超结构的单元　　　c)　聚合物五模式结构电子显微照片

图 2.45　五模式声隐身单元

如图 2.46 所示，五模式模型有两个内部连接点，这两个连接点对其性质影响很大。一种方式是使两个连接点沿垂直方向同时向上移动，另一种方式是使左边的连接点向下移动，而右边的连接点向上移动。然后以 10 层这样的单元做出两种超结构。以 3 种方式进行声波传播的验证。一种是在水中的声波传播，另一种是声波在水中经过模型 1 的传播，还有一种

是声波在水中经过模型 2 的传播。我们可以看到，模型 1 对声波在水中的传播有很大的衰减效应，模型 2 没有这样的衰减效应。

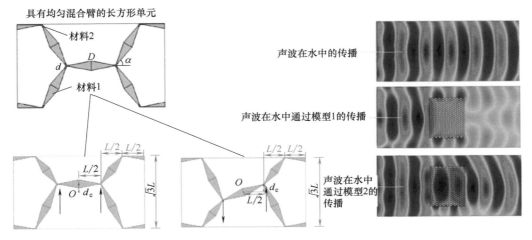

图 2.46　不同五模式模型及其对声波的传播影响

2.6.2　声-电磁-水下波超表面隐身地毯

浙江大学国家重点光学仪器实验室的杨怡豪研究员与陈红胜教授等提出了一种能够控制声波、电磁波与水波的局部反射相位超表面。他们设计了一款超表面隐身地毯，来自隐身地毯的反射波就好像从一个平面镜面反射的一样。

这种超表面的基本单元如图 2.47c 所示。它是一个开口共振器型超材料单元，用这个单元组成列阵，形成一个穹顶形，即隐身穹顶。当波遇到一个凸出物时，其反射波的相位会产生扭曲。这个超表面提供了一个反射波的相位补偿与修正，因而恢复了反射波遇到凸出物时

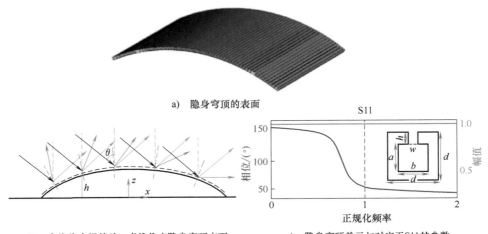

a)　隐身穹顶的表面

b)　实线代表铝基础，虚线代表隐身穹顶表面　　　c)　隐身穹顶单元与对应于S11的参数

图 2.47　隐身穹顶超表面的基本单元

的相位扭曲。这种隐身地毯的基本原理就是典型的广义反射定律的具体应用。

超表面的单元是一个铝制开口型共振器。波进入这个空腔内后，会在其内部产生振动，然后返回到波源，此时它的相位已经改变。这些改变取决于超表面的空腔与开口的几何尺寸。超表面结构的周期仅仅是运行波长的1/8。在二维个性同性空间中，电磁波、声波与水波都满足同一个具有诺依曼（Neumann）边界条件的亥姆霍兹波动方程。因此，这种隐身地毯可以让一个物体在电磁波、声波与水波下消失。

从图2.48可以看到，隐身穹顶对于声波、水波、电磁波都具有隐身作用。可以想象，如果在一个建筑物上安装隐身穹顶，就可以对卫星的电磁波与声波探测有隐身作用。我们还可以观察到，几乎没有太多的声波进入穹顶内，这意味着在穹顶内是安静的。因此，可以说隐身穹顶的隐身结构可以用于各种减噪设计。

  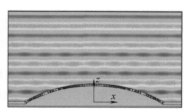

a) 隐身穹顶(声波)　　　　　b) 隐身穹顶(水波)　　　　　c) 隐身穹顶(电磁波)

图 2.48　隐身穹顶的不同作用

2.6.3　微波频率的磁隐身单元

这种微结构的尺度是微米级别的，它是用光刻机制造出来的，成本与效率不适合工业应用。美国杜克大学Schurig教授等人提出了微波频率的超材料电磁隐身。微波定义是频率为300kHz～300GHz的电磁辐射波，其波长的范围为1mm～30cm。这个结构的尺度在毫米级，不需要光刻机制作，相对简单一些。开口谐振环（Split-Ring Resonator，SRR）采用10圈同心柱形结构，每一个柱形在Z方向由3个单元叠在一起，从内到外，每一圈增加6个单元。在柱坐标下，$a_\theta = a_z = 10/3$，$a_r = 10/\pi$。这个开口谐振环的物理性质（径向介电常数ε_r、径向磁导μ_r与切向磁导μ_θ）可以通过调制开口长度S与采用长方形单元角的过渡半径来获得，如图2.49所示。

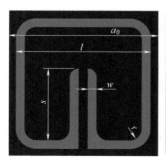

圈数	r/mm	s/mm	径向磁导 μ_r
1	0.26	1.654	0.003
2	0.254	1.677	0.023
3	0.245	1.718	0.052
4	0.23	1.771	0.085
5	0.208	1.825	0.12
6	0.19	1.886	0.154
7	0.173	1.951	0.188
8	0.148	2.027	0.22
9	0.129	2.11	0.25
10	0.116	2.199	0.279

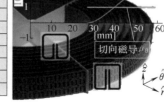

a) 单元　　　　　　　　b) 单元尺寸与性能　　　　　c) 使用铜制作的实物照片及性能

图 2.49　开口谐振环设计

在实验室中让该超结构承受电磁场的激励。当电磁波通过该结构时，磁力线发生偏转，沿着该结构传播。在同样的试验条件下，分别采用25mm铜柱体和25mm铜开口环形成的柱形隐身结构。我们可以看到，在超结构内电磁波大大减少，但没有达到零，这是因为试验有误差，与计算的理想条件不一样，如图2.50所示。

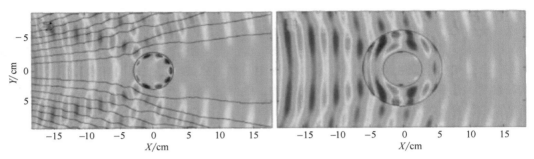

图 2.50　开口谐振环设计磁隐身试验验证结果

麦克斯韦尔方程在坐标变换下形式是不变的，坐标变换仅影响介电常数张量 ε 与磁导张量 μ。在麦克斯韦尔方程中，电磁中的电场相当于声学的声压，电磁场中的介电常数相当于声学的压缩系数，磁场中的磁导率相当于声学中的密度。声隐身理论可以在电磁场中实现，同样，电磁场中的隐身技术也可以在声学中实现。

这就开辟了声隐身的新领域，对 NVH 产业具有巨大的实际意义，对于设计安静的工业产品（汽车、高铁、飞机、舰船、家用电器和儿童玩具等）具有划时代的意义，将 NVH 产业引领进一个新的时代。

2.6.4　声隐身镶嵌薄膜混合型单元

引入镶嵌薄膜混合型单元设计作为局部共振单元，任意地调控声波的传播相位，可以达到声隐身的效果，具体结构如图 2.51 所示。

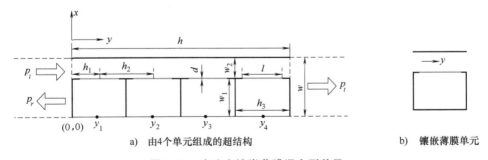

a)　由4个单元组成的超结构　　　　b)　镶嵌薄膜单元

图 2.51　声隐身镶嵌薄膜混合型单元

注：$h_2 = 2h_1$ 为周期性常数，$l = 9mm$，$d = 0.1mm$，空腔的长度 $h_3 = 10mm$，空腔的可调宽度为 w_1。$h = 40mm$，$w = 10mm$，w 为直线管路的宽度，是一个可调参数。

用 4 个镶嵌薄膜单元在 y 方向组成周期性结构单元。镶嵌薄膜单元是一个刚性的空腔。将薄膜镶嵌在空腔的开口处，然后将这个结构放到一个直管里。

声隐身可以通过构造两个相同的薄膜混合单元组成一个结构，它们对称于 F 点（声焦点），如图 2.52a 所示。沿着 x 方向的相位如图 2.52b 所示。图 2.52c 所示为模拟的声场。

我们可以看到，折射波聚焦在 F 点上，而且幅值很高，但在 F 点的两边声场很弱，形成了一种声隐身效果。图 2.52d 是指焦点位置上沿着 y 轴的声压，在焦点的两边声压幅值都很低。

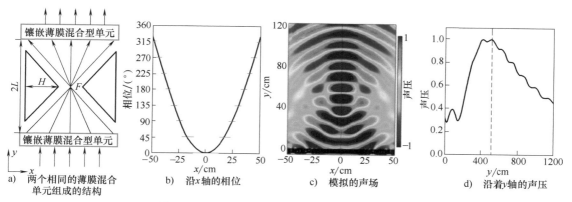

a)　两个相同的薄膜混合　　　b)　沿 x 轴的相位　　　c)　模拟的声场　　　d)　沿着 y 轴的声压
　　单元组成的结构

图 2.52　声隐身镶嵌薄膜混合型单元的模拟结果

2.7　水下声隐身

第二次世界大战期间，德国率先在潜艇上使用吸声合成橡胶及涂层，可以减少 15% 的频率在 10~18kHz 的雷达反射波，当时盟军的所有探测雷达的频率都在 14~22kHz。此外，它还可以作为吸声材料减少来自发动机的噪声辐射。德国使用的消声瓦是根据一个音乐剧中具有隐身功能的矮人国传奇国王阿尔贝里希（Alberich）命名的。1940 年，U-67 成为第一艘安装可以发挥效用的防雷达涂层的潜艇。最早的消声瓦是面积为 $1m^2$、厚度为 4mm 的合成橡胶瓦，瓦中有若干排 4mm 和 2mm 直径的柱形空腔，如图 2.53 所示。

苏联在 20 世纪 60 年代后期开始在潜艇上安装消声瓦。1980 年，英国皇家海军、美国海军开始使用消声瓦。现在每个国家的海军都试图拥有具有"大洋黑洞"特性的潜艇，因此极大促进了水下隐身技术的发展。

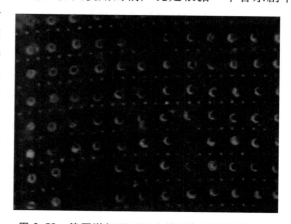

图 2.53　德国潜艇 U-480 上的阿尔贝里希消声瓦

注：图片来自维基百科

2.7.1　消声瓦的设计

如图 2.54 所示，消声瓦的设计是从合成橡胶开始的。各国消声瓦的基材都是不一样的。德国用复合橡胶；美国用聚氨酯、玻璃纤维、丁基合成橡胶；俄罗斯使用聚丁二烯橡胶、丁苯橡胶与橡胶陶瓷；法国使用聚氨酯、聚硫橡胶；英国使用聚氨酯；日本使用氯丁橡胶；中国使用聚氨酯及聚丁二烯橡胶。声学结构作为共振单元，以圆柱形为最基本的声子晶体空腔结构。这些空腔结构可以构成不同形式的周期性列阵结构。

聚合物设计(<10⁻⁷m)

填充物设计(10⁻⁶~10⁻²m)

橡胶

声学结构设计(10⁻²~1m)

潜艇消声瓦

图2.54 潜艇水下消声设计流程

在空气中超结构可以用塑料或其他任何方便制造的固体材料制成，因为固体实际上是一个完美的控制声场流动的刚性结构，至于是什么材料做的超结构并不重要。但对于水介质来讲就出现了问题，因为空气的机械性质与水的机械性质完全不一样。由于水的密度和压缩刚度与固体材料差别不大，当声波在水中碰到一个固体结构时，那个固体结构的机械性质就开始变得重要了。当我们处理在水中的结构时，不能忽略那个用来构建超结构的固体材料的机械响应。在处理基于水中的超结构时，必须考虑流体与结构之间的相互作用。

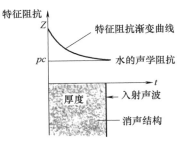

特征阻抗

特征阻抗渐变曲线

水的声学阻抗

厚度

入射声波

消声结构

2.7.2 阻抗渐变多层复合消声结构

阻抗渐变多层复合消声结构由不同的层组成，每一层的阻抗都是不一样的，形成一个阻抗梯度，如图2.55所示。

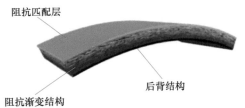

阻抗匹配层

后背结构

阻抗渐变结构

图2.55 阻抗渐变多层复合消声结构

2.7.3 开口式导管混合共振器

开口式导管混合共振器作为一个单元镶嵌在橡胶中，如图2.56所示。图中 $l_1 = 5\mathrm{mm}$，$l_2 = 5\mathrm{mm}$，$l_3 = 30\mathrm{mm}$，$h_1 = 50\mathrm{mm}$，$h_2 = 20\mathrm{mm}$，$h_3 = 40\mathrm{mm}$。$S_i = h_i d$，$d = 200\mathrm{mm}$。

这种水下消声结构是针对探测潜艇的雷达的频率专门设计的。水下潜艇探测雷达的标准工作频率是15kHz，因此该结构就是设计在这个频率上的。图2.57a所示为单一单元的反射系数与吸声系数。我们可以看到，在探测雷达的标准频率范围内，反射系数为0，而吸声系数为1。

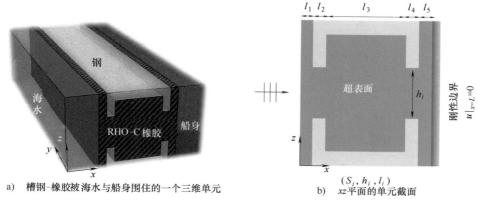

a) 槽钢-橡胶被海水与船身围住的一个三维单元   b) xz平面的单元截面

图 2.56 开口式导管混合共振器

  我们也可以使用不同的几何参数，构成不同的单元，然后把这些单元组合在一起形成混合单元结构。图 2.57b 中的不同颜色代表不同单元。混合单元结构的反射系数与吸声系数表示在图 2.57c 中。我们可以看到，混合单元结构表现出更宽带宽的反射系数与吸声系数。

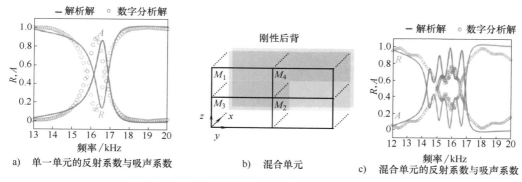

a) 单一单元的反射系数与吸声系数   b) 混合单元   c) 混合单元的反射系数与吸声系数

图 2.57 开口式导管混合共振器及混合单元结构特性

2.7.4 二比特编码超构表面

  二比特编码超构表面制造起来很简单，它有 00、01、10、11 等 4 个单元。理想的二比特编码的 4 个单元应该有 0、$\pi/2$、π、$3\pi/2$，分别对应于 4 个单元的相位。每一个单元有 4 个在一块厚度为 H 的板上钻出的正方形孔，4 个孔有同样的宽度 $a=0.375\Lambda$，沿着两个对角线（反对角）的孔的单元具有同样的深度 h_1（h_2），如图 2.58a 所示。

  图 2.58d 所示为测试对比结果。从图中我们可以看到，与平板相比，二比特编码超构表面可以减少雷达散射截面面积 10dB，而且衰减的频率带非常宽。该结构非常简单而且容易制造。

2.7.5 五模式编码超构表面

  五模式编码超结构有两种单元，一种是六边形结构，另一种是在六边形上的每一个边上以及两个角上的不同块状单元，形成"0"与"1"单元，如图 2.59a 所示。这两种六边形五模式单元的相位分别为 0 与 π。这两种单元根据 1 比特随机编码顺序布置成单元结构，这

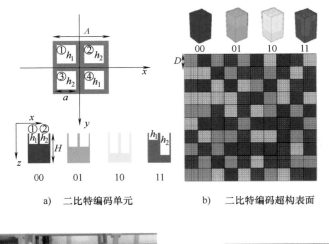

a)　二比特编码单元　　　　　　b)　二比特编码超构表面

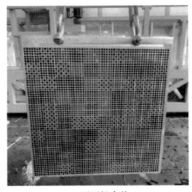

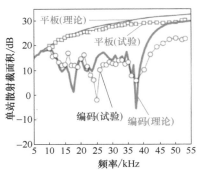

c)　原型机实物　　　　　　　　d)　理论与试验结果

图 2.58　二比特编码超结构

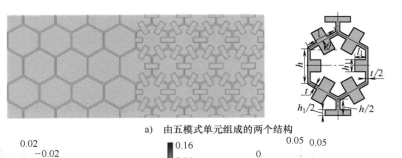

a)　由五模式单元组成的两个结构

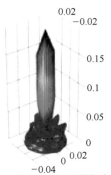

b)　平板的水下远场散射声压

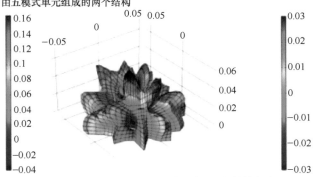

c)　五模式编码超结构的水下远场散射声压

图 2.59　五模式编码超结构

种结构会使得入射波的散射场在所有的方向上均匀分布。五模式结构是一种特殊的超结构，该结构的 6 个特征值中的 5 个接近于零。该结构的性能更加依靠它的机械性能而不是化学组成。它的弹性模量与质量密度可以非常方便地通过改变结构单元的参数进行调制。试验证明，随机编码顺序的优化布置可以在很宽范围内极大减少远场散射系数，从而使水下潜艇可被探测的距离大大增加。

图 2.59c 所示为平板与五模式编码超构表面远场散射声压的模拟结果对比。很明显，平板结构的散射集中在很小的范围内，而且幅值很高，而五模式编码超构表面的散射是沿着所有方向均匀分布的，因此幅值很小。

2.8 地球物理级大尺寸超材料的抗地震效应

中国科学院院士、国家重点学科水工结构工程学术带头人、水工结构抗震专家、大连理工大学教授林皋先生指出：大坝抗震安全设计目前还缺乏比较科学的评价标准与方法，很大程度上还需要依靠设计者的经验与判断，但是各国也都酝酿着变革，在这方面的研究正在开展。抗震性能设计思想能够比较科学地解决抗震设计安全与经济相协调的问题，受到广大科技人员的重视，并在房屋建筑与桥梁设计中得到体现。许多学者也将超材料用于抗震设计中，他们的思路不是在结构中进行抗震设计，而是引导地震波在到达建筑物前按人的意志改变传播方向，或在地震波到达建筑物前尽可能消耗地震表面波的能量，以这样的方式减少地震对建筑物的破坏。这种思路对建筑物的抗震设计是一种另辟蹊径的补充。

2.8.1 共振超级楔形

人类可不可以按自己的意志改变关键基础建筑周边的地震表面波的传播方向，使地震波绕开建筑物？几年前如果谁敢提出这种思路，会被认为是对地震学界的一种挑衅。随着抗震超结构的进一步发展，这已经不是天方夜谭了。自从学者 Pendry 与 Leonhardt 引入光学变换的概念，可以任意改变光的传播路径后，这种概念被引入到弹性波中，使我们可以按自己的意志改变弹性波的传播路径，并从实验室级别扩展到地球物理学级别。

光学彩虹效应的概念是将一种次波长共振器排成渐变高度的楔形，可以捕捉并在空间中分离不同频率的光，就像雨后的彩虹那样。把光学的概念应用到最近为地震瑞利波而开发的超材料中，我们可以将光学中的彩虹效应转变成地震学效应，完全可能构造一种能够控制瑞利波流动的超材料。这种关键概念将弹性、等离子与超材料融为一体，来设计地球物理学级别的超表面——共振超级楔形结构，并用这种结构控制地震的表面瑞利波。

超级楔形的共振频率为

$$f=\frac{\pi}{2h}\sqrt{\frac{E_r}{\rho_r}} \tag{2.26}$$

式中，h 为共振器高度；E_r 为弹性模量；ρ_r 为质量密度。

共振楔形是由具有梯度的垂直共振器组合而成的。共振楔形的垂直共振频率可以通过简单调整共振楔形的高度获得。这组楔形共振器共有 40 个，高度从 1m 逐渐增至 14m，即一个波长有 5 个共振器。根据这个高度范围，共振频率，以及受保护的频率范围是 30～120Hz。

共振器可以随机地在空间排列，为了说明方便，此次采用等距离分布，即以 2m 为间隔等距离分布。

图 2.60 所示的楔形的角度 α 约为 13°，其中的椭圆形线代表了瑞利波沿着表面传播的特性。当入射波从最短楔形入射时成为经典超级楔形，类似于声学彩虹，可以捕捉地震波（图 2.60b）。相反，地震波从最高的超级楔形入射时，我们观察到瑞利波转变成剪力波（图 2.60c）。从图 2.60b 中可以看到，入射地震平面波从左侧进入超级楔形结构后，振幅逐渐减小。当入射地震表面波从右侧进入超楔形结构时，经过转折点处后改变了方向。

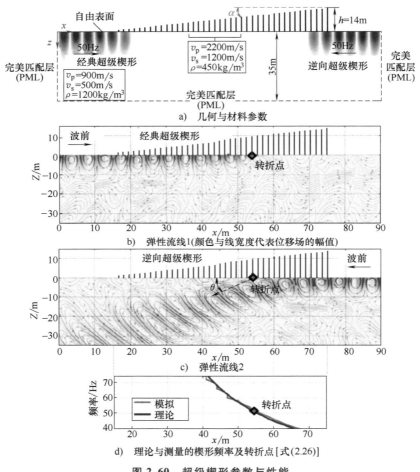

图 2.60　超级楔形参数与性能

为了量化显示超级楔形的抗震效率，采用带有楔形基底的位移谱密度与半空间位移谱密度之比来衡量其抗震效果，从图 2.61 中可以看到，超级楔形具有很大的带宽减震效应。

2.8.2　森林作为天然抗震超材料

地球物理学试验证明，地震瑞利表面波在柔软沉积土壤中以低于 150Hz 的频率传播。当这些波与森林相互作用时，在两个不同的很大的频带内会有很强的衰减。这是由于树木按照对于入射瑞利波次波长的层级进行排列产生了禁带。通过树木逐次纵向共振与瑞利波的垂

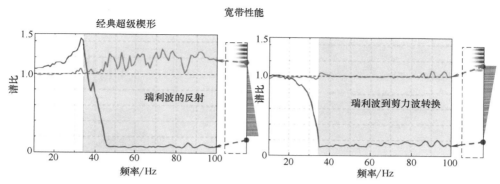

图 2.61　带有楔形基底的位移谱密度与半空间位移谱密度之比

直分量的耦合，可以产生重复的禁带。对于波长不到 5m 的波，当树木的声学阻抗与土壤的阻抗相匹配时，所产生的禁带非常大而且衰减作用非常强。由于一个垂直共振器的纵向共振是与它的长度成反比的，我们可以设计成与地面耦合的，纵向共振≤10Hz 的垂直柱子，形成人工建造的衰减小于 10Hz 的瑞利波的共振器列阵。

图 2.62a 所示为一种森林天然抗震超材料，树木按照地震源入射方向从高到低排列。图 2.62c 所示为一片小森林的地质测量图，大约 6 万 m²，主要是松树。S1、S2 为两个三维分量的地震测试仪。图 2.62d 所示为横向位移分量。很明显，在 30～45Hz 以及 90～110Hz 有非常明显的最小值。地震波通过森林时，在这两个禁带中有非常大的衰减，衰减因子达到 6。更令人惊讶的是，第二个最小值发生在第一个最小值频率 3 倍的频率上，因此，这与树的纵向振动相关联。

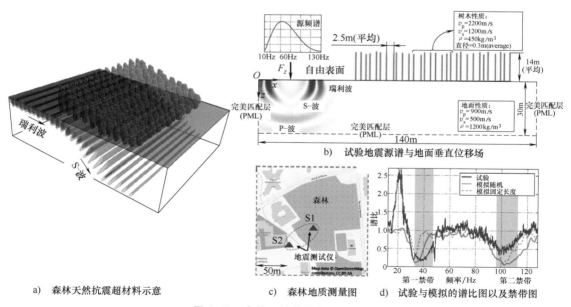

图 2.62　森林天然抗震超材料效果

从图 2.63 中可以看到，有树林与没有树林相比较，通过树林的地震瑞利波确实被极大地衰减了，而且改变了传播方向，或转变成剪力波。

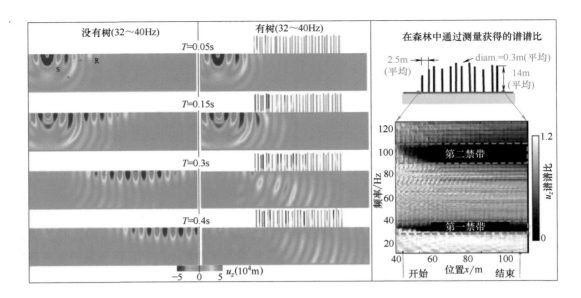

图 2.63　不同时间的地面垂直位移模拟结果

2.8.3　圆柱形孔列阵对表面波的衰减

西班牙学者 Meseguer 教授等试图把次波长级或纳米级超材料扩展到分米级甚至地球物理级，以衰减地震波的能量，或改变地震波的传播方向。他们在采石场中的大理石上首先按蜂窝格栅形式钻了 85 个孔（图 2.64a），在获取地震衰减数据后，又加钻了 42 个孔。这些孔钻在以前六角形的中心上，形成了一共有 127 个孔的三角形格栅（图 2.64b）。孔的深度为 1600mm，直径为 60mm。表面弹性波是通过直径为 12.7mm 的轴承钢珠的冲击产生的。所产生的表面波向各个方向传播并具有达到 40kHz 的白噪声频谱。

波衰减公式为

$$WA = 20 \times \log_{10}(A_0/A) \tag{2.27}$$

式中，A_0 与 A 分别为到达参考探测器与样本探测器的波的幅值。

从图 2.65 中可以观察到，对于蜂窝状结构，沿着 $\varGamma$-X 方向的谱显示出两个非常清楚的衰减频带：0～2kHz 与 7～15kHz。沿着 $\varGamma$-J 方向的谱也有两个衰减频带：0～4kHz 和 8～16kHz。特别是 $\varGamma$-X 方向有更强的衰减，达到 30dB。对于三角形格栅，有类似的特性。

根据这些人为产生的波的结构以及背后的理论，Meseguer 教授进一步指出：根据与试验相关的控制弹性波传播的波动方程的尺度放大性质，他们所做的实验的结果可以用于弹性禁带结构，该结构可以用来衰减由地震运动产生的大波长的地震瑞利表面波的效应。

2.8.4　土壤中的钻孔作为抗震超材料

法国 AIX Marsheille 大学 Guenneau 教授 与 Ménard 公司的 Brûlé 博士等人，大胆地将超材料的次波长尺寸扩展到地球物理级的尺寸上，并用大规模实验证明了超材料是可以用到地球物理级尺寸上，并且可以用于基础建筑物的抗震保护的，如图 2.66 所示。他们是地球物理学超结构的创始人。

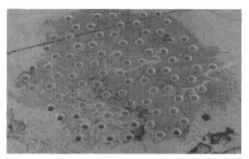

a) 大理石上的60mm直径柱形孔,间距140mm,蜂窝状结构

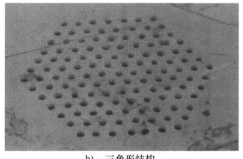

b) 三角形结构

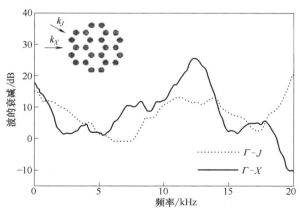

a) 在Γ-X方向与Γ-J方向的波分量的、孔为蜂窝状结构分布的地震波衰减谱

c) 用轴承钢珠冲击产生的震波图

图 2.64 圆柱形孔列阵

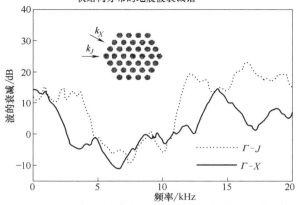

b) 在Γ-X方向与Γ-J方向的波的分量的、孔为三角形结构分布的地震波衰减谱

图 2.65 不同圆柱形孔列阵的衰减谱

J_1 是钻孔前测量的能量场,J_2 是钻孔后测量的能量场。J_2-J_1 是两个测量能量场的差值,代表钻孔对地震能量的衰减,J_2/J_1 是两者的比值,代表能量衰减的比值。

实验结果如图 2.67 所示,$\Delta = \dfrac{J_2-J_1}{J_2}$,其中 J_2 为钻孔测量的能量场,J_1 为钻孔前测量的能量场。黑色长方形为测量传感器,白点为钻孔,红色十字为震源。

图 2.67 中的蓝色对应钻孔后弹性能量低的区域,红色对应钻孔后弹性能量高的区域。在深蓝色区域,$-5 \leqslant \Delta \leqslant -0.2$,可得 $1.2 \leqslant J_2/J_1 \leqslant 6$,即没有钻孔的地震能量比有钻孔的能量大 6 倍。因此,我们可以说:土壤中的超结构对所产生的 50Hz 的地震波在蓝色区域提供了一个很好的保护。对于在震源附近的红色区域,地震的能量的相对变化在 $[0.2, 0.4]$ 范围内,也就是说,J_2/J_1 的变化在 $[1.25, 1.67]$ 范围内。白色区间对应 $\Delta = 0$,即 $J_2/J_1 = 1$,也就是钻孔后弹性能没有改变。

结论:大规模实验结果显示,在土壤中钻周期性排列的孔可以反射地震波,衰减地震的能量,有效地为基础建筑提供一定程度的抗震保护。

Brûlé 教授等人希望通过他们的实验为超结构在地球物理意义上的应用开辟一条新的道路,为后来者提供一个新的探索方向,为未来的建筑抗震设计提供一个新的思路与工程解决方案。

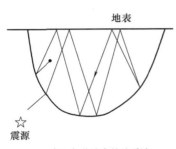

a) 在沉积盆地中的地震波

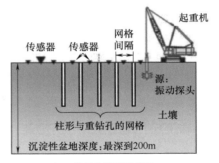

b) 地震实验装置截面

3排敏速度测量仪　5m深直径320mm孔　源：
－频率：50Hz
－水平位移：14mm

c) 地震超材料实验现场照片

图 2.66　地球物理级尺寸超材料实验

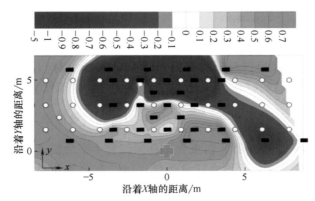

图 2.67　相对能量变换 $\Delta = \dfrac{J_2 - J_1}{J_2}$ 等值图

2.9　超材料/超结构的应用实例

　　目前，超材料/超结构在电磁、光学领域应用比较多，在 NVH 领域上的应用并不多。限于篇幅与主题，我们不可能在此罗列所有应用，以下有选择性地介绍一些应用，起到抛砖引玉的作用。

2.9.1 超材料在加强核磁共振成像中的应用

美国波士顿大学张锌教授领导的团队将静音环单元用于核磁共振（图 2.68），提高了核磁共振的成像质量，减少了扫描时间。

他们把声学静音环的原理用于电磁场，把螺旋形结构组成一组超材料，形成螺旋共振器，高度为 3cm。使用 3D 打印的塑料以及薄铜丝线圈组成一个列阵，如图 2.68a 所示。张教授说：人们对这种简单的超材料感到吃惊，这并不是一种"魔术"，所谓的"魔术"部分在于设计与理念。当把它放到核磁共振的床上，可以覆盖人的膝盖、腹部和头部等被扫描部位。当人躺在上面，核磁共振仪用射频进行扫描时，这些列阵与机器的电磁场相互作用，将信噪比增加了 4.2 倍，使得图像特别清晰（图 2.68b）。

螺旋形电磁超材料

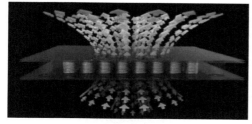

超材料增加了核磁共振图像的清晰度
（西红柿的核磁共振图像对比）

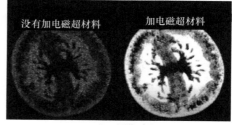

a) 螺旋形电磁超材料列阵　　　　b) 图像对比

图 2.68　超材料用于核磁共振

2.9.2 超材料在高保真扬声器上的应用

扬声器是一种很小的装置，它们的设计空间也比较小，不可能使用厚重的自然吸声材料。因此，可以使用超材料作为扬声器的吸声材料，近似于一个声学黑洞。在扬声器的内空间，提供各个频段上近乎 100% 的吸声系数，这对普通吸声材料是不可完成的任务，唯有超材料才可能轻松做到，如图 2.69 所示。

迷宫式超材料与全频段吸声作用

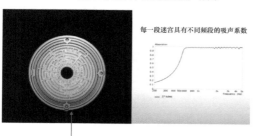

KEF LS500扬声器的分解图

图 2.69　KEF 与中国香港 AMG（静音科技集团）的扬声器使用的迷宫式超材料
注：图片来源于 KEF 网站

2.9.3 五模式材料在床垫上的应用

五模式材料可以实现磁隐身、声隐身，还可以实现弹性力学隐身。当你躺在一个弹性床上时，你通常会感觉床垫上有一个刚性物体。如果在刚性物体上加一个弹性力学隐身的床垫，对外界来讲就好像一个各向同性的弹性固体，以这种方式实现了弹性的隐藏，让你感受不到刚性物体的存在，如图 2.70 所示。

图 2.70 中的具体尺寸为 $R_2/R_1 = 4/3$、$D/a = 8\%$、$d_2/a = 2.4\%$、$d_0/a = 5.3\%$。

从图 2.71 中可以看到，在 3 号虚线的水平位置上，人躺着的位置上的位移与应变都为零，即感受不到刚性物体的存在，实现了弹性与机械的隐身。

a) 刚性柱镶嵌在三维各向同性五模式材料环境中

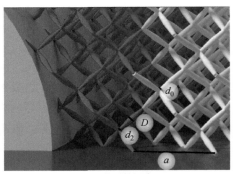

b) 单元的组成

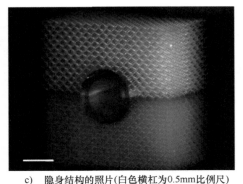

c) 隐身结构的照片(白色横杠为0.5mm比例尺)

图 2.70 弹性与机械隐身

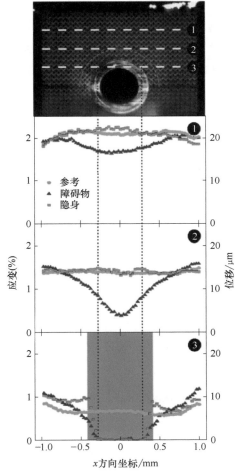

图 2.71 隐身结构实物及其数据

2.9.4 超结构在变电所的减噪应用

英国伦敦市中心,有一临近居民区的电力分配站的变压器发出的噪声很扰民。变压器的减噪不能单纯地靠密封,因为它需要散热。这正是开口式超结构的特点。于是,电力公司 SONOBEX 开发了一款名为 NoiseTrap® 的超结构,既可以抵消噪声,也可以实现自然通风散热,效果非常好,如图 2.72 所示。

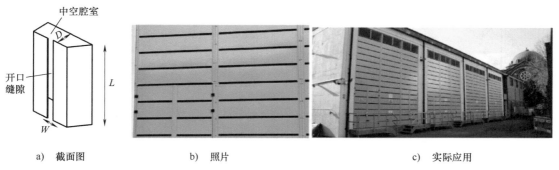

a) 截面图　　　　b) 照片　　　　c) 实际应用

图 2.72　声学屏风

该装置的制造与应用基于美国专利 2017023235 A1。

2.9.5 多功能超材料在高层建筑中的应用

荷兰阿姆斯特丹大学物理学家 Aleksi Bossart、David Dykstra 等设计了一种新材料,这些材料具有特殊的性质。这些性质并不是来自组成结构的材料,而是来自结构的特殊形式。这些结构在快速压缩或缓慢压缩时的性能是不一样的,也就是说,它们具有多重功能、多重模式(Oligomodal),如图 2.73 所示。

我们可以看到,同样的结构,加载不同,结构的性能就不一样。慢加载刚度小,快加载刚度大。这样的材料对提升高层建筑物的抗震能力非常有效。高层建筑在日常生活中承受较小的振动,而在地震时将承受较大的振动。

2.9.6 三维多共振声子在高铁上的应用

多共振声子的优势是将 1/4 波长管与亥姆霍兹谐振腔巧妙地组合在一起,形成一种新的超结构设计。

图 2.74a、图 2.74b 是声学中非常普通的 1/4 波长管与亥姆霍兹谐振腔。图 2.74c、图 2.74d 是 1/4 波长管与亥姆霍兹谐振腔的实现。图 2.74e

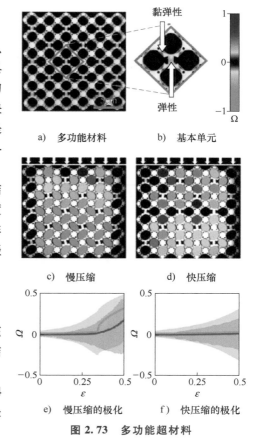

a) 多功能材料　　　b) 基本单元

c) 慢压缩　　　d) 快压缩

e) 慢压缩的极化　　　f) 快压缩的极化

图 2.73　多功能超材料

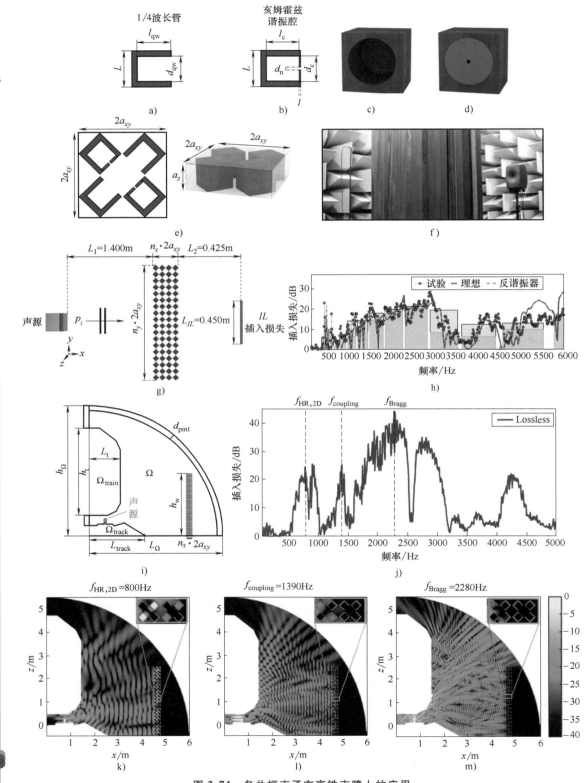

图 2.74　多共振声子在高铁声障上的应用

是 1/4 波长管与亥姆霍兹谐振腔的一种组合形式，图 2.74f 是试验现场照片。图 2.74g 是用组合薄板进行插入损失测量，图 2.74h 是插入损失的测量结果，我们可以看到，该超结构从 350Hz 到 6000Hz 的插入损失平均有 16.8dB，而该结构只有 300mm 宽。通过实际高铁在轨道上产生的声源以及用该超结构做成的声障墙的模拟结果，我们可以看到，图 2.74i ~ 图 2.74m 中，这种超结构的隔声效果是相当好的，在个别频率可以达到 40dB。

2.9.7　通气透明消声窗

该结构是由三维共振子组成的列阵，每一个共振子中间有一个孔。空气孔与周边的空间用具有声阻尼作用的材料（如汽车中的空气滤清器）进行分离。圆柱形的孔允许空气循环，而共振子在一个特定的频率段内消耗声能量。这种结构的消声作用基于波绕射与声阻抗匹配的原理。要想让空气自由通过窗户，就必须满足两个条件，第一个是具有强大的绕射能力，使得声波绕射进入共振子；第二个是每一个波前点都作为第二个波的源，以此类推，波向所有方向扩展。为达到此目的，特别设计绕射共振子，如图 2.75 所示。其中，在单元中心的空气孔用来实现最大化绕射效应。当入射波的波长大于孔的尺寸时，它将被强烈绕射进入这些孔。当把这个结构装在一个大窗户上（1.2m×1m）时，可以在 700~2200Hz 的频率范围内产生 20~35dB 的声传递损失。

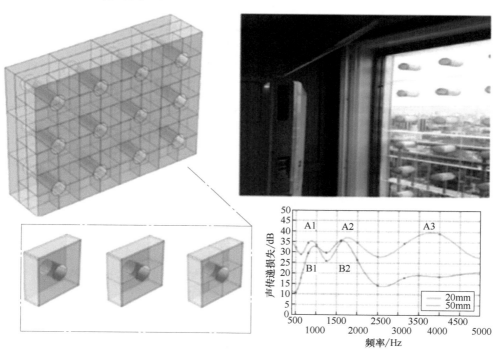

图 2.75　通气透明消声窗

2.9.8　超薄吸声器

Jiménez 等提出一种拟全向声学吸声器，其厚度仅为 $\lambda/88$。这个结构是由多个方形截面的亥姆霍兹共振腔组成的列阵，列阵的表面由很薄的、具有周期性排列的穿孔板覆盖，如图 2.76 所示。

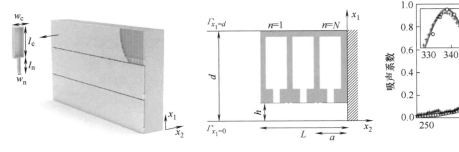

图 2.76　超薄吸声器及其试验结果

　　超薄吸声器具体尺寸：$h = 2.63\text{mm}$，$d = 149\text{mm}$，$a = L = d/13 = 11\text{mm}$，$w_\text{n} = 2.25\text{mm}$，$w_\text{c} = 4.98\text{mm}$，$l_\text{n} = 23.1\text{mm}$，$l_\text{c} = 122.5\text{mm}$。厚度仅 11mm 的超结构，在阻抗管中的平面波频率为 338.5Hz 时实现了完美吸声（吸声系数达 97%）。这种结构的设计优势是通过选择厚度 a 就可以控制任意频率。

2.9.9　超材料在环境减噪中的应用

　　高速公路旁的声障墙进行噪声衰减的原理通常是用最直接的质量定理，通过墙的质量面密度减少声向公路外环境的传播，这种声障墙通常用水泥或砖建造。第一代高科技的声障墙是墨西哥学者 Kushwaha 提出的，其声子晶体声障是由直径 29mm 中空的不锈钢柱按周期性排列组成的，间隔 100mm。这些钢柱固定在一个直径 4m 的圆形平台上，这个平台可以沿着垂直轴转动，如图 2.77 所示。Romero-Garcia 设计了第二代声子晶体声障，它在第一代的基础上加入了共振子与吸声机制，成为多物理现象的三合一散射体。刚性的柱体为核心，加上一个全柱长的窄缝，柱体上缠绕着一层吸声材料，柱体内部的空间作为声学共振腔。

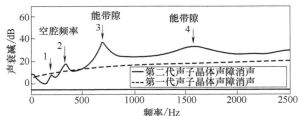

a)　第一代声子晶体声障　　　　b)　第一代与第二代声子晶体声障消声结果对比

图 2.77　声子晶体声障与声衰减效果

　　使用不锈钢管成本太高，为降低成本，可以使用聚氯乙烯（PVC）塑料管。但科学家们有新的创意，西班牙学者 Marinez-Sala 等提出通过在路边种树的方式，把树按声子晶体的方式进行排列组合，图 2.78a 为树的种类及其按声子晶体格栅排列的图示，图 2.78b 为测量结果。三角格栅，实线为 0°，虚线为 30°；长方形格栅，实线为 0°，虚线为 40.6°。我们可以看到，树木的减噪效果没有钢管好，但成本低很多。

　　法国学者 Lagarrigue 等提出用竹竿替代不锈钢或 PVC 管，也可以起到衰减噪声的作用。竹竿的直径为 37~43mm，共有 45 根，列阵为 9 行 5 列，2600mm 高，如图 2.79 所示。在竹竿的每一个节中钻一个孔，把竹竿变成多个亥姆霍兹共振腔。他们采用的竹竿的共振频率很

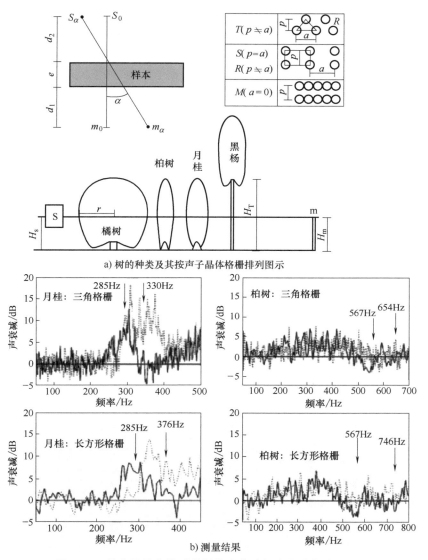

a) 树的种类及其按声子晶体格栅排列图示

b) 测量结果

图 2.78　按声子晶体排列植树作为声障与声衰减措施的效果

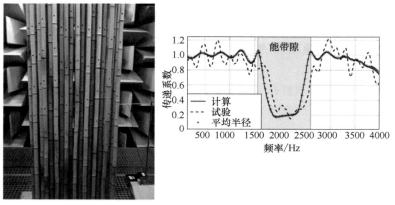

图 2.79　用竹竿组成的声子晶体声障及传递系数

低。使用自然材料产生了散射器的频散尺度，也就是它们的共振频率。

竹子在中国南方是一种普遍种植的植物，生产量大，价格也相对便宜，还是可再生材料。如果使用竹竿作高速公路的声屏障，既可以节省资金，又可以起到隔声的作用。

2.9.10 混凝土大坝的抗震保护

美国著名的胡佛大坝（Hoover Dam）是混凝土材质的，建在科罗拉多河两岸的岩石上。对于这样的混凝土大坝，如何减少地震可能的损坏是一个非常重大的设计问题。Mesaguer 与 Hogado 教授在大理石采石场上的地震波衰减实验为我们打开了一个混凝土大坝抗震设计的新思路。

地震瑞利表面波通过下游两岸的岩石向大坝传播，大坝可能会受到来自两端方向的地震瑞利表面波的破坏，为了封堵地震瑞利表面波，我们设想按照 Mesaguer 与 Hogado 教授的实验结果，在胡佛大坝下游两岸的岩石上，以及大坝两端的岩石上按照蜂窝状结构钻孔，这就形成了围堵瑞利波的第一道防护圈，如图 2.80 所示。

图 2.80　胡佛大坝的抗震保护设想

2.9.11 土坝的抗震保护

土坝抗震保护遵循与混凝土大坝相同的思路。在土坝的下游与土坝的两端钻孔，并以超级楔形的方式进行人工造林，对潜在的地震瑞利表面波在到达土坝前进行有效衰减，并改变其传播方向，从而保护土坝。

以美国的幸运峰土坝（Lucky Peak Dam）为例，根据法国 Brûlé 教授的实验结果，在土坝的周边钻孔并采用周期性排列形式，在土坝的两端及下游建立起一个超结构的地震防护圈，如图 2.81 所示。

图 2.81　幸运峰土坝的抗震保护设想

在远离土坝的下游与两端打孔，成本很低，而且不需要后续的维修，孔上面甚至可以建造建筑物，可以说是一种低成本、高效率的土坝抗震保护工程解决方案。

2.9.12 超结构在海上钻井平台与海岸建筑防海啸中的应用

能够使光绕开一个二维物体的不可见隐身技术最近几年已经成为现实。这种理论在现实世界的应用之一是将海岸线与海洋平台隐身于海啸中。法国教授 Stefan Enoch 预言：已经成熟的隐身原理可能用于海洋的波浪。这种隐身技术可以使破坏性海浪"看不见"那些易受损坏的海岸线或海上平台，从而起到保护它们免于海啸损坏的作用。

100个刚性柱环按照同心圆形成径向与同心走廊式的迷宫。研究人员使用九氟丁基甲醚（Methoxynonafluorobutane）作为流体，将超结构隐身装置放到盛有该流体的容器中（图2.82a），研究在人工波浪的作用下，该隐身装置中的流体流动情况。海浪是由脉冲气管中的压力空气制造的，频率为10Hz。研究人员主要研究波浪在碰到刚性柱体时的速度场的衍射模式。一共做了两次试验，一次是仅使用刚性柱体（图2.82d），另一次是在刚性柱体周边加上隐身环（图2.82c）。

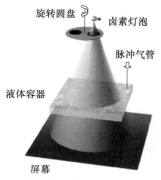

a) 盛有九氟丁基甲醚流体的容器

b) 超结构隐身装置：100个机械加工的扇形柱组成的刚性金属环内径为41mm，外径为100mm

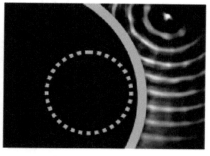

c) 10Hz声源的半径为38mm的刚性柱体，外面有隐身结构(灰色圈所示)，衍射模式

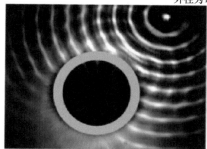

d) 10Hz声源的38mm刚性柱体衍射模式（为比较方便，对比图2.82c中虚线所示的圆）

e) 海上钻井平台的防海啸隐身装置概念示意

图2.82 小规模海啸试验与现实世界海上钻井平台防海啸示意

比较图2.82c与图2.82d的水波衍射模式，可以得出如下结论：水波遇到带有隐身环结构的刚性柱体的后向散射波，要比遇到纯刚性柱体的后向散射波小得多，也就是说，隐身环结构极大地改变了波的传播模式。

Guenneau教授解释说：这个迷宫式的同心圆形装置就像一个漩涡，水越接近这个漩涡中心，它的旋转速度就越快，越接近同心圆中心的同心走廊就越窄，力也就越大。水在绕着隐身结构旋转的同时，会沿着径向的走廊向外流动。你可以想象，如果水从北向进入到隐身结构后，小部分会从东、西向离开该结构，而大部分会从南向离开。波浪从北向进入隐身结构后，从南向离开，中间的建筑物就好像没有被海浪扰动一样。

如果我们这样设想：把这些微小的隐身结构（外径仅100mm）中的小柱子改成大型钢筋水泥柱子，组成大型隐身结构，使大型隐身结构围绕海上钻井平台，或围住一个海岛，就形成了钻井平台或海岛的海啸隐身结构，可以减少甚至消除海浪或海啸的破坏（图2.82e）。光隐身理论的先驱、圣安德鲁斯大学的 Leonhardt 教授高度评价这个发现：这是一个具有极大潜力的伟大想法。

2.9.13　考古学超结构

法国 AIX Marsheille 大学 Guenneau 教授与 ménard 公司的 Brûlé 博士等人在研究用于抗震的大规模隐身超结构时注意到，法国高卢古罗马剧场（Gallo-Roman ex muros Theater）的天空地球物理视图与他们试验中的隐身结构有着惊人的相似之处，如图2.83c、d所示。MIT的学者研究了古罗马斗兽场的结构，他们认为这个建筑也是因为采用了地震隐身结构才得以保存至今。

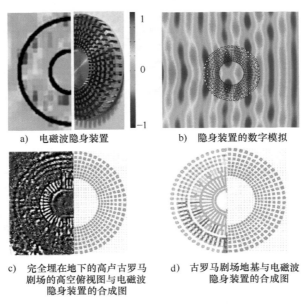

a)　电磁波隐身装置　　　　　b)　隐身装置的数字模拟

c)　完全埋在地下的高卢古罗马　　　d)　古罗马剧场地基与电磁波
　　剧场的高空俯视图与电磁波　　　　　隐身装置的合成图
　　隐身装置的合成图

图2.83　高卢古罗马剧场与电磁波隐身装置对比

2.9.14　超结构在超级城市规划中的应用

超级城市概念是20世纪80年代提出的。任何人工建筑的共振频率都受到土壤-结构相互作用的影响。在各向同性半空间表面上的结构可以极大改变地面运动。在这个基础上，就可以引进超结构的概念，通过建筑物与街道等的城市规划与地震波互相影响，以减少地震波的传播与破坏力。

深建筑物地基的高密度或在城市地区的地面加强技术使得研究人员相信：这些埋在地下的结构与地震信号的某些分量有很强的相互作用关系。一种很有前途的引起地震信号扰动的修正方式，是通过在土壤中实施完全的或空的几何单元来创造完全的、人造的各向异性，使用变换弹性动力学与图形变形工具产生一个网格，将这些几何元素沿着这些网格进行布置。这些措施理论上建立了一个理想的"隐身衣"，引导地震波绕开受保护的建筑。

在城市规划中，通过一个保形地图进行超级城市的设计，第一步就是准保形的城市图（图2.84）。这种超级城市的准保形图对于地震波来讲就是一个"隐身衣"，其直径为1km，建筑物的高度为 10~100m，具有埋在地下的地基。这就是模仿一个保形"隐身衣"的空间变化的折射系数。

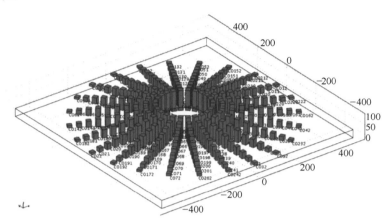

图 2.84　准保形的具有"隐身衣"型的防地震超级城市

我们还可以将超级城市规划与电磁场中的分离环进行类比（图 2.85）。电磁场的分离环可以使得周边的电磁场绕开环中央的物体，好像该物体在电磁场中不存在一样。同样的道理，我们把建筑物或建筑物群规划成多个按规律分布的分离环，那么这些由建筑群形成的分离环在地震波作用时就形成了地震波的止带，自然减少了地震波的冲击。

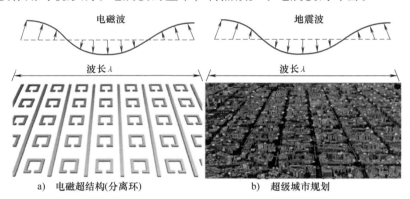

a)　电磁超结构(分离环)　　　　b)　超级城市规划

图 2.85　电磁超结构（分离环）与超级城市规划的类比

参 考 文 献

[1]　REZA G, JACOB N, STEPHAN A, et al. Ultra-open acoustic metamaterial silencer based on Fano-like interference [J]. Physical Review B, 2019, 99 (2)：024302.

[2]　XIN Z. Air-transparent selective sound silencer using ultra-open metamaterial：US 20210087957 A1 [P]. 2021-03-25.

[3]　张海龙. 基于声学超材料的声屏障与隔声管道的研究 [D]. 南京：南京大学，2018.

[4]　YANG M, SHENG P. Sound absorption structures：from porous media to acoustic metamaterials [J]. Annual Review of Meterials Research，2017，47：83-114.

[5]　ZHU Y F, ZOU X Y, LIANG B, et al. Acoustic one-way open tunnel by using metasurface [J]. Applied

Physics Letters, Vol. 107, 113501, 2015.

[6] LI Y, JIANG X, LI R, et al. Experimental realization of full control of reflected waves with subwavelength acoustic metasurfaces [J]. Physical Review Applied, 2004, 2: 064002.

[7] ZHANG H L, ZHU Y F, YANG J, et al. Sound insulation in a hollow pipe with subwavelength thickness [J]. Scientific Reports, 2017, 7: 44106.

[8] ZHU Y F, ZUO X Y, LI R Q, et al. Dispersionless manipulation of reflected acoustic wavefront by sub-wavelength corrugated surface [J]. Scientific Reports, 2015, 5, 10966.

[9] XIE Y, WANG W, CHEN H, et al. Wavefront modulation and subwavelength diffractive acoustics with an acoustic metasurface [J]. Nature Communications, 2014, 5: 5553.

[10] MA G C, YANG M, XIAO S W, et al. Acoustic metasurface with hybrid resonances [J]. Nature Materials, 2014, 13 (9): 873-878.

[11] FANG N, SRITURAVANICH W, SUN C, et al. Ultrasonic metamaterials with negative modulus [J]. Nature Materials, 2006, 5: 452-456.

[12] YU N F, GENEVET P, KATS M A, et al. Light propagation with phase discontinuities: generalized laws of reflection and refraction [J]. Science, 334 (6054): 333-337.

[13] 鲍蕊, 林玮. 基于广义斯涅尔定律的声超常反射 [J]. 无损检测, 2019, 41 (2): 21-25.

[14] 楚杨阳, 王兆宏, 蔡成欣. 声学超表面及其声波调控特性研究 [J]. 中国材料进展, 2021, 40 (1): 48-56.

[15] LI Y, LIANG B, ZHU X F, et al. Acoustic focusing by coiling up space [J]. Applied Physics Letters, 2012, 101: 233508-1-233508-5.

[16] LIANG Z, LI J. Extreme acoustic metamaterial by coiling up space [J]. Physical Review Letters, 2012, 108: 14301-1-114301-4.

[17] LI Y, QI S, ASSOUAR M B. Theory of metascreen-based acoustic passive phased array [J]. New Journal of Physics, 2016, 18: 1-19.

[18] DANILA O, DOINA M M. Bifunctional metamaterials using spatial phase gradient architectures: generalized reflection and refraction considerations [J]. Materials, 2021, 4: 1-10.

[19] BUKHARI S S, VARDAXOGLOU J, WHITTOW W. A metasurfaces review: definitions and applications [J]. Applied Sciences, 2019, 9 (2727): 1-14.

[20] AIETA F, GENEVET P, YU N, et al. Reflection and refraction of light from metasurfaces with phase discontinuities [J]. Journal of Nanophotonics, 2012, 6: 063432. 1-063532. 9.

[21] JOHN S. Strong localization of photons in certain disordered dielectric super lattices [J]. Physical Review Letters, 1987, 58: 2486-2489.

[22] PENDRY J B, Negative refraction makes a perfect lens [J]. Physical Review Letters, 2000, 85 (18): 3966-3969.

[23] ZHU X, LI K, ZHANG P, et al. Implementation of dispersion-free slow acoustic wave propagation and phase engineering with helical-structured metamaterials [J]. Nature Communications, 2016, 7: 11731.

[24] TIAN Y, WEI W, CHENG Y, et al. Broadband manipulation of acoustic wavefronts by pentamode metasurface [J]. Applied Physics Letters, 2015, 107, 221906-1-221906-5.

[25] HLADKY-HENNION A C, VASSEEUR J O, HAW G, et al. Negative refraction of acoustic waves using a foam-like metallic structure [J]. Applied Physics Letters, 2013, 103: 144103-1-144104-4.

[26] NORRIS A N. Acoustic cloaking theory [J]. Proceedings of The Royal Society A, 2008, 464: 2411-2434.

[27] LI Q, WU K, ZHANG M. Two-dimensional composite acoustic metamaterials of rectangular unit cell from pentamode to band cap [J]. Crystals, 2021, 11 (12): 1457.

［28］ MUAMER K. On the feasibility of pentamode mechanical metamaterials ［J］. Applied Physics Letters, 2012, 100: 19101-1-19101-4.

［29］ MILTON G W, CHERKAEV A. Which elasticity tensors are realizable ［J］. Journal of Engineering Materials and Technology, 1995, 117: 483-493.

［30］ SCHURIG D, MOCK J J, JUSTICE B J, et al. Metamaterial electromagnetic cloak at microwave frequencies ［J］. Science, 2006, 314: 977-980.

［31］ 王兆宏, 蔡成欣, 楚杨阳, 等. 用于声波调控的五模式超材料 ［J］. 光电工程, 2017, 44 (1): 34-48.

［32］ YANG Y, WANG H, YU F, et al. A metasurface carpet cloak for electromagnetic, acoustic and water waves ［J］. Scientific Reports, 2016, 6: 20219.

［33］ SHEN C, XIE Y, LI J, et al. Asymmetric acoustic transmission through near-zero-index and gradient-index metasurfaces ［J］. Applied Physics Letters, 2016, 108: 223502. 1-223502. 4.

［34］ LIU B, ZHAO W, JIANG Y. Full-angle negative reflection realized by a gradient acoustic metasurface ［J］. AIP Advances, 2016, 6: 115110-1-115110-7.

［35］ KRUSHYNSKA A O, BOSIA F, PUNGO N M. Labyrinthine acoustic metamaterials with space-coiling channels for low-frequency sound control ［J］. Acustica United with Acustica, 2018, 104: 200-210.

［36］ BUTA A-P, SILAGHI A M, SABATA A D, et al. Multiple-notch frequency selective surface for automotive applications ［C］ //2020 13th International Conference on Communications. Piscataway, NJ: IEEE, 2020: 439-442.

［37］ JIANG X, LIANG B, ZOU, X-Y, et al. Acoustic one-way metasurfaces: asymmetric phase modulation of sound by subwavelength layer ［J］. Scientific Reports, 2016, 6: 28023.

［38］ LIANG Z, FENG T, LOK S, et al. Space-coiling metamaterials with double negativity and conical dispersion ［J］. Scientific Reports, 2012, 3: 1614.

［39］ ZHAO S D, WANG Y S. Negative fraction of acoustic waves in a two-dimensional square zigzag lattice structure ［C］ //Proceedings of the 2014 Symposium on Piezoelectricity, Acoustic Waves and device Applications. Piscataway: IEEE press, 2014.

［40］ ZHU H, WALSH T, SEMPERLOTTI F. Total-internal-reflection elastic metasurfaces: design and applications to structural vibration isolation ［J］. Applied Physics Letters, 2018, 113: 221903-5.

［41］ MIYATA K, NOGUCHI Y, YAMADA T, et al. Optimum design of a multi-functional acoustic metasurface using topology optimization based on zwicker's loudness model ［J］. ScienceDirect, 2018, 331: 116-137.

［42］ 刘乐, 黄唯纯, 钟雨豪, 等. 声学超材料技术实用化的进展 ［J］. 中国材料进展, 2021, 40 (1): 58-68.

［43］ 张海龙, 梁彬, 杨京, 等. 基于超表面的全向通风声屏障 ［J］. 声学技术, 2017, 36 (5): 29-30.

［44］ 马琼淼, 左曙光, 何吕昌, 等. 声子晶体与轮边驱动电动汽车振动噪声控制 ［J］. 材料导报 A: 综述篇, 2011, 25 (8): 4-8.

［45］ 何宇漾. 声子晶体结构板件在车内噪声控制中的应用研究 ［J］. 噪声与振动控制, 2020, 40 (6): 193-197.

［46］ LI Y, TU J, LIANG B, et al. Unidirectional acoustic transmission based on source pattern reconstruction ［J］. Journal of Applied Physics, 2012, 112: 064504-1-064504-7.

［47］ 靳晓雄, 邵建旺, 彭为. 基于声子晶体的车内噪声研究 ［J］. 振动与冲击, 2009, 28 (12): 107-110.

［48］ XIE Y, KONNECKER A, POPA B L, et al. Tapered labyrinthine acoustic metamaterials for broadband impedance matching ［J］. Applied Physics Letters, 2013, 103: 201906-1-201906-4.

[49] ZHU H, WALSH T, SEMPERLOTTI F. Anomalous refraction of acoustic guided waves in solids with geo-metrically tapered metasurfaces [J]. Physics Review Letters, 2016, 117: 1-20.

[50] 彭常贤, 林鹏, 谭红梅, 等. 三维编织复合材料的热激波传播衰减特性 [J]. 材料科学与工程, 2002, 20 (2): 187-191.

[51] 梁滨, 袁樱, 程建春. 声单向操控研究进展 [J]. 物理学报, 2015, 62 (9): 094305-1-094305-11.

[52] YU K, FANG N X, HUANG G, et al. Magnetoactive acoustic metamaterials [J]. Advanced Materials, 2018, 30: 1706348-1-1706348-10.

[53] BUCKMANN T, THIEL M, KADIC M, et al. An elasto-mechanical unfeelability cloak made of pentamode metamaterials [J]. Nature Communications, 2014, 5 (1): 4130.

[54] LAN J, ZHANG X, LIU X, et al. Wavefront manipulation based on transmissive acoustic metasurface with membrane-type hybrid structure [J]. Scientific Reports, 2018, 8 (1): 14171.

[55] RINGWELSKI T, LUFT T, BABBERT U. Design of active noise control and vibration for car oil pans using numerical simulations [J]. International Workshop on Smart Materials and Structures, 2009, 16 (9): 22-23.

[56] BOSSART A, DYKSTRA D M J, LAAN J D D, et al. Oligomodal metamaterials with multifunctional me-chanics [J]. PNAS, 2021, 118 (21): 1-9.

[57] GE Y, SUN H X, YUAN S Q, et al. Broadband unidirectional and omnidirectional bidirectional acoustic insulation through an open window structure with a metasurface of ultrathin hooklike meta-atom [J]. Ap-plied Physics Letters, 2018, 112: 243502. 1-243502. 5.

[58] KUMAR S, LEE H P. The present and future role of acoustic metamaterials for architactural and urban noise mitigations [J]. Acoustic, 2019, 2: 590-607.

[59] Sonobex. Acoustic screen with the NoiseTrap technology, transformer substation noise reduction acoustic at-tenuator [EB/OL]. (2019-06-16) [2023-07-01]. https: //www. sonobex. com/projects/transformer-sub-station-noise-reduction.

[60] ELFORD D, CHALMERS L, WILSON R. Acoustic attenuator: US 20170263235 A1 [P]. 2017-09-14.

[61] KIM S H, LEE S H. Air transparent soundproof window [J]. AIP Advances, 2015 (117123): 4.

[62] CAVALIERI T, CEBRECOS A, ROMERO-GARCIA V. Three-dimensional multi resonant lossy sonic crys-tal for acoustic attenuation: applications to train noise reduction [J]. Applied Acoustics, 2019, 146: 1-8.

[63] JIMÉNEZ N, HUANG W, ROMERO-GARCIA V, et al. Ultra-thin metamaterial for perfect and quasi-om-nidirectional sound absorption [J]. Applied Physics Letters, 2016, 109: 121902.

[64] PEIRÓ-TORRES M P, REDONDO J, BRAVO J M, et al. Open noise barriers based on sonic crystals. Advances in noise control in transport infrastructures [J]. Transportation Research Procedia, 2016, 18: 392-398.

[65] KUSHWAHA M S. Stop-bands for periodic metallic rods: sculptures that can filter the noise [J]. Applied Physics Letters, 1997, 70 (24): 3218-3220.

[66] SANCHEZ-PEREZ J V, RUBIO C, MERTINEZ-SALA R, et al. Acoustic barriers based on periodic arrays of stutterers [J]. Applied Physics Letters, 2002, 81 (27): 5240-5242.

[67] MARTINEZ-SALA R, RUBIO C, GARCIA-RAFFI L M, et al. Control of noise by trees arranged like son-ic crystals [J]. Journal of Sound and Vibration, 2006, 291: 100-106.

[68] LAGARRIGUE C, GROBY J P, TOURNAT V. Sustainable sonic crystal made of resonating bamboo rods [J]. Journal of Acoustics Society of America, 2013, 133 (1): 247-254.

[69] QIAN C, LI Y. Review on multi-scale structural design of submarine stealth composite [C] //2nd Interna-

tional Conference on Architectural Engineering and New Materials. Lancaster：DEStech Publications Inc.，2017.

[70] BAI H, ZHAN Z, LIU J, el al. From local structure to overall performance：an overview on the design of an acoustic coating ［J］. Materials, 2019, 12：1-17.

[71] LEE D, JANG Y, KANG I S, et al. Underwater stealth metasurfaces composed of split-orifice-conduit hybrid resonators ［J］. Journal of Applied Physics, 2021, 129：105103.

[72] YU G, QIU Y, LI Y, et al. Underwater acoustic stealth by a broadband 2. bit coding metasurface ［J］. Physical Review Applied, 2021, 12：064064.

[73] HE L, CAI L, CHEN X. Pentamode-based coding metasurface for underwater acoustic stealth ［J］. Journal of Applied Mathematics and Physics, 2021, 9：1829-1836.

[74] 林皋. 混凝土大坝抗震技术的发展现状与展望（Ⅰ）［J］. 水科学与工程技术, 2004, 6：1-3.

[75] 林皋. 混凝土大坝抗震技术的发展现状与展望（Ⅱ）［J］. 水科学与工程技术, 2005, 1：1-3.

[76] COLOMBI A, COLQUITT D, ROUX P, et al. A seismic metamaterial：the resonant metawedge ［J］. Scientific Reports, 2016, 6：27717.

[77] COLOMBI A, ROUX P, GUENNEAU S, et al. Forests as a natural metamaterials：rayleigh wave bandgaps induced by local resonances ［J］. Scientific Reports, 2016, 6：19238.

[78] MESAGUER F, HOGADO M. Rayleigh-wave attenuation by a semi-infinite two-dimensional elastic-band-gap crystal ［J］. Physical Review B, 1999-Ⅰ, 59 (19)：12169-12172.

[79] BRÛLÉ S, JAVELAUD E H, ENOCH S, et al. Experiments on seismic metamaterials：molding surface waves ［J］. Physical Review Letters, 2014, 112：133901.

[80] BRÛLÉ S, ENOCH S, GUENNEAU S. Role of nanophotonics in the birth of seismic magastructure ［J］. Nanophotonics, 2019, 8 (10)：1591-1605.

[81] ZHANG J, MEI Z L, ZHANG W R, et al. An ultrathin carpet cloak based on generalized snell's law ［J］. Applied Physics Letters, 2013, 103：482898.

[82] MERESSE P, AUDOLY C, CROENNE C, et al. Acoustic coatings for maritime systems applications using resonant phenomena ［J］. C. R. Mecanique, 2015, 343 (12)：645-655.

[83] IVANSSON S M. Numerical design of alberich anechoic coatings with superellipsoidal cavities of mixed sizee ［J］. Acoustic Society of America, 2008, 124 (4)：1974-1984.

[84] LEROY V, STRYBULEVYCH A, SCANLON M G, et al. Transmission of ultrasound through a single layer of bubbles ［J］. The European Physical Journal E, 2009, 28：123-130.

[85] LEROY V, CHASTRETTE N, THIEURY M, et al. Acoustic bubble arrays：role played by the dipole response of bubbles ［J］. Fluids, 2018, 3 (93)：95.

[86] FARHAT M, ENCOCH S, GUENNEAU S, et al. Broadband cylindrical acoustic cloak for linear surface waves in a fluid ［J］. Physical Review letters, 2008, 101：134501.

[87] BARRAS C. Invisibility cloaks could take sting out of tsunamis ［R/OL］.（2008-09-28）［2023-07-01］. https：//www. newscientist. com/article/dn14829-invisibility-cloaks-could-take-sting-out-of-tsunamis.

[88] MILTON G W, WILLIS J R. On modifications of newton's second law and linear continuum elastodynamics ［J］. Proceedings of The Royal Society A, 2014, 463：855-880.

[89] INDURKAR I, VERMA O, GOVINDRAJAN B. Helicopter noise reduction ［R/OL］.（2021-08-14）［2023-07-01］. https：//www. researchgate. net/publication/353906122_A_Brief_Exploration_of_Helicopter_Noise_Reduction.

第3章 局域共振超材料

3.1 问题的提出

电磁波与声波都服从麦克斯韦波动方程，因此，电磁波与声波有相似性，调制电磁波的超结构、光子晶体的原理也可以用来调制声波。调制声波的超结构有时称为声子晶体。许多研究电磁波或光学的学者尝试将电磁学、光学的超结构转而用于研究声学。从文献的搜索结果来看，电磁学、光学与声学的超结构研究成果大部分由华人学者贡献。

香港科技大学在这方面起到了引领作用。陈子亭教授是美国加州大学伯克利分校的博士，目前在香港科技大学任物理学教授、物理系主任。陈教授著作等身，学术科研成果丰硕，桃李满天下，从 1983 年开始到 2021 年发表了 468 篇论文，撰写了 14 本书，获得了 5 项专利。他还创建了香港科技大学的超材料研究中心，并担任主任，积极推动超材料的开发与利用。陈教授的研究方向之一是超材料与光子晶体，研究超材料的科技成果文章有 47 篇，还与人合著了一本书。在双负超结构的研究中，陈教授与沈平教授首先研究了声学中的负弹性常数问题，制造了一种新的、能够展现出局域共振特性的复合结构。这种复合结构完全打破了传统声传递的质量定理，当把这些结构设计成周期性的超结构时，展示了很大的弹性波禁带。他们的理论与模型也成为大家研究双负超结构的经典模型与案例。

3.2 技术背景

电磁波的负折射概念在超结构中获得了很大的成功。在电磁波的负折射研究中，其传播介质本身就是各向异性的，并具有负折射系数的特性。已经实现的电磁超材料是在某些频率域中能够展现有效负介电常数与有效负磁导率，且具有内建共振结构的复合材料。这些双负介质产生了非常独特的物理现象，例如负折射系数和次波长镜像。由于电磁波与声波都是波，都服从波动方程，人们就自然地想到可以把电磁波的超结构理论用到声波上，进而开发出控制声波的双负超结构。电磁波在这些局域共振超材料中传播时，会出现负折射、平板聚集效应、回波效应和隐身效应。对声波来讲，当具有负等效质量密度以及负等效模量的局域共振结构用于控制声波传播时，会出现声波的负折射、声聚集、超级透镜以及声隐身的奇特现象，因此受到了物理学家的青睐与追捧。

香港科技大学的沈平教授、陈子亭教授以及香港浸会大学的马冠聪教授都是这个研究领域的先驱。马冠聪教授是陈教授的弟子，现任香港浸会大学助理教授，他在陈教授的指导下在超材料方面有着突出的贡献。

3.3　薄膜共振型超结构单元

3.3.1　镶嵌薄膜振子

香港浸会大学马冠聪教授提出了镶嵌薄膜振子的四大特性（图3.1）：在共振频率上出现接近完全的声传递；在反共振频率与入射波解耦，实现全反射；可以实现负折射；在共振频率上出现非常高的吸声系数。

单元的几何尺寸：均匀拉伸的弹性膜半径 $a = 45mm$，厚度 $d \leqslant 2mm$，镶嵌的小板的半径为 $r = 10mm$，质量仅为 $m = 0.8g$，其边界固定在一个刚性的框架上。

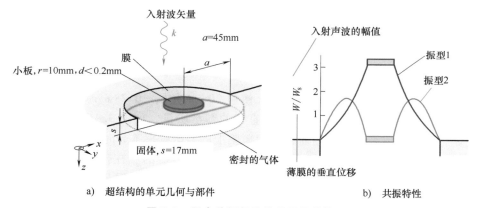

a)　超结构的单元几何与部件　　　　　　　b)　共振特性

图3.1　混合共振超结构单元及特性

镶嵌薄膜振子的最小共振频率 112Hz 是由中心小板的振动决定的。第二个共振频率 888Hz 是由周边的薄膜的振动确定的。作为反射表面的铝板与镶嵌薄膜振子之间的间隙为 $s = 17mm$。间隙之间的空间为密封的气体，气压为大气压，气体为六氟化硫。

如图3.2所示，这种混合共振超结构的吸声系数值在152Hz达到99%，这意味着与空气阻抗的完美匹配。在这个频率上，波长为2.25m，而厚度仅为波长的1/133，真正起到了

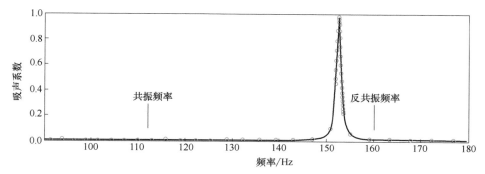

图3.2　混合共振超结构的吸声系数

"四两拨千斤"的功能。但这个最大吸声系数频率既不是共振频率，也不是反共振频率，而介于二者之间，主要原因是在其中密封的六氟化硫气体起到了将两个共振频率混合的作用。

如果我们想要在多重频率上实现完美吸声，我们可以附加不同数量的不同的共振单元，每个共振单元都会产生一个完美吸声系数。图 3.3 中选择了 3 种不同的共振单元，出现了 3 个不同频率的吸声系数的峰值。特别值得一提的是这种超级结构在 260Hz 左右实现了完美吸声系数。这样完美低频吸声绝对是令人惊奇的，是传统吸声材料所达不到的。

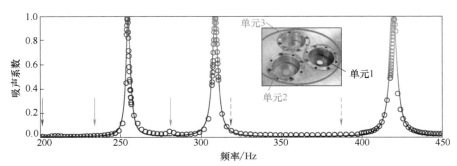

图 3.3 可调制多重频率吸声系数

3.3.2 薄膜型等效负质量单元

如果我们去掉上面单元中的密封气体，使用 20mm 直径，0.28mm 厚度的薄膜，镶嵌到一个相对刚性的框架上，薄膜上附加 6mm 直径的圆盘质量，如图 3.4 所示。当入射波垂直于薄膜平面，并且入射波的频率与质量块中薄膜上的共振频率重合时，入射波的传递系数几乎接近于零，完全被反射。在共振点附近的有效质量是负的。在传递系数曲线中 145Hz、984Hz 有两个峰值，但在 237Hz 上有一个峰谷值，其传递系数是质量定理的 1/200。出现这种现象的原因是在这个频率上有效质量是负的，这也是系统具有多重低频振动的共振模式不可避免的结果。

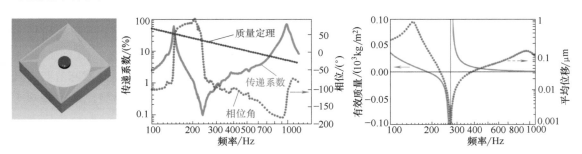

图 3.4 薄膜型单元的传递系数和有效质量

值得注意的是，就这样一个比波长小得多的单元，可以在应用中不占用很大的设计空间，而且居然能够实现对低频的完美全反射，在低频中实现禁带，这是传统自然材料所做不到的。这种特性对我们未来的应用具有非常重要的实际意义。

3.3.3 局域共振单元

这种单元是由 10mm 的铅球（图 3.5 中的 A）镶嵌在硅胶层中（图 3.5 中的 B），这些共振单元放到环氧树脂基层上（图 3.5 中的 C）。

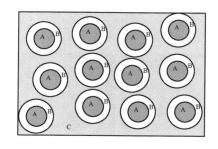
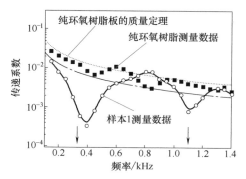

图 3.5　局域共振单元的组成与传递系数
A—铅球，1cm 直径　B—硅胶层　C—环氧树脂基

传递系数在 400Hz 与 1100Hz 上都有一个谷值，这两个谷值完全与质量定理相违背。但是如果我们使用负弹性常数就能够重建这个谷值。也就是说，局域共振单元产生了负弹性常数。这就是局域共振单元与传统材料的最基本的差别。换句话说，局域共振单元可以在某些频率上阻碍噪声通过这个单元，在某个设计的特定频率上阻碍噪声的传递。这种特性在应用中具有非常实际的意义。

3.3.4　低频超级吸声单元

这种单元是将小板-硅胶式的单元组成列阵，以便获得多重吸声系数峰值的频率。它的构成如图 3.6 所示。

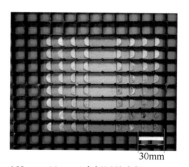
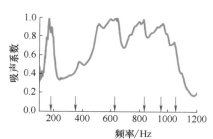

159mm×15mm，8个相同的小板，
对称性的布置为两个四列阵，列阵分离距离为15mm，
这两列互相面对，之间的空隙间距为32mm

图 3.6　低频超级吸声单元及吸声系数

在图 3.6 中我们可以看到，这个结构的吸声系数在 164Hz、376Hz、645Hz、827Hz 及 960Hz 上都有峰值。尤其是低频的 164Hz 上吸声系数几乎接近 100%，这在传统吸声材料中是不可能做到的，再次体现出超结构具有"四两拨千斤"的作用。

3.3.5　超薄共平面螺旋管吸声单元

这种单元由三部分组成：一个带有小孔的前板，小孔的目的是让声音传递到螺旋管内；

一个是带有平面螺旋的空间折叠管，这种折叠管的形式可以是各种各样的，形状不影响结果；最后一个部件是刚性的背端固体板。单元构成如图 3.7a 所示。图 3.7b 所示为共平面螺旋管，图 3.7c 所示为共平面亥姆霍兹共振腔。

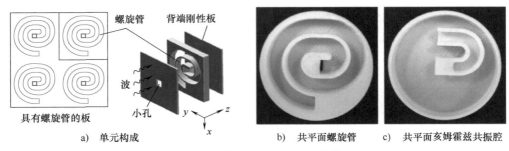

a)　单元构成　　　　　　　b)　共平面螺旋管　　c)　共平面亥姆霍兹共振腔

图 3.7　超薄共平面螺旋管吸声单元

1. 吸声系数的计算

按照蔡博士的思路，这些共平面管路的设计是首先分析镶嵌中一个刚性平板中的中空的一组管路的吸声功能。一端为硬墙的管路的另一端开口的声阻抗为

$$Z_t = -iZ_c \cot(kL_t) \tag{3.1}$$

式中，L_t 是管路的长度；$Z_c = \sqrt{\dfrac{\rho}{C}}$ 为特征阻抗；$k^2 = -\omega^2 \rho C$ 为有效传播常数；ρ 与 C 分别为管路的本构波变量，即有效密度与压缩系数。

这个结构的吸声系数：

$$\alpha = 1 - |R|^2 \tag{3.2}$$

其中 R 是反射系数：

$$R = (Z_{in} - Z_{co})/(Z_{in} + Z_{co}) \tag{3.3}$$

式中，Z_{co} 为空气的特征阻抗。Z_{in} 为

$$Z_{in} = Z_t/\zeta \tag{3.4}$$

其中 ζ 是板的孔隙率，计算方法为

$$\zeta = N\pi r_\omega^2/A \tag{3.5}$$

式中，N 是板内的管路的个数；A 是板的面积；r_ω 是圆管的半径。

Z_t 管路在开口处的声学阻抗，而管路的另一端是刚性墙。

$$Z_t = -iZ_c \cot(kL_t) \tag{3.6}$$

而 Z_c 为管路空气的特征阻抗，k 为有效传播常数。

$$Z_c = \sqrt{\frac{\rho}{C}} \tag{3.7}$$

$$k^2 = -\omega^2 \rho C \tag{3.8}$$

式（3.7）中的有效密度 ρ 与压缩系数 C 可以根据黏-热声学理论进行计算。

计算有效密度 ρ 的公式为

$$\rho(\omega) = \rho_0 \left\{ 1 - 2\left(-\frac{i\omega}{\nu}\right)^{-\frac{1}{2}} \times G\left[r_\omega\left(-\frac{i\omega}{\nu}\right)^{\frac{1}{2}}\right]/r_\omega \right\}^{-1} \tag{3.9}$$

有效压缩系数 C 的计算公式为

$$C(\omega) = (1/\gamma P_0)\left\{1 + 2(\gamma-1)\left(-\frac{i\omega\gamma}{v'}\right)^{-\frac{1}{2}} \times G\left[r_\omega\left(-\frac{i\omega\gamma}{v'}\right)^{\frac{1}{2}}\right]/r_\omega\right\} \tag{3.10}$$

式（3.10）中的常数为

$$v = \mu/\rho_0 , \quad v' = \kappa/(\rho_0 C_v) \tag{3.11}$$

式中，C_v 为定容比热（每单位质量）；κ 为导热系数；μ 为理想气体的黏度；ρ_0 为平衡位置的理想空气的密度与压力。

$$\gamma = \frac{C_p}{C_v} \tag{3.12}$$

$$G[\zeta] = J_1(\zeta)/J_0(\zeta) \tag{3.13}$$

式中，J_1、J_0 分别为第 1 阶与第 0 阶贝塞尔函数。

按照这些公式，我们就可以对这种具有圆柱形管路的超结构的吸声结构进行设计与计算了。

如果我们在薄板中镶嵌了长方形管，该长方形管的宽度大于它的高度，则有

$$\lambda = b(\omega/v)^{\frac{1}{2}} \tag{3.14}$$

$$M = \gamma v/v' \tag{3.15}$$

$$\rho(\omega) = \rho_0\left[1 - \tan h(i^{\frac{1}{2}}\lambda)/(i^{\frac{1}{2}}\lambda)\right]^{-1} \tag{3.16}$$

$$C(\omega) = (1/\gamma P_0)\left[1 + (\gamma-1) \times \tan h(i^{\frac{1}{2}}M^{\frac{1}{2}}\lambda)/(i^{\frac{1}{2}}M^{\frac{1}{2}}\lambda)\right] \tag{3.17}$$

有了这些表达式，我们就可以计算长方形管路的吸声系数了。

2. 计算结果

这种单元的吸声系数试验结果如下。我们可以看到，对于螺旋管，在 400Hz 时吸声系数峰值达到 90%以上，而共振腔式的单元中在 250Hz 处有 90%的吸声系数峰值，如图 3.8所示。

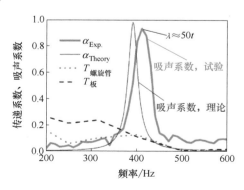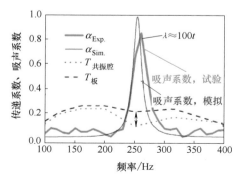

图 3.8　超薄共平面螺旋管的吸声系数与传递系数

该单元的频率的设计是基于1/4波长原理。当声波与一个边界干涉时,反射波与入射波叠加,在距离反射边界 $n\lambda/4$(n 为非零偶数,$n=2$,4,6,$\cdots$,λ 为波长)时形成最大质点压力,在 $m\lambda/4$(m 为非零正奇数,$m=1$,3,5,7,$\cdots$)时形成最小质点压力。任何质点压力最大的地方质点速度最小,因此质点速度在边界上为零,在 $n\lambda/4$ 上最小,在 $m\lambda/4$ 上最大。质点速度最大的时候,也是减少波振动的最佳时机。质点速度越快,质点振动就会产生更大的热量,也就是把振动能转化为热能而被消耗掉。因此我们希望把吸引材料放到我们想消除的频率的1/4波长处,也就是吸声材料的厚度,以便获得最大的吸声效果。这就是1/4波长吸声定理。

在现实世界中,我们可能并不仅仅对一个频率的减噪感兴趣,而是对许多频率的减噪都感兴趣,而且反射边界也不止一个,而是多个。例如,汽车内空腔包括许多反射边界:顶棚、地板、车门等。当1/4波长理论应用到现实世界时,这个定律就成为一个指导原则了。我们希望把一个吸声材料放到 $m\lambda/4$ 位置处来针对一个特殊的频率,或放到 $m\lambda/4$ 处来处理我们想要消除的最低频率。一个吸声材料在波的1/4波长处可获得对这一频率的噪声的非常好的吸声效果,但这一距离并不需要非常精确也可以同样获得有意义的减噪改进效果,也没有必要一定要100%的吸声效果。例如,如果一个吸声材料在一个设定的频率上吸收了25%的能量,那就是减少了3dB的反射强度。因此,一个在1/4波长上噪声的减少在理论上就是11dB,这已然是一个很大的改进了。在我们进行1/4波长的减噪时,除了在1/4波长上有极好的减噪效应外,高于这个1/4波长的频率宽谱上的减噪也是很有效的,但是当频率低于1/4波长的频率时,消声效果会大大降低。

如果我们使用一个1/4波长管来进行消声的话,对于低频噪声来讲,这个管路的长度会很长,实际设计空间与安装空间会对设计的实施有很大的限制,有时甚至使设计成为不可能完成的任务。蔡晓兵(音译)博士等提出的超薄共平面螺旋管吸声单元为我们的设计提出了一种新的设计思路与策略。这种思路与策略就是将长度很大的,直线型的1/4波长管弯曲与缠绕在一个很小的平面空间内,然后镶嵌在一个很薄的平板内,既可以保持对波的能量的消耗,又可以将吸声材料的厚度大幅减少。这种将1/4波长管弯曲后放到一个很薄的平板内的设计思路与策略,为1/4波长管原理的应用开拓了更广泛的设计空间,实际意义非常重大。

3. 完美吸声的条件

包含了一组管路的平板的无量纲输入阻抗为

$$Z_{in}/Z_{co} = Z_c/Z_{co}\left[-i\cot(kL_t)/\zeta\right] \tag{3.18}$$

根据阻抗匹配原则,完全吸声要求平板的输入阻抗与空气的特征阻抗之间完全匹配,也就是

$$Z_{in}/Z_{co} = 1 \tag{3.19}$$

式(3.18)就是我们设计吸声器的基础。当管路的直径很大时(毫米级别),Z_c/Z_{co} 接近于0,那么 $\cot(kL_t)$ 项在孔隙率 ζ 比较小(小于0.05)的情况下必须趋向于零。因此,我们有 $kL_t = \pi/2$,也就是 $L_t \approx \lambda/4$,即1/4波长。这就是我们的1/4波长吸声材料的设计过程。

3.3.6　薄膜型列阵隔声单元

该单元由一个弹性薄膜、一个小的质量加上框架组成。薄膜轻微地拉伸然后固定在相对刚性的塑料网格上。在每一个网格之间加一个小的质量。将这些单元组成列阵形式，以便获取宽带减振效果。薄膜厚度为 0.28mm，每一个方形单元边长为 10mm，厚度≤15mm，质量≤3kg/m²。分开单元的墙厚度为 10mm。该列阵也可以做成四个单元在一个方块中。整个单层结构的尺寸为 300mm×300mm×15mm。

图 3.9 中的蓝线是薄膜型列阵板的透射系数。我们可以看到，对于一个单元，在 230Hz 与 1277Hz 上有峰值，在 719Hz 有谷值。对于列阵来讲，在 70Hz 与 450Hz 有峰值，在 107Hz 上有一个谷值。这些特性正是一个单元所具有的，即一个单元的特性与一个单元列阵的特性是一样的，只不过是频率的数值不一样而已。

如图 3.10 所示，两个隔声层加在一起，声传递损失增加的不大，但隔声列阵的传递损失会因为多层的叠加而大大增加，实现 1+1>2 的效果 ［注意，1% 的透射系数约等于声传递损失（STL）40dB］。

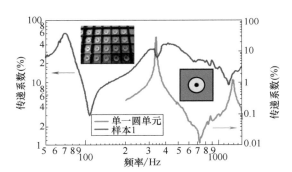

图 3.9　薄膜型列阵隔声单元的传递系数

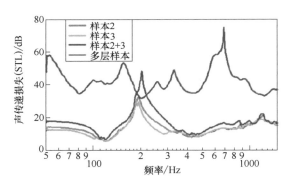

图 3.10　薄膜型列阵隔声单元的声传递损失

3.3.7　超薄低频完美共振吸声单元

该单元由三个部分组成，包括在共振腔中密封的空气作为弹簧、一个像活塞一样运动的质量、一个薄阻尼层作为阻尼消耗能量。

图 3.11 中的阻尼层，是一层金属网粘到一个很短的，内径 $R=15$mm，外径为 19mm，长度为 1mm 的管子上。质量单元是半径为 13mm，厚度为 $e=3$mm 的刚盘（$\rho_m=7800$kg/m³），一个厚度为 20μm 的乳胶薄膜轻微抻张，粘在 3mm 长的短管上，组成空腔的管的尺寸 $B=3$mm。有机玻璃用来密封空腔。

空腔频率可以用如下公式计算：

$$f_R=\frac{c_0}{2\pi}\sqrt{\frac{\rho_0}{\rho_m eB}}=111\text{Hz} \tag{3.20}$$

这个频率就是这个单元的共振频率，也是最大吸声系数所在的频率。其中 B 与 e 都是可以调制的设计参数。这个系统的吸声系数如图 3.12 所示。

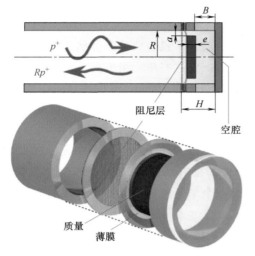

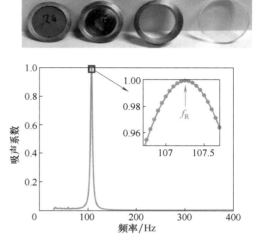

图 3.11 超薄低频完美共振吸声单元

图 3.12 超薄低频完美共振吸声器的吸声系数

从图 3.12 可以看到，这种超薄低频完美共振吸声器可以在非常低的频率上实现 100% 的吸声系数，而且外半径只有 19mm。

3.3.8 薄膜式同轴环质量单元

薄膜式同轴环质量单元的结构如图 3.13 所示。

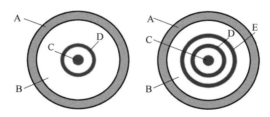

图 3.13 薄膜式同轴环质量单元

A—支持结构 B—薄膜 C—中心质量 D—环质量 1 E—环质量 2

我们做如下模型。第一个模型中心质量为 0.16g；第二个模型没有中心质量，但有一个环，环直径为 4mm，质量为 0.16g；第三个模型是第一个与第二个模型的组合。这三个模型的声传递损失以及与相同面密度的板的声传递损失比较如图 3.14 所示。

从图 3.14 可以看到，模型 1 的峰值比质量定理高出为 56dB，模型 2 的峰值高出质量定理 46dB，模型 3 有两个峰值，比相同质量结构的声传递损失高出 36dB 与 49dB。由此可见，这种单元具有相当

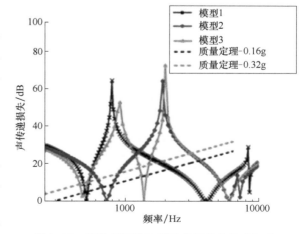

图 3.14 薄膜式同轴环质量单元的声传递损失

高的声传递损失。另一个优点是它有两个峰值，这两个频率峰值是可以针对问题频率进行设计的。

3.3.9　超薄低频吸声单元

如图 3.15 所示，超薄低频吸声单元是由边长为 a，厚度为 h 的正方形组成的，有上下两个面板。直径为 d 的孔位于厚度为 t_3 的上表面板的中央，下面板是有多个空腔的结构。多空腔结构是一个边长为 b 的中心四方形空腔，空腔的厚度为 t_4。该空腔的周边有四个互相联通的相同的空腔，这些空腔由四个很窄的窄缝隔开，窄缝的宽度为 t_1，窄缝到框架的距离为 t_2。框架是用 3D 打印做成的，厚度为 t。具体尺寸为 $a = 100mm$，$b = 42mm$，$d = 5mm$，$t = t_1 = 2mm$，$t_2 = 10mm$，$t_3 = 1mm$，$t_4 = 15mm$。

由图 3.16 可以看到，该结构在 240Hz 达到最大的吸声系数 100%，50% 的吸声系数的带宽是中心频率的 12.9%，这样低的频率传统吸声材料是不可能达到的。

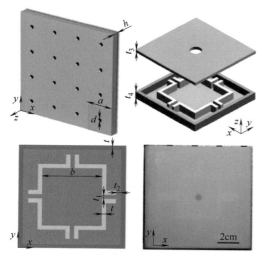

图 3.15　超薄低频吸声单元

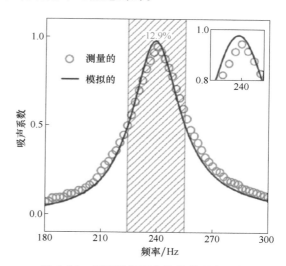

图 3.16　超薄低频吸声单元的吸声系数

3.3.10　大型薄膜型低频吸声单元

小型的薄膜型单元比较适合实验室使用，对于工业上的应用还是需要大型薄膜型单元，这种单元的尺寸为 800mm×800mm。

从图 3.17 可以看到，该单元对低于 800Hz 的噪声具有很好的衰减作用，薄膜的影响对于某些频率最高达到 30dB 之多。但这种大型薄膜单元也增加了构造的复杂性，特别是大型薄膜的支撑框架的出现。

3.3.11　双负薄膜双六角形柱体单元

双负薄膜双六角形柱体单元的几何设计是由两个六角形的空腔柱体通过一个中空的柱体颈连接在一起的，六角形空腔的两端装有薄膜。每个六角形空腔与中空的柱体就是一个亥姆霍兹共振腔，如图 3.18a 所示，然后将这些单元组合在一起形成系统。图 3.18b 所示为单元的几何制图及具体尺寸标注。图 3.18c 所示为 3D 打印的系统实体，总厚度为 24mm。

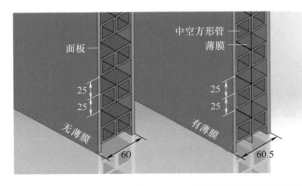

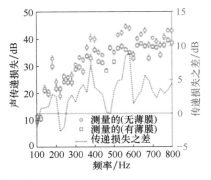

图 3.17　大型薄膜型低频吸声单元（单位：mm）

a)　双负薄膜双六角形柱体单元

b)　单元的几何制图及具体尺寸(单位：mm)

c)　3D打印的系统实体　　　　d)　组合系统不带薄膜的俯视图　　　　e)　单元性能

图 3.18　双负薄膜双六角形柱体单元结构及性能

图 3.18d 所示为组合系统不带薄膜的俯视图。颈长度 $l_n = 1\text{mm}$，颈直径 $r_n = 0.25\text{mm}$，壁厚度 $t_w = 0.5\text{mm}$，六角形边长 $L = 3.5\text{mm}$。

　　共振腔与薄膜形成对应的单极与双极的共振。薄膜与六角形共振腔的强耦合产生了一个较宽的能量带隙。负质量密度由薄膜的同相位运动所产生的双极共振而产生，而负弹性模量则是薄膜与亥姆霍兹共振腔的反向减速度的综合影响产生的。双负结构为低频吸声系数与声传递损失提供了基础，在 500Hz 以下平均声传递损失为 56dB，总吸声系数达到 48%。

　　弹性膜的双极频率为

$$f_{rm} = 0.2347 \left(\frac{t_m}{\pi r_m^2} \right) \sqrt{\frac{E_m}{\rho_m (1 - \nu^2)}} \tag{3.21}$$

式中，薄膜厚度 $t_m = 0.25\mathrm{mm}$；薄膜半径 $r_m = 3.5\mathrm{mm}$；薄膜密度 $\rho_m = 930\mathrm{kg/m^3}$；薄膜弹性模量 $E_m = 1\mathrm{MPa}$；薄膜泊松比 $\nu = 0.49$。

3.3.12　双层薄膜型单元

该单元是由两层薄膜组成，单元的尺寸为 50mm×50mm，薄膜厚度为 0.076mm，质量块为铝，直径 21.59mm，厚度为 2mm，用铝制工字形梁作为支撑框架。工字形梁的高度作为设计参数，可以用来调整系统的共振频率（图 3.19b、图 3.19d）。整个结构采用 8×8 个单元，排列情况如图 3.19a、图 3.19c 所示。试验结果表明，在 370~1500Hz 频率段中，噪声衰减超过质量定理 20dB。450~2500Hz 频率段则超过质量定理 40~50dB。如果使用透明薄膜的话，整个系统还可以是透明的。

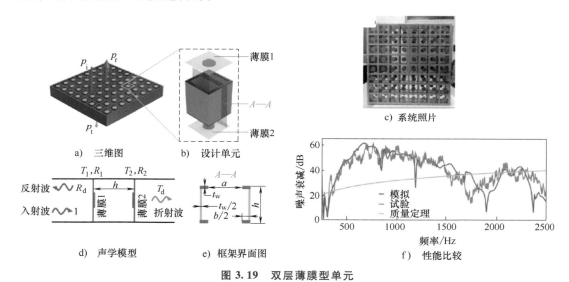

a) 三维图　　　b) 设计单元　　　c) 系统照片
d) 声学模型　　　e) 框架界面图　　　f) 性能比较

图 3.19　双层薄膜型单元

3.4　超薄板型超结构

薄膜型超结构有许多制造上与环境上的限制，例如在环境条件变化下的薄膜性质变化、需要外部设备撑着薄膜、会因为粘结不好而产生泄漏、大尺寸薄膜制造存在挑战等。为此，人们设想有薄板型超结构替代薄膜。薄膜型超结构在工业应用中的扩展可能遇到的挑战包括薄膜的压力均匀性问题和小板的空间一致性问题。薄膜型单元的可扩展性对于工业应用是非常重要的，科学家们也在思考这个问题。这些问题可以通过具有内部音域共振器的薄板型超结构来解决。通过采用大型设计中的模块化的概念，不同样本结构的声学特性可以被扩展以及模块化组合。

3.4.1　超薄板单元

因为薄膜比较容易破损，而且粘贴、密封都比较困难，人们试图用薄板来替代薄膜。超薄板单元是通过构架将两层 0.127mm 厚度的薄板放到内构架的两侧，然后用外构架加以固定。具体尺寸如图 3.20 所示。

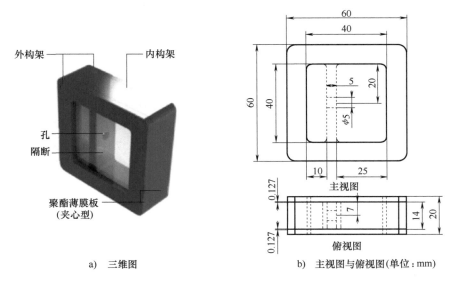

a) 三维图　　　　　　　　b) 主视图与俯视图(单位:mm)

图 3.20　薄板型单元

　　将这些单元组合在一起,组合的构造图如图 3.21a 所示。图 3.21b 所示为试验设置及所测的声传递损失的对比。

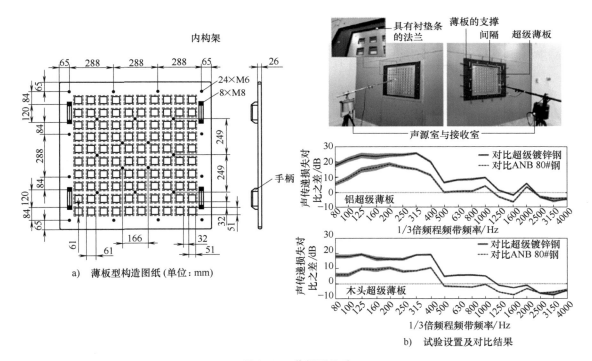

a) 薄板型构造图纸(单位:mm)　　　　　　　b) 试验设置及对比结果

图 3.21　薄板型构造

　　从图 3.21 可以看到,该结构的声传递损失相比于超级镀锌钢与 ANB 80#钢在 800Hz 以下都更多。因此,从理论上与试验上来讲,该结构是具有性能上的优势的。

3.4.2　单元与列阵之间的关系

一般的实际应用情景都是将单元组成大型列阵。单元在组成大型列阵后性能如何变化是应用者特别想了解的事情。加州大学洛杉矶分校的 Naify 教授的团队专门研究了这个问题。他们的思路是先研究组成单元的各个参数对单元声学性能的影响，然后对多个单元组成的列阵进行声学性能研究。

对于单个单元，当单元的中心质量增加时，单元的声传递损失的低频共振峰值频率降低，而对高频段基本没有影响。增加 3 倍中心质量，单元的声传递损失的峰值增加 11dB。

超结构的声学性能是来自本身的结构，而不是结构构成的材料本身的。具有负动质量密度的局域共振声学结构已经证明了在 100~1000Hz 范围内，窄带频率的声传递损失相对于传统的质量定理有 500% 的增加。如果把单个的单元组合起来形成大型的列阵，把单元以串联的方式叠加起来，四个叠加起来的系统相比一个单元的声传递损失会从 47dB 增加到 64dB，而峰值频率则在 3% 的范围内变化。总的声传递损失比单一单元增加了 10dB。叠加的系统共振频率为 5000Hz，单一单元的高频共振频率为 3500Hz。如果两个叠加的单元由不一样的单元组成：一个是每单元 0.08g，另一个是每单元 0.16g，那么这两个系统具有两个声传递损失的峰值，每一个峰值对应着单一单元的峰值。系统的总声传递损失高于单一单元的传递损失约 10dB。两个单元的分离距离增加 4mm，总的声传递损失增加 2~3dB。减少两个单元之间的分离距离导致第三个共振频率从 4200Hz 增加到 5300Hz。增加中心质量导致了声传递损失的峰值频率的降低，而增加了声传递损失的峰值。

3.4.3　蜂窝加薄膜型声学超结构

轻量化材料在现实世界应用中永远是有需求的。蜂窝型仿生结构由六个垂直薄壁之间形成六角形中空单元组成。一般用高弹性模量的多层面板粘成蜂窝型夹层板。因为其高刚度与轻质量，这种夹层板的低频声学性能特别糟糕。在无质量薄膜型超结构理念与广泛应用的蜂窝型材料的启发下，中国学者隋妮等提出了一种新型蜂窝型声学超结构，他们把这种新结构称为轻量化但隔声的声学超结构。

图 3.22a 所示为蜂窝型超结构的单元，图 3.22b 所示为单元截面，图 3.22c 所示为使用的原型结构。蜂窝型超结构的核由芳香族聚酰胺纤维制成，$t = 0.07$mm，$l = 3.65$mm，$h_c = 25$mm，$\theta = 30°$。薄膜的材料是胶乳橡胶，厚度 $h_m = 0.25$mm。蜂窝型超结构两边的壁厚为 $2t$，六边的壁厚为 t。图 3.22d 中的插图是带有薄膜的三明治蜂窝型超结构。从图 3.22d 中可以观察到，薄膜的加入极大地改进了蜂窝结构的低频传递损失，特别是低于薄膜第一固有频率的频率域的传递损失改进尤为明显。薄膜的性质似乎在三明治结构的声学性能中起主要作用。低频（频率<500Hz）声传递损失都大于 50dB。具有薄膜的三明治蜂窝结构在 50~1600Hz 范围内的平均声传递损失为 40dB，而在同样频段内的没有薄膜的三明治蜂窝结构的声传递损失才 31dB，具有薄膜的蜂窝结构比没有薄膜的声传递损失整整高出了 9dB。如果加入更多的薄膜的话，声传递损失会更高。我们可以得出这样的结论：带有薄膜的三明治蜂窝结构具有质量轻、结构强度高而且声传递损失也高的特性，是一种性能全面的声学新结构。

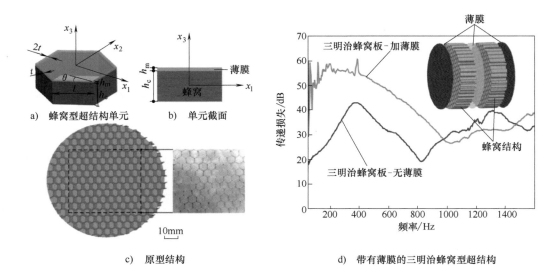

a) 蜂窝型超结构单元 b) 单元截面

c) 原型结构   d) 带有薄膜的三明治蜂窝型超结构

图 3.22　轻量化蜂窝加薄膜超结构以及其传递损失曲线

3.4.4　多重耦合 1/4 波长管共振器

该结构单元有两个共振结构，一个中心圆孔，半径为 a，高度为 h_a，一个圆共振器，内径为 b，外径为 R，高度为 h_b。一层很薄的空隙材料作为阻尼部件贴到结构的开口处。然后将这两个共振结构装到一个半无限的圆管道内，底部为刚性边界，如图 3.23 所示。它们充分利用了超结构的结构紧凑的特点，是将 1/4 波长管进行重新设计的结果。在 1/4 波长管前面安装了孔隙材料增加系统的阻尼衰减作用。另外一个结构特点是在一个很小的空间内安装

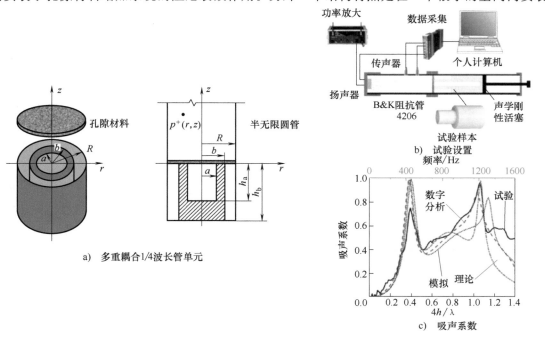

a)　多重耦合1/4波长管单元

b)　试验设置

c)　吸声系数

图 3.23　多重耦合 1/4 波长管单元、试验设置与吸声系数

了两个 1/4 波长管，而且两个波长管之间有相互交叉作用，增强了 1/4 波长管的减噪功能。这种创意性的 1/4 波长管设计为它们更广泛更有效的应用提供了一个很好的工程解决方案。

3.4.5　负弹性模量及负质量密度超结构

对于传统材料来讲，其声学性能主要根据两个特性进行评价，一个是材料的质量特性，即质量密度 ρ，另一个是材料的刚度特性，即体积模量 κ。传统材料的材料特性受制于材料的构成，因此它们的材料性质局限于它们的材料成分的特性。人们不可能期望玻璃纤维的强度超过环氧树脂基体的强度。这主要是因为它们的性质取决于这些组成成分的质量与刚度性质。

与传统合成材料不一样，声学超结构的特性可以超过已知传统材料的边界。声学超结构是由特殊设计的结构单元以及周期性布置的列阵组成的，所组成的特殊的声学超结构的有效质量密度与有效体积模量决定了整个超结构的声学特性。美国加州大学伯克利分校的中国学者 Nicholas Fang 首先研究了声学超结构的负刚度问题。他们以我们非常熟悉的亥姆霍兹谐振腔列阵实现系统的负刚度。

1. 单负超结构-负刚度

亥姆霍兹谐振腔本身是一个谐振腔（图 3.24a），其谐振腔为长方形腔，尺寸为 3.14mm×4mm×5mm，圆柱形颈长 1mm，直径 1mm。每个单元的有效质量密度与有效体积模量都是正的，我们可以用它的共振特性对主管道的某一个频率的噪声进行衰减，这是普通的、传统的谐振腔物理特性。如果我们把同样的多个谐振腔单元布置成周期性结构列阵，用一个截面尺寸为 4mm×4mm 的正方形水管将它们连在同一侧（图 3.24b），那么就形成了一个特殊的超结构。该超结构系统的有效体积模量可以表达为

$$E_{\text{有效}}^{-1} = E_0^{-1}\left[1 - \frac{F\omega_0^2}{\omega^2 - \omega_0^2 + i\Gamma\omega}\right] \tag{3.22}$$

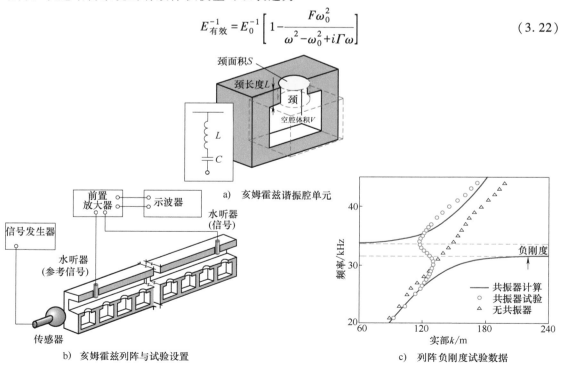

图 3.24　亥姆霍兹谐振腔

式中，F 为几何因子；ω_0 为共振圆频率，$\omega_0 \approx c\sqrt{S/L'F}$；$\Gamma$ 为在共振器中的阻尼损失。

声学色散特性是声波的相速度、波长、折射率、刚度等与频率之间的关系。从图 3.24c 所示的在水中测量到的整个超结构的色散关系（对作为频率函数的往复群速度上积分）我们可以观察到，当超声超结构接近共振频率时，复数的体积模量为

$$E = -|Re(E)| + iIM(E) = -\alpha - i\beta \qquad (3.23)$$

该系统的传播常数为

$$Re(k) = -\frac{\omega}{2}\sqrt{\frac{\rho}{\alpha^2 + \beta^2}}\left\{\sqrt{\alpha^2 + \beta^2} - \alpha\right\}^{\frac{1}{2}} \qquad (3.24)$$

我们把这个超结构放到水中，测试该超结构的刚度频率谱，我们可以从图 3.24c 所表达的色散关系看到当频率增加到频带的边缘时，损失系数 β 增加，导致实数波矢量刚度 $Re(k)$ 的幅值减小，在这个频带中产生了弯曲。这个曲线在频带中弯曲部分就是该系统的负刚度，因为刚度曲线对于频率的斜率是负的。负刚度会使得系统的声学特性发生哪些变化呢？

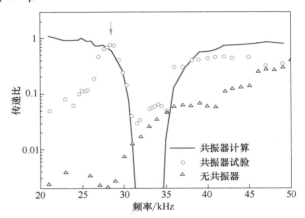

图 3.25　亥姆霍兹列阵结构的传递比

由图 3.25 可以看到，结构上游与下游的噪声幅值的比值在负刚度频带区域有很大的降幅，这就是负刚度在降低噪声中的作用。

在空气介质中，也同样可以构成负刚度结构，如图 3.26 所示。在一个主管道上，安装

a)　空气介质中的负刚度结构

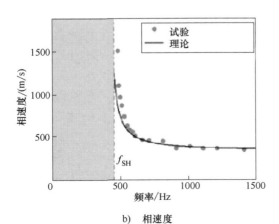

b)　相速度

c)　传递系数

图 3.26　空气介质中的负体积模量模型

若干个周期性布置的侧孔，这样简单的开口式侧孔结构与 1/4 波长管很相像，但不同的是，1/4 波长管是封闭管，而这种结构是开口式的。这样的简单结构也可以构成在空气介质中的负刚度超结构。这种超结构对于主管道中的噪声衰减，尤其是低于 500Hz 的噪声衰减具有非常大的优势，图 3.26c 所示的传递系数在 500Hz 以下几乎是零。

　　质量密度与体积模量的正负共有 4 种组合情况。质量密度与体积模量都是正的，这是传统结构与材料的特性。其他三种情况都是针对超结构的情况：质量密度为正，体积模量为负；质量密度为负，体积模量为正；质量密度与体积模量均为负，即所谓的双负超结构（图 3.27）。一种参数为负、另一种参数为正的超结构也称为单负超结构。单负超结构不能支持波的传播，因此，在这些单负超结构中的任何声波都会按指数衰减，很快就衰减成零，这种特性使得单负超结构成为超级吸声器。

　　在质量密度为零的特殊情况下，结构的折射系数为零，即系统是没有折射的。在体积模量为零的特殊情况下，声速很小，声音的传播速度很慢。

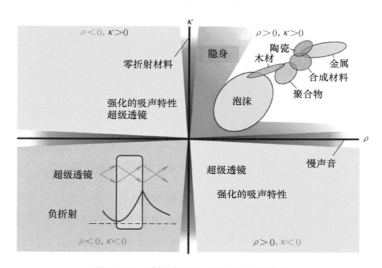

图 3.27　质量密度与体积模量的评价

2. 单负超结构-负质量密度

　　一组各向异性散射器，镶嵌在一个高度为 h 的 2D 波导之中（图 3.28a）。单元散射器是一个半径为 R_b 的柱体，总长度为 $L+h$，L 为扩展到 2D 波导之中的长度。波导的壁是半透明的，我们可以观察到波纹沿着长度 L 的扩展情况（图 3.28b）。图 3.28c 代表角度各向异性

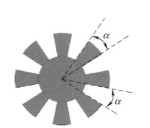

a)　一组各向异性散射器镶嵌在2D波导中　　b)　波纹沿长度L的扩展情况　　c)　角度各向异性的截面

图 3.28　单负超结构

的截面。

该超结构的有效体积模量与动质量密度的计算结果表达在图3.29a中，图中灰色区域为声学参数为负的频率域。我们可以看到，在有些频率域中，超结构的有效体积模量是负的，而其他频率域中，超结构的动质量密度是负的。负刚度与负质量的频率域互相不重叠。

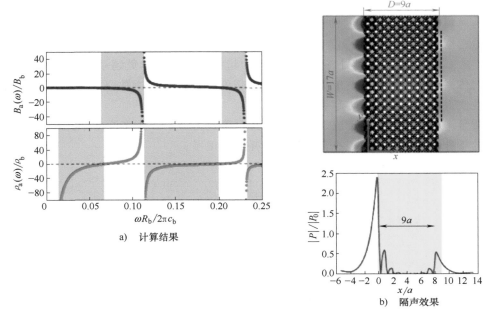

a) 计算结果

b) 隔声效果

图3.29　单负超结构有效体积模量与动质量密度及隔声效果

从图3.29b中可以看到，当激励的声源经过超结构后，因为超结构是负质量密度的，在超结构的右侧产生倏逝波，这种波是不能传播的，也就是该超结构的负质量密度特性使其成为良好的消声材料。

3. 双负超结构-负质量密度及负体积模量

香港科技大学的沈平教授、陈子亭教授是对双负超结构开展研究比较早的学者，他们提出了具有双负特性的薄膜共振器的模型并进行了深入的研究。

图3.30a所示为薄膜型共振器的单元，图3.30b中的①~④为该超结构的色散关系，图3.30b中的⑤、⑥是该超结构的声学特性，包括传递系数与反射系数。双负通带、双正通

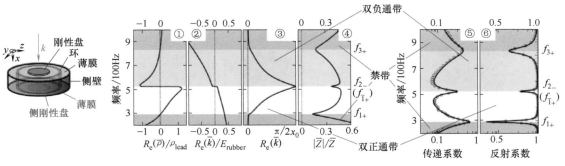

a) 薄膜型共振器单元　　　　　　　　　　b) 色散关系与声学特性

图3.30　双负超结构及其色散关系与声学特性

带与禁带都在图中进行了标记。其中，黄颜色频率带是双负频率带。在双负通带与禁带内，超结构的反射系数接近1，这说明几乎所有的入射波都不能通过该超结构，这种特性在实际应用中是非常需要的。许多情况下，我们都不希望声波通过超结构，而直接反射回声源。

3.5 局域共振超材料的应用实例

3.5.1 超材料在印度飞机舱内的应用

客机乘客舱的噪声减少已经变成了避免对乘客形成健康危害的非常必要的手段。在飞行中的主要声源是发动机以及在客机机身上产生低频噪声激励的湍流。根据实际测量，现代客机的平均声压在10~500Hz内为90dBA，而美国国家职业安全卫生研究所（NIOSH）在1972年提出的限制值为75dBA。如果采用传统吸声与隔声材料，那么这些材料必须很厚才能衰减低频噪声。对于飞机设计来讲，增加质量是不可接受的。波音国际有限公司印度分公司资助使用超材料解决客机中的噪声问题。他们使用的超结构是双负薄膜双六角形柱体单元，具体是如何在客机上应用的他们出于商用保密的考虑没有具体透露。薄膜是不能在发动机的高温下工作的，极有可能的应用位置应该是机身上发动机向机身传递噪声的路径上，以及机身上使用这些超结构。他们使用的超结构平均声传递损失在500Hz的频率下高达56dBA，满足减少15dBA的要求。

3.5.2 轻量化带有薄膜的三明治蜂窝结构在飞机中的应用

根据我们的介绍，带有薄膜的三明治蜂窝结构具有轻量化、高强度、大声传递损失的诸多优点，特别适合飞机的隔声与消声应用，因此已经被用于飞机的天棚与地板上，如图3.31所示。

这种能够用于飞机上的三明治蜂窝结构当然也可以用于高铁车厢的地板上与天棚上，因为这两种交通工具有某些相似之处，例如都是高速运行。但高铁

图3.31 带有薄膜的三明治蜂窝结构在飞机上的应用

与飞机的区别在于它是轨道运行交通工具，对来自铁轨的噪声特别敏感，因此将这种超级减噪手段用于高铁的地板上来隔断来自铁轨的噪声应该是一个非常好的工程解决方案。

3.5.3 薄膜型声学超材料在军用飞机上的应用

航空发动机产生的高强度振动以及高分贝噪声中的低频噪声对战斗机、预警机、远程轰炸机、直升机内的驾驶员、相关专家和设备操作人员的健康伤害是严重的，同时也会导致他们的操作失误，影响战斗力。因此，战机密闭舱室内低频噪声的衰减就成为一个需要解决的NVH问题。

空军工程大学航空航天学院的张佳龙与空军工程大学理学院的姚宏等研究了薄膜型声学超材料板结构，为保障战机舱室内的安静性提出了一种新的工程解决方案。

如图 3.32a 所示，单元由 4 个质量块组成附加重物，四个角为半径 $R = 25mm$ 的空心半圆，晶格常数 $a = 60mm$，厚度 $h = 8mm$，A 为圆形质量块，其半径 $R_1 = 5mm$，B 为薄膜，边框 C 为有机玻璃。

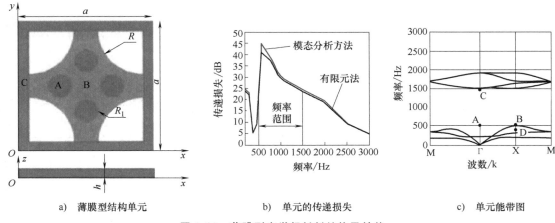

a）薄膜型结构单元　　　　b）单元的传递损失　　　　c）单元能带图

图 3.32　薄膜型声学超材料结构及性能

该单元的传递损失如图 3.32b 所示，在所关心的 500～1500Hz 频率范围内最大的传递损失为 45dB，最小为 25dB。图 3.32c 中的 A、B、C、D 分别代表四种薄膜的共振模态。对于 A 与 D 点而言，当弹性波传至该薄膜型单元时，声传播方向和质量块与薄膜同方向运动，没有产生禁带，隔声量减少。对于 C 点而言，质量块与周围的薄膜反方向运动，产生的带隙宽度最大，最大至 1490 Hz。因此大部分弹性波被该结构屏蔽掉，隔声效果最好，满足大型军用飞机舱室内正常工作要求。这种减噪的原理是当弹性波传播到该单元时，质量块和周围的薄膜构成"质量-弹簧"系统，而质量块产生力的方向与声波方向相反，相互作用，使得系统合外力趋向于零，因而禁止弹性波的传播，达到了减噪降振的效果。

3.5.4　双基局域共振声子在汽车车身上的应用

双基局域共振声子（dual-base locally resonant phononic crystal）是由两个基础板与均匀分布在两个基板之间的质量组成，质量通过弹簧分别连接到上下两个基板上（图 3.33）。图 3.33b 中的黑点是试验时的激励点。基板的厚度为 1mm，格栅常数为 50mm，共振器质量为 0.1kg，弹簧刚度系数为 150N/mm。

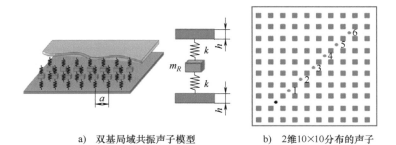

a）双基局域共振声子模型　　　　b）2维10×10分布的声子

图 3.33　双基局域共振声子

在图 3.33 中，一个周期是一个格栅，一个格栅就是一个方形面积。当这样的超结构用于实际应用时，需要考虑三个条件：单元的个数，基板的曲率以及边界限制。这些条件对于结构的禁带作用有很大的影响，也是我们在实际应用中需要考虑的设计参数。

从图 3.34 可以观察到，在目标频率域 234~375Hz 范围内，该汽车的前地板左侧的总振动从平均 34.97dB 减少到了 19.37dB，这 15dB 的地板振动减少证明双基局域共振声子有效地抑制了前地板的振动。

 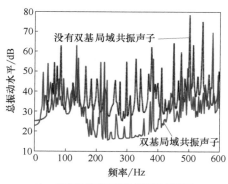

a)　汽车前地板左侧的声子模型　　　　b)　汽车地板声子对地板振动的衰减

图 3.34　双基局域共振声子在汽车地板上的应用

3.5.5　超材料在音响设备上的应用

音响系统由高、中、低音扬声器组成。如果我们想听真正的、高保真的音乐，由扬声器本身或者音响结构产生的多余的噪声必须被吸收掉。但音响设备的体积不大，很难容下笨重的吸声材料，我们的设计原则是使用最小的安装空间取得最大的吸声效果。超薄共平面螺旋管吸声单元为我们的设计提供了设计基础。超薄低频完美共振吸声单元是一种圆形的，紧凑型的低频吸声装置。最重要的是，我们可以设计用于不同波长的 1/4 波长管，尽可能覆盖更多的频率。这种装置可以为低音音响提供吸声功能并提高低音音响的音质。

美国 KEF 音响公司与中国香港的 AMG 合作，利用超材料的吸声特性，采用超薄共平面螺旋管吸声单元，在非常有限的扬声器后面的设计空间内设计了 30 个管路，每个管路设计都是不同的 1/4 波长管，同时设计了一些渠道将扬声器后面的多余的噪声尽可能地引入 1/4 波长管中，它们可以将扬声器后面的 600Hz 以上的多余噪声完全吸收掉。普通的吸声材料只能吸收扬声器后面大约 60% 的不需要的噪声，而超级可调制吸声材料可以吸收达 99% 的噪声。这样的声学上的改进效果是足以令人"惊掉下巴"的，成就了一代新的产品，也为音乐发烧友欣赏高保真音乐提供了无限的可能。

3.5.6　可接附式局域共振超材料在汽车减噪上的应用

局域共振超材料在汽车上的应用尝试是非常难能可贵的。韩国光州科技学院的学者 Jung 教授领导的团队进行了非常"接地气"的实现。他们把局域共振超材料的单元做成可接附式的，这样就可以非常方便地把局域共振超材料单元（又称局域共振器）安装到任何他们认为减噪、减振必须安装的地方。而且单元的尺寸很小，可以安装的地点更加广泛。

图 3.35a 描述了噪声与振动从发动机舱进入乘员舱的传递路径，包括了结构噪声与空气

噪声。防火墙是发动机舱的结构噪声与空气噪声传递到乘员舱的最重要的路径。因此，减少防火墙的振动与改进其隔声特性是减少乘员舱噪声的重要措施。我们可以应用局域共振器来做到这一点。有两个频率目标：一个是150Hz，另一个是1200Hz，它们分别对应着发动机的惯性力与燃烧振动。局域共振器投放区域如图3.35b所示。

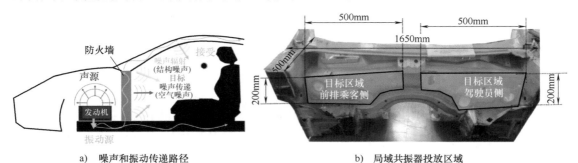

a) 噪声和振动传递路径　　　　b) 局域共振器投放区域

图 3.35　局域共振超材料在汽车防火墙上的减振与减噪

如图3.36所示，可接附局域共振超材料单元由一个框架板弹簧、4个位置在板弹簧四个角的集中质量，以及一个永久性磁铁组成。永久性磁铁将该单元接附在防火墙上。框架用来将板弹簧与集中质量组合在一起，框架决定板弹簧的刚度。永久性磁铁支撑板弹簧并把可接附局域共振器与防火墙相连接。因此，框架式的板弹簧、4个集中质量，以及永久性磁铁构成了一个具有刚度、质量与边界条件的一个振动系统，该振动系统具有集中质量-弹簧共振器与一个悬臂梁。

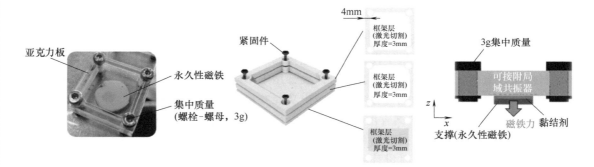

图 3.36　局域共振超材料单元的构成

首先来看这些可接附局域共振器加到防火墙上后，该防火墙的振动的减少情况。测量方法是在防火墙上的目标区域选择41个点，然后测量这41个点的动刚度。即在每一个点上用锤进行敲击，然后测量敲击点的加速度。动刚度就是激振力与加速度的比，这是一个衡量该点的动力响应的能力的参数，当然是越小越好，越小说明该点在外力激励下该点的动力响应小，这是一个局部动力特性。

从图3.37可以观察到，安装局域共振器的防火墙与没有安装防火墙的振动相比，样本1、2、3可以在每一个频率禁带分别减少平均10dB、8dB、5dB的振动。

如图3.38所示，振动源到前排乘客位的声学传递函数也得到了很好的改善，样本1、2、3改进值平均分别为16dB、8dB、9dB。

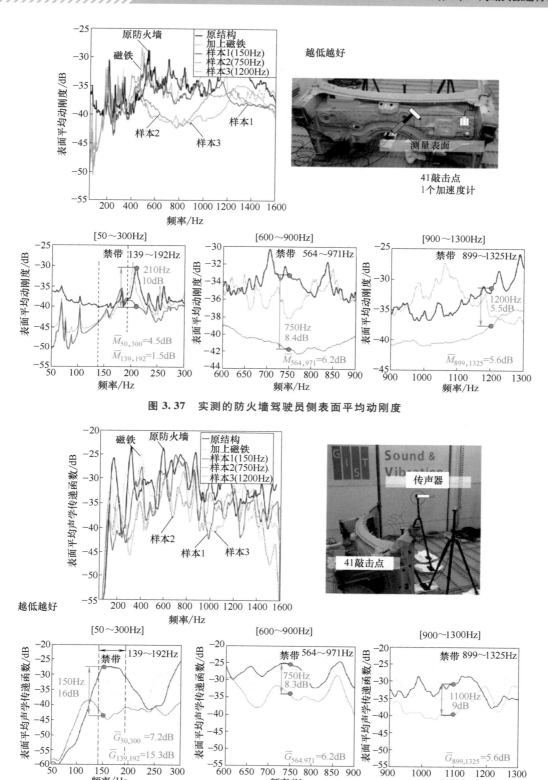

图 3.37　实测的防火墙驾驶员侧表面平均动刚度

图 3.38　局域共振对声学传递函数的影响

3.6 大规模生产的局域共振超材料

由于局域共振器实际应用时在轻量化、耐久性以及稳健性方面存在问题，因此在工程实践中应用的例子并不多见。我们需要一种新的、能大规模生产和具有实际应用的可行性的局域共振器结构设计。这些新的局域共振器结构能够提高其工业应用的生产效率，同时具有较好的耐久性与稳健性的结构特性。韩国光州科技学院的于博士等与韩国现代汽车的 Chang 博士共同提出局域共振器新的超结构，这种新结构可以有效地减少目标频率上的噪声与振动，也是一种相对高级的振动减振结构。它们是用金属插入注塑形式制造的，可以进行大规模工业化生产，因此，这种新型的局域共振超结构有望用到像汽车与家电等各种工业产品领域。

3.6.1 单元构造

如果单独用塑料进行制造，则局域共振器在低频很难实现禁带，如果改用金属制造，则轻量化目标就不能满足。因此，新型单元结构是由塑料与钢一起构造的，塑料作为弹簧，而钢作为质量。如果用环氧树脂将塑料与金属粘在一起，塑料与金属脱胶脱粘问题使其很难实现永久性弯曲。为了克服这些问题，新的制造方法是采用插入注塑成型。新型局域共振超级结构的单元如图 3.39 所示。

图 3.39 可大规模生产的局域共振超结构单元

这种结构的特点是由塑料（图中灰色部分）将金属（黑色）部分包裹，构成超结构的单元。

3.6.2 单元减振效果实测

这种局域共振超结构单元的减振效果如图 3.40 所示。

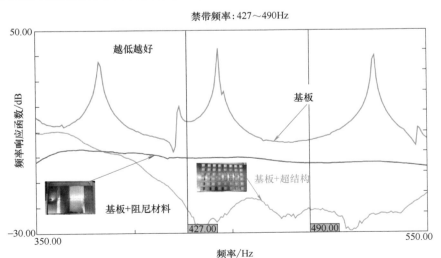

图 3.40 实测频率响应函数在禁带频域的对比

由图 3.40 可以观察到，基板的频率响应函数最高，基板加阻尼材料是比较传统的减振措施，这些措施是很有效果的，例如所有的基板的传递函数的峰值都被减掉了。如果在基板上加上超结构，则传递函数降低到远远低于基板加阻尼材料，特别是在所设计的频率禁带中，传递函数比加阻尼材料还要低至少 10dB 以上。可见超结构的减振效果是相当可观的。

参 考 文 献

[1] SHEN P, ZHANG X X, LIU Z, et al. Locally resonant sonic materials [J]. Physical B, 2003, 338: 201-205.

[2] YANG Z, MEI J, YANG M, et al. Membrane-type acoustic metamaterial with negative dynamic mass [J]. Physical Review Letters, 2008, 101 (204301): 1-4.

[3] MA G, YANG M, XIAO S, et al. Acoustic metasurface with hybrid resonances [J]. Nature Materials, 2004, 13: 873-878.

[4] MEI J, MA G C, YANG M, et al. Dark acoustic metamaterials as super absorbers for low-frequency sound [J]. Nature Communications, 2012, 3: 756.

[5] YANG M, SHEN P. Sound absorption structure from porous media to acoustic metamaterials [J]. Annual Review of Materials Research, 2007, 47: 83-114.

[6] CAI X, GUO Q Q, HU G K, et al. Ultrathin low-frequency sound absorbing panels based on coplanar spiral tubes or coplanar helmholtz resonators [J]. Applied Physics Letters, 2014, 105: 121901.

[7] YANG Y, DAI N H, CHAN N H, et al. Acoustic metamaterial panels for sound attenuation in the 50-1000Hz regime [J]. Applied Physics Letters, 2010, 96: 041906.

[8] AUREGAN Y. Ultra-thin low frequency perfect sound absorber with high ratio of active area [J]. Applied Physics Letters, 2018, 113 (20): 201904.

[9] NAIFY C J, CHANG C-M, MCKNIGHT G, et al. Transmission loss of membrane-type acoustic metamaterials with coaxial ring masses [J]. Journal of Applied Physics, 2011, 110 (12): 124903. http://dx.doi.org/10.1063/1.3665213.

[10] GUAN Y J, GE Y, SUN H X, et al. Ultra-thin metasurface-based absorber of low-frequency sound with bandwidth optimization [J]. Frontiers in Materials, 2021, 8: 415.

[11] ANG L Y L, KOH Y K, LEE H P. Broadband sound transmission loss of a large-scale membrane-type acoustic metamaterial for low-frequency noise control [J]. Applied Physics Letters, 2017, 111 (4): 041903.

[12] KUMAR S, BHUSHAN P, PRAKASH O, et al. Double negative acoustic metastructure for attenuation of acoustic emissions [J]. Applied Physics Letters, 2018, 112 (10): 101905.

[13] NGUYEN H, WU Q, CHEN J, et al. A broadband acoustic panel based on double-layer membrane-type metamaterials [J]. Applied Physics Letters, 2021, 118 (18): 184101.

[14] ANG L Y L, KOH Y K, LEE H P. Plate-type acoustic metamaterials: experimental evaluation of a modular large-scale design for low-frequency noise control [J]. Acoustics, 2019, 1: 354-368.

[15] NAIFY C, CHANG C M, MCKNIGHT G, et al. Scaling of membrane-type locally resonant acoustic metamaterial array [J]. Journal of the Acoustical Society of America, 132 (4): 2784-2792.

[16] CHEN X, HOU Z. Implementation of acoustic demultiplexing with membrane-type metasurface in low frequency range [J]. Applied Physics Letters, 2017, 110 (16): 161909.

[17] MORANDI F, MARZANI A, CESARIS S, et al. Sonic crystals as tunable noise barriers [J]. Rivista Italiana Di Acustica, 2016, 40 (4): 1-19.

［18］ LEE D, NGUYEN D M, RHO J. Acoustic wave science realized by metamaterials ［J］. Nano Convergence, 2017, 4（1）：3.

［19］ ANG L Y L, KOH Y K, LEE H P. Acoustic metamaterials：a potential for cabin noise control in automobiles and armored vehicles ［J］. International Journal of Applied Mechanics, 2016, 8（5）：1650072.

［20］ PARK J J, LEE K J, WRIGHT O B, et al. Giant acoustic concentration by extraordinary transmission in zero-mass metamaterials ［J］. Physics Review Letters, 2013, 110：244302.

［21］ JUNG J, KIM H-G, GOO S, et al. Realization of a locally resonant metamaterial on the automobile panel structure to reduce noise radiation ［J］. Mechanical System and Signal Processing, 2019, 122：206-231.

［22］ CHANG J J, JUNG J, KIM H G, et al. An application of acoustic metamaterial for reducing noise transfer through car body panels ［J］. SAE Technical Paper, 2018, 2018, 1：1566.

［23］ SUI N, YAN X, HUANG T Y, et al. A lightweight yet sound-proof honeycomb acoustic metamaterial ［J］. Applied Physics Letters, 2015, 106（17）：171905.

［24］ YU J, NERSE C, LEE G, et al. Mass production applicable locally resonant metamaterials for NVH applications ［C］//26th International Congress on Sound and Vibration. Auburn：International Institute of Acoustics & Vibration, 2019.

［25］ WU X, SUN L, ZUO S, et al. Vibration reduction of car body based on 2D dual-base locally resonant phononic crystal ［J］. Applied Acoustics, 2019, 151：1-9.

［26］ FANG N, XI D, XU J, et al. Ultrasonic metamaterials with negative modulus ［J］. Nature Materials, 2006, 5：452-456.

［27］ HUANG H H, SUN C T, HUANG G L. On the negative effective mass density in acoustic metamaterials ［J］. International Journal of Engineering Science, 2009, 47：610-617.

［28］ YANG M, MA G, YANG Z, et al. Coupled membranes with doubly negative mass density and bulk modulus ［J］. Physical Review Letters, 2013, 110：134301.

［29］ LI J, CHAN C T. Double-negative acoustic metamaterial ［J］. Physical Review E, 2004, 70（5）：055602-1-055602-4.

［30］ LEE S H, PARK C M, SEO Y M, et al. Acoustic metamaterial with negative modulus ［J］. Journal of Physics Condensed Matter, 2009, 21（17）：175704.

［31］ SHEN C, LIU Y, HUANG L. On acoustic absorption mechanisms of multiple coupled quarter-wavelength resonators：mutual impedance effects ［J］. Journal of Sound and Vibrations, 2021, 508：116202.

［32］ 张佳龙, 姚宏, 杜俊, 等. 薄膜型声学超材料板结构隔声特性分析 ［J］. 人工晶体学报, 2016, 45（10）：2549-2555.

［33］ JIANG X, LIANG B, Li R Q, et al. Ultra-broadband absorption by acoustic metamaterials ［J］. Applied Physics Letters, 2014, 105（24）：243505.

第4章　新型减振技术

有谁会相信，NVH居然与爱因斯坦的广义相对论，以及"宇宙之歌"引力波有联系？

大物理学家爱因斯坦在他的广义相对论中预测宇宙中有引力波存在。证实引力波的存在需要对引力波进行测量。而引力波是从遥远的宇宙中传到地球上的，它的信号非常微弱，要想探测到这样微弱的信号，就必须有非常精密的测量仪器。我们是在地球上探测宇宙发出的微弱的引力波，而地球上的环境、车辆运动，甚至人的轻微的脚步都可能影响到测量仪器的精确度，因此我们必须将测量引力波的仪器与地球完全地、彻底地隔离开，这就需要非常完美的减振器。

4.1.1　爱因斯坦广义相对论与超级隔振系统

银河系中距离地球13亿光年的地方，两颗巨型黑洞完成了它们"快步双人舞"的最后一步，最终的拥抱是如此剧烈，以至于释放出比可以观察到的星系中任一个天体组合能量都更大的能量。这些能量与光不一样，是暗的，由不可见的引力波携带传播。那些在开始时如同巨雷般的巨大能量在时空中长途跋涉了13亿光年，其中的一点点在2019年9月14日美东时间早上5：51到达地球，被早已在美国守株待兔多年的科学家们捕捉到了。这个世纪性的、革命性的、振奋人心的重大发现在全球科学界引起了轰动，有人将其类比为百年前人类发现电磁波。科学家们兴奋地宣称人类科学研究从电磁波时代进入了引力波时代。科学家们把这些引力波信号转变成音频信号，聆听两个黑洞完成最后的旋转"亲吻"，成为一个更大的黑洞时所发出的甜美之音。我们甚至可以听到宇宙在诞生时期的婴儿般的啼哭，以及成长时期所哼唱的歌曲了。

两个黑洞接近、绕转、合并、铃宕的整个过程都会发出引力波信号，并以光速向四周传播。这个引力波在时空中传播，就像将一块石头投入到水里一样引起涟漪。更形象一点讲，引力波的传播就像人跳到绷紧的圆形蹦蹦床中心，形成波向四周传播一样。宇宙中是没有介质的，引力波是靠时空的弯曲传播的。当引力波在时空中以光速传播并遇到一个大质量时，时空就会产生弯曲，如图4.1所示，这就是引力波探测的原理。

天体物理事件引起的微小位移需要高精度的干涉仪才能探测到，要求干涉仪的镜面不受环境扰动的影响。需要这样设计传感器：该传感器只对基于物理考虑的扰动响应。干涉仪对位移或应力的响应是与频率相关的，这就非常有必要要求信噪比在所有的频率上都很高，才能成功地探测到引力波。

微小量的测量设备是激光干涉仪，它的原理是将两个或更多的光源合成到一个点来产生干涉模式。当我们向水中两个不同的、相邻的地方分别同时投入石头时，这两个石头形成的涟漪会互相叠加，形成干涉波，如图4.2所示。这个干涉波包含了两个源的信息。当两个具有相同频率和振幅、相位角相差180°的波相遇时，它们会相互抵消，干涉的结果是零。当两个波的频率和振幅不同、相位相差不是180°时，它们的叠加结果就不是零，而是一种干涉模式。科学家就是利用这个干涉原理来探测引力波的。

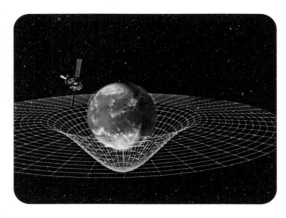

图 4.1 巨大的质量弯曲了空间
注：图片来自美国国家航空航天局（NASA）。

由干涉仪测量的干涉模式包含了我们要研究的现象或物体的信息，人们可以测量与分析这种干涉模式。这种干涉仪用来测量一般仪器不可能测量到的非常微弱的信号，例如用来测量引力波的激光干涉仪可以测量到1/10000中子宽度的距离。

引力波引起时空在一个方向拉伸的同时，在其垂直方向引起压缩。麻省理工学院与加州理工学院的物理学教授们设想在互相垂直的两个方向安装两个长臂，长度为

图 4.2 水中的干涉模式

4km，来获得两个方向的引力波的拉伸与压缩。在长臂的远端安装反射镜，反射镜在拉应力波的作用下产生向外运动的位移。在压应力波作用下产生向内运动的位移。调整反射镜相对于两个长臂连接点的光程距离，用激光束反射到光学分离器，分别向两个互相垂直的方向以相同的速度在管道中传播，激光到达管道的另一端的反射镜后反射，到达分离器。这个过程就是把引力波转变成光信号。当没有引力波信号时，两个长臂的长度相同，两束反射激光频率和振幅相同、相位相差180°，而两个长臂长度完全一样，因此两者互相抵消，探测器上没有任何光束。当有引力波信号出现时，两个长臂端头的反射镜在引力波的作用下，一个承受压应力而缩短，另一个则承受拉应力而变长，而且两长臂所承受的压、拉应力在引力波存续期间交替变化，造成两个长臂的光程不同，两束反射激光到达分离器的距离也不一样，因此两者叠加后不能互相抵消，从而形成干涉波。该干涉波到达光电检测仪并被记录。整个过程如图4.3所示。

为了独立观察，交互验证引力波的记录，科学家建立了两个激光干涉引力波观测站，一个在华盛顿州的Hanford，一个在印第安纳州的Livingston，两者直线距离约为民航飞机飞行8h30min的距离，如图4.4所示，每一个观测站都造价不菲。

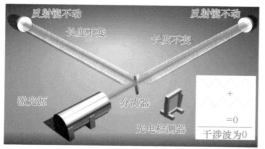

图 4.3 干涉仪探测引力波

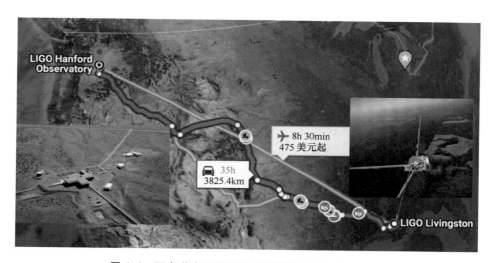

图 4.4 两个激光干涉引力波观测站的空间地理位置

从上述激光干涉仪的工作原理来看，关键的问题是反射镜（也称试验质量）的位移。在 $10 \sim 10000\text{Hz}$ 的探测频段中的位移是非常具有挑战性的 $10^{-18}\text{m}/\sqrt{\text{Hz}}$ 的水平。即便是长臂长度达到 4km，引力波所引起的位移也不会大于 10^{-18}m。要探测如此微弱的信号，就要求激光干涉仪具有极高的灵敏度。在几十赫兹以下频段中，地面的地震造成的位移要比长臂的小位移高出数十亿倍，这就要求反射镜要与地面的地震和噪声几乎完全隔绝，从而要求这个测量系统既要有主动隔振系统，又要有被动隔振系统，而且被动隔振系统必须是超级隔振系统。

4.1.2 超级隔振系统

如图 4.5 所示，超级隔振系统是将反射镜吊起来，通过三个 8m 高的倒摆与上层标准减振过滤器 0 联系起来，然后通过木偶吊线向下与 4 个标准减振过滤器连接起来，连接到标准减振过滤器 7，最后与反射镜连接起来。这种超级减振系统几乎将反射镜与地面完全隔绝开来。从超级隔振系统的性能我们可以看到，在 10Hz 的位移减少为原来的 10^{-15}。反射镜的超级悬挂系统采用多级减振系统，第一个系统是主动控制的电磁减振系统，首先把大的地震噪声滤除，然后剩下的地震噪声通过各级被动减振垫方向加以解决。

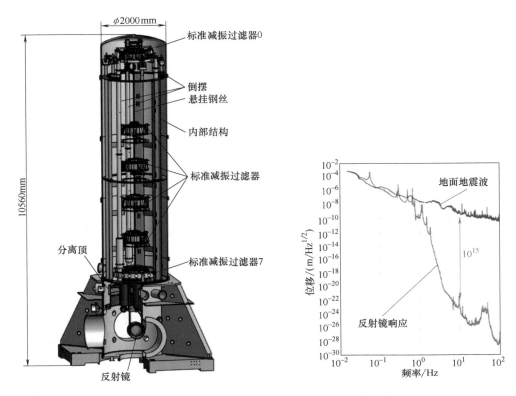

图 4.5　多级倒摆被动超级隔振系统及其隔振性能

　　这种引力波探测的想法与实施花费了几位物理学家毕生的心血。2017 年诺贝尔物理学奖颁给了激光干涉引力波观测站的加州理工学院荣誉教授 Barry C. Barish 和 Kip S. Thorne，以及麻省理工学院的荣誉教授 Rainer Weiss（图 4.6）。他们的杰出研究推动了人类想象力的开拓，使人类可以去一瞥宇宙的生命过程，在过去这是不可能完成的使命。

图 4.6　因为探测到黑洞引力波而获得 2017 年诺贝尔物理学奖的三位荣誉教授

4.1.3　古老的机械与古老的问题

最早的减振器可以追溯到 1928 年，Hartog（图 4.7）与 J. Ormondroyd 联合发表的《振动隔振器理论》（*Theory of the Vibration Absorber*）。Hartog 先生生于荷兰，他移民到美国纽约时身无分文。在走投无路时，他申请到了美国西屋公司的一个电器工程师职位，而培训他的居然是美籍俄裔著名力学教授 Timoshenko。Timoshenko 教授受雇于西屋，负责解决电机、蒸汽机、电气火车的振动问题。他非常吃惊一位荷兰年轻移民居然懂得贝塞尔方程，于是决定收 Hartog 为徒，并将他培养为机械振动工程师。

图 4.7　Jacob Pieter Den Hartog
（1901—1989 年）

Hartog 先生在西屋遇到的第一个问题是发动机组的轴总是断裂，Timoshenko 教授认为是扭转疲劳引起的，建议 Hartog 先生计算一下扭转共振频率。原来该发动机组的运行转速恰好是扭转临界转速。Hartog 先生大胆地建议将轴的直径减少 1/16in，这个看似不可能的方案完全解决了轴的断裂问题，他因此声名鹊起。1932—1945 年，他成为哈佛大学的教授，第二次世界大战期间，他志愿为美国海军工作，负责解决造船的振动问题。1945—1967 年，他在麻省理工学院教授材料力学与动力学。

4.1.4　古老的机械需要创新的技术

传统的线性弹簧-阻尼减振系统广泛地应用在各种不同的机械结构与设备上。但这种减振结构有 4 个缺点：①只有当激励频率大于 $\sqrt{2}$ 倍的系统固有频率时，才能减少来自激励的振动，而当激励频率小于 $\sqrt{2}$ 倍的系统固有频率时，系统根本就不减少振动而是放大激励，从而使乘员的舒适性变差，不如刚性连接；②因为上一条中的原因，这种减振器对低频振动的减振效果很差；③当激励频率大于减振系统固有频率的 $\sqrt{2}$ 倍时，阻尼越大，减振率就越小，我们可以根据激励频率与系统共振频率之比，将减振系统分为两个区域，即大于 $\sqrt{2}$ 倍系统固有频率的区域为减振区，小于 $\sqrt{2}$ 倍系统固有频率的区域为放大区；④从设计的角度讲，这种线性减振系统缺乏可调节的能力，唯一可以调节的参数就是弹簧的刚度，缺乏可用的调节参数在实际应用中是一个很大的缺陷。

不幸的是，人体对低频振动是特别敏感的，也就是说，人体对振动的敏感度大部分在放大区。我们的设计任务就是要尽可能地缩小放大区，尽可能地增大减振区。我们知道系统的固有频率与系统刚度成正比，而与系统质量成反比。如果我们想降低系统的固有频率从而减小放大区，就必须减小弹簧的刚度，或增大系统的质量，后者显然是不可行的。但是弹簧的另一个功能是支撑系统的质量，它的刚度既不能小于零，也不能太小。如果刚度太小使得弹簧被支撑质量压实，而起不到减振作用。

怎样才能既可以支撑质量，又可以减小刚度呢？科学家的想象力与创造力是无限的，他们总是在技术上遇到难题时挺身而出，打破传统减振器的束缚，开创并引领新的技术领域，负刚度就是其中一例。

4.2 机械式负刚度减振器

4.2.1 设计背景

汽车座椅的功能是支撑不同体重与身高的使用者，为乘员的头部、胳膊、腹部提供定位；满足驾驶的人机工程（视野、按钮、操作等）；确保安全性（防止乘客无意识滑移，发生事故时保护乘员不受伤害等）、舒适性（改善静态压力分布、软硬度，减少来自车身的振动）。在这里我们主要关注座椅的舒适性问题，特别是座椅的减振功能。

汽车座椅最重要的功能之一就是减少乘员感受到的、来自车辆的振动，让乘员感受到乘坐的舒适性。对于货车以及具有底盘的乘用车而言，来自路面的振动通过三级减振系统传递给乘员：车桥悬架、驾驶室悬置、座椅。对于承载式乘用车，只有两级减振：车桥悬架与座椅。座椅减振是乘员乘坐舒适性的最后一道保障。

韩国蔚山大学的 Le 博士与 Ahn 博士开发了一个座椅负刚度减振系统，我们以此为例说明减振器的设计。图 4.8 所示为汽车座椅负刚度模型，图 4.9 所示为汽车座椅负刚度结构。

图 4.8　汽车座椅负刚度模型

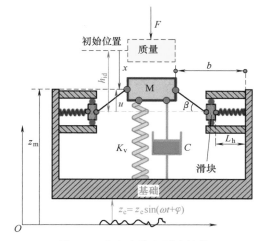

图 4.9　汽车座椅负刚度结构

从图 4.9 可以看到，这个系统的质量包括了座椅结构与人体的质量，系统中垂直方向装有支撑质量的弹簧与阻尼器，这就是传统的线性减振系统的元素。差别就在于在水平方向的两边各加了一个线性弹簧，这个弹簧的一端固定在一个刚性墙上，另一端再连接到一个滑块上。这两个滑块通过滑轨限制只能在水平方向上滑动。每个滑块上铰接着一根杆，杆的一端连在质量上，一端连在滑块上，这个杆的两端都可以绕着其铰接点转动。

当质量上下运动时，垂直弹簧起到支撑与减振的作用。同时，质量的上下运动带动两个杆与质量连接点端的上下运动，带动滑块沿着滑轨在水平方向运动，而压缩或拉伸水平弹簧。水平方向弹簧的拉伸与压缩通过这个杆在质量上产生垂直方向的分力，提供了额外的质量支撑力。驱动条件是三个弹簧永远都在压缩状态。当基础在振动时导致系统振动，振动大小取决于隔振系统的参数。水平弹簧的刚度 K_h，垂直弹簧的刚度为 K_v，L_0 与 L_h 为水平弹簧的初始长度以及任意位置的长度。杆的长度 a 与距离 b 都是新增加的设计参数，可以用来调节系统。毫无疑问，这些新增加的机构增加了系统的复杂性，也增加了系统的质量。

4.2.2 负刚度减振理论

这个减振系统的物理参数都假定是线性的，水平方向的弹簧力通过杆传递到质量上，质量在垂直方向的支撑力是垂直方向弹簧与水平方向弹簧的合力，而水平方向的恢复力是与系统的几何关系相关的，因此，这个系统是几何非线性振动系统。从设计的角度上来讲，我们希望了解系统在垂直方向的动刚度，了解系统的振动衰减曲线的频率特性，了解非线性系统的稳定性条件，以及用于调制系统的减振能力的设计参数的选择与优化。

首先我们推导系统的恢复力，恢复力对位移的导数就是系统的刚度。在系统的初始位置 h_{id} 上，让质量向下移动一段距离 x，根据虚功原理我们有

$$F\delta x - F_v\delta x - 2F_h\tan(\beta)\delta x = 0 \tag{4.1}$$

式中，

$$\tan(\beta) = \frac{h_{id}-x}{b-L_h} \tag{4.2}$$

$F_v = K_v x$，$F_h = K_h(L_0 - L_h)$，任意时刻 t 时的水平弹簧的压缩量：

$$L_h = b - \sqrt{a^2 - (h_{id}-x)^2} \tag{4.3}$$

在初始时刻的水平弹簧的压缩量：

$$L_{id} = \sqrt{a^2 - (b-L_0)^2} \tag{4.4}$$

将式（4.3）～式（4.4）代入到式（4.1）：

$$F = 2F_h\left(\frac{L_0}{\sqrt{a^2-\left(\sqrt{a^2-(b-L_0)^2}-x\right)^2}} - \frac{b}{\sqrt{a^2-\left(\sqrt{a^2-(b-L_0)^2}-x\right)^2}} + 1\right)\left(\sqrt{a^2-(b-L_0)^2}-x\right) \tag{4.5}$$

为了简便，我们定义 $\hat{F} = \dfrac{F}{K_v L_0}$，$\hat{x} = \dfrac{x}{L_0}$，$\gamma_1 = \dfrac{a}{L_0}$，$\gamma_2 = \dfrac{b}{L_0}$，$\hat{h}_{id} = \sqrt{\left(\dfrac{a}{L_0}\right)^2 - \left(\dfrac{b}{L_0}-1\right)^2} = \sqrt{(\gamma_1)^2 - (\gamma_2-1)^2}$，$\alpha = \dfrac{K_h}{K_v}$ 为水平弹簧系数与垂直弹簧系数之比 $\hat{u} = \hat{h}_{id} - \hat{x}$。

三个主要设计参数：α 为物理参数，γ_1 与 γ_2 为系统的几何参数。

无量纲恢复力对于无量纲垂直位移的表达式如下：

$$\hat{F} = \hat{h}_{id} - \hat{u} + 2\alpha\left(\frac{1}{\sqrt{\gamma_1^2-\hat{u}^2}} - \frac{\gamma_2}{\sqrt{\gamma_1^2-\hat{u}^2}} + 1\right)\hat{u} \tag{4.6}$$

对上式的无量纲变量求导数，可以得到系统的动刚度：

$$\hat{K} = 1 + 2\alpha\left(\frac{\hat{u}^2(\gamma_2-1)}{(\gamma_1^2-\hat{u}^2)^{3/2}} - \frac{(1-\gamma_2)+\sqrt{\gamma_1^2-\hat{u}^2}}{\sqrt{\gamma_1^2-\hat{u}^2}}\right) \tag{4.7}$$

这个系统的动刚度在一定条件下是负的。有了这个系统的负刚度表达式，我们就可以选择参数对系统进行设计了。

4.2.3 设计参数选择

$\hat{u} = 0$ 时的刚度为静平衡位置的刚度：

$$\hat{K}_{\text{SEP}} = 1 + 2\alpha\left(\frac{\gamma_2 - \gamma_1 - 1}{\gamma_1}\right) \tag{4.8}$$

由于我们设计的是负刚度系统，因此静平衡位置的刚度必须大于零，这个设计条件可以转变成设计物理参数之间的一个条件：

$$\alpha > \frac{\gamma_1}{2(1 + \gamma_1 - \gamma_2)} \tag{4.9}$$

式（4.9）的意义在于，系统的物理参数与系统的几何参数要想满足静平衡刚度大于 0，需要保持对载荷的支撑条件。

如图 4.10 所示，当 $\alpha = 1$，也就是说水平刚度与垂直刚度一样大时，当 $\gamma_2 > 1$ 时，动刚度曲线是向下凹的抛物线；动刚度的最小值在动平衡位置，而且永远大于 -1。我们知道，平衡点具有负刚度的隔振系统是不能支撑荷载的，我们选择的系统参数必须使得系统在平衡位置时动刚度是零或大于零的，所以我们要选择的几何参数必须是 $\gamma_2 > 1.2$。

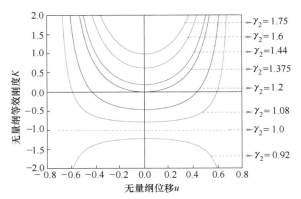

图 4.10　$\alpha = 1, \gamma_2 > 1$ 时的动刚度曲线

从设计的角度来讲，我们有几个设计参数，$\alpha = \dfrac{K_{\text{h}}}{K_{\text{v}}}$ 是水平弹簧与垂直弹簧之比，这个是物理参数。$\gamma_1 = \dfrac{a}{L_0}$、$\gamma_2 = \dfrac{b}{L_0}$ 是几何参数。γ_1 是杆的长度 a 与水平弹簧的初始长度之比，γ_2 是质量到墙的垂直距离 b 与水平弹簧初始长度之比。这些参数选取的第一个最基本的要求是要保证系统的最小动刚度 ≥ 0，能够满足支撑荷载的要求；第二个要求是要保证系统的稳定性，即在系统允许位移的范围内，系统始终保持正的动刚度。

为了满足系统的最基本要求，我们令式（4.8）中的 $\hat{K}_{\text{SEP}} = 0$，有

$$\gamma_2 = 1 + \frac{2\alpha - 1}{2\alpha}\gamma_1 \tag{4.10}$$

在静平衡位置上，参数 γ_1、γ_2 与 α 不再是独立的了。如果我们将上式代入式（4.8），可以得到在静平衡点附近的动刚度。

从图 4.11 可以看到，当 $\gamma_2 = 1.0$ 时，无量纲位移的范围是无限的，即在任何位移上，都保持零刚度。当 γ_2 增加时，无量纲位移范围开始缩小。

动刚度的范围可以用式（4.11）表达。

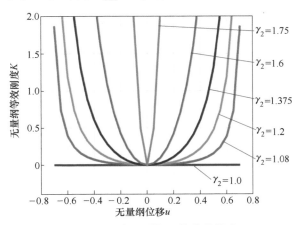

图 4.11　对于不同 γ_2 的等价刚度

$$\hat{d} = \sqrt{\gamma_1^2 - \left[\frac{2c\gamma_1^2(\gamma_2-1)}{2\alpha+\hat{K}-1}\right]^{\frac{2}{3}}} \tag{4.11}$$

从式（4.11）可以看到，在静平衡位置，动刚度等于零，$\alpha = 1/2$ 时，根号中分母等于零，说明范围是无限大的。这跟上面的分析是一致的。

对于刚度比的影响，$\alpha > 1$ 代表水平弹簧的刚度比垂直弹簧的刚度要大，而 $\alpha < 1$ 代表水平弹簧的刚度比垂直弹簧的刚度要小。从图 4.11 可以看到，水平弹簧的刚度一定要比垂直弹簧的刚度小至少 30% 以上才有可能实现动刚度为正的条件。

γ_2 是质量到刚性墙的距离与水平弹簧初始长度之比。这个参数的大小将决定系统尺寸的大小，我们期望这个参数越小越好。当 γ_2 小于 1 时，等效刚度基本上是负的，随着弹簧刚度比的增加，负刚度增加；随着 γ_2 的减少，负刚度增加。

综合上述结果，设计参数的推荐使用范围为

$$\begin{cases} \gamma_2 \approx 1, \text{且} \gamma_2 > 1 \\ \gamma_2 - 1 < \gamma_1 \\ \alpha < \dfrac{\gamma_1}{2(1+\gamma_1-\gamma_2)} \end{cases} \tag{4.12}$$

我们来看一下这个设计的减振效果。我们来看系统的衰减率，去掉冗长的理论推导，最终的负刚度系统的绝对位移传递率为

$$T_a = \sqrt{1 - \frac{\Omega^2}{4\xi^2 + \Omega^2}} \tag{4.13}$$

式中，Ω 为额率比。

可以看到，对于任何激励频率，传递率永远小于 1 而且与几何参数无关，这就是负刚度减振系统相对于线性刚度系统的减振优势。

4.2.4 设计结果

根据图 4.12、图 4.13 所示试验结果可以看到，具有负刚度系统的传递率非常低，而且没有共振频率，最低 0.6Hz 就可以减振了，具有相当好的低频减振效果。

4.2.5 负刚度减振器的特点

负刚度减振器有许多优点，我们罗列一下这些优点。

1）它可以模仿无重力的情况，这对于太空设备的试验有非常大的帮助。

2）检查仪器有更好的分辨率与精度。

3）制造设备有更高的产出，由质量问题导致的部件报废或返工更少。

4）可以在一个建筑的高层而不是地下室放置振动敏感设备，具有更大的适用性。

5）与空气弹簧相比较，负刚度减振器不需要空气或功率驱动，没有阀需要维修或更换，不产生热，不会污染空气，不会污染清洁的房间。

6）可以随意调节固有频率，固有频率与荷载无关。

7）所有的零件都可以是金属的，它们可以用于真空环境、高温环境，以及核辐射等恶劣环境中。

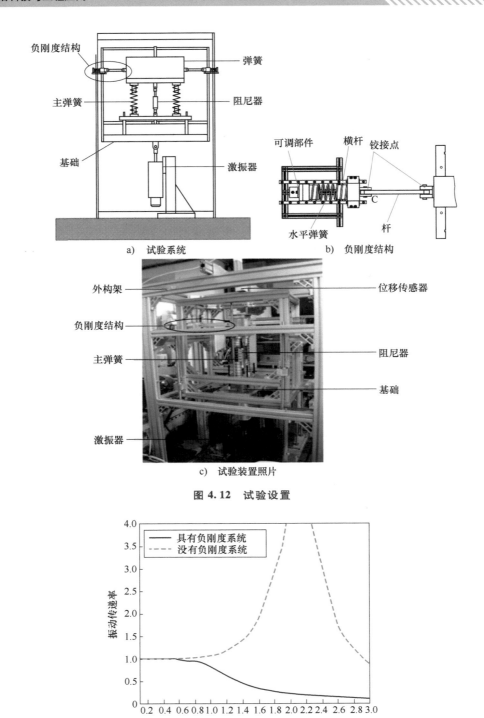

a) 试验系统

b) 负刚度结构

c) 试验装置照片

图 4.12　试验设置

图 4.13　振动传递率对比结果

8）在主动系统中使用被动单元，可以对荷载改变做出更快的响应，并主动调节固有频率。
综合这些优点，我们得出的最终结论是，负刚度减振器是一个紧凑的减振器，是具有低垂直与水平刚度，以及高内部结构频率的减振器。

4.3　机械减振器基本结构

4.3.1　机械式负刚度减振器的结构——垂直运动

如图 4.14 所示，这种减振器使用传统的弹簧系统支撑荷载，使用负刚度结构来抵消一部分或全部的弹簧刚度，垂直刚度很低甚至为零。这种结构已经成功地用于模拟试验大型空间结构的零重力情况。

4.3.2　机械式负刚度减振器的结构——水平运动

这种形式的负刚度结构的组成部件有两个杆，铰接在中心，由外端支点支撑。支点可以在水平方向自由运动，通过反方向力 P 的作用压缩而加载。卸载时，杆对中，而且处于不稳定的平衡点（负刚度机构的中心位置）。当向下位移 δ 时，力 F_N 与运动方向相反，支撑中心的铰接在平衡位置。对于一个比较小的 δ，

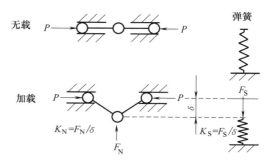

图 4.14　负刚度垂直运动减振器

F_N 与 δ 之间的比值是线性的，表示为负刚度 K_N。将弹簧与负刚度机制组合，可以产生一个垂直运动减振器，如图 4.15 所示。当一个荷载 W 使得弹簧位移到减振器的中心位置时，弹簧提供垂直刚度。将力 P 加到杆上时产生负刚度机制，它抵消某些或全部的弹簧刚度。复合刚度为 $K = K_S - K_N$，可以接近零，而弹簧还是在支撑重力。

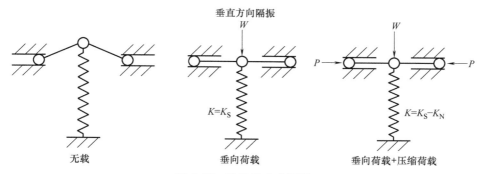

图 4.15　垂直运动减振器

装有铰接杆的装置在某些系统中具有一些优势：加载螺栓、压电装置，以及各种其他产生压缩荷载的方式。

4.3.3　梁型柱的水平运动隔振机构

如图 4.16 所示，一组柔性柱（column）或梁型柱作为弹簧，与负刚度机构组合，隔离水平方向的运动，相当于一个荷载由两个柔性支柱支撑。水平力使荷载产生位移而没有很多

的扭转，这是因为柱在垂直方向的刚度远比在水平方向的刚度要大得多。水平刚度可以接近于零，通过在柱上加上将近于临界压弯（buckling）荷载，因此可产生非常低的水平振动的固有频率。

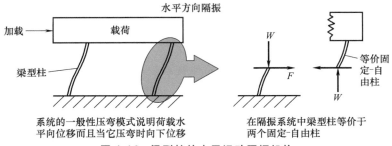

图 4.16 　梁型柱的水平运动隔振机构

图 4.17a 表示一个无质量载荷的固定-自由柱，仅仅是没有横向端荷载的悬臂梁。它的水平向的刚度为 K_S。图 4.17b 表示我们在横向与纵向同时加载。加载在横向加载的梁上会产生与位移 δ 成正比的弯矩，因此它要减去横向力产生的位移 δ。这个行为就会产生一个刚度为 K_S 的弹簧与一个负刚度 K_N 组合，他们的总体刚度为 K_S-K_N。

系统的一般压弯模式：当系统压弯时，荷载水平向运动并且向下运动。加上一个防止压弯的限制块来限制水平位移，产生一个保险，防止因为不适当的过载而压弯。将水平位移限制到很小的位移值范围内，改变了压弯模式，增加了压弯强度4倍。当然，当荷载撞到限制块时，系统就不会隔振了。

轴向荷载减少梁-柱的弯曲刚度。在隔振系统中的梁-柱等价于两个固定-自由柱。对于一个固定-自由柱，没有荷载，那么梁-柱就是一个具有横向端荷载的悬臂梁，

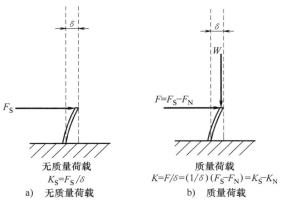

a) 无质量荷载　　b) 质量荷载

图 4.17　梁型柱负刚度

作为一个具有横向刚度 K_S 的弹簧。荷载 W 在横向加载梁上产生弯矩，而且与位移 δ 成正比，因此，更少的横向力生成位移 δ。这种行为正好与具有刚度为 K_S 的弹簧（与具有负刚度 K_N 的负刚度机构）减去 K_S 的刚度相匹配。当 W 接近临界压弯荷载时，梁-柱的净水平刚度接近于零。

简单的水平运动隔振系统被动地适应改变的质量，而维持一个固定的隔振系统的固有频率。两组预先加载轴向荷载 Q 的柔性柱支撑着荷载，每一组各有一个上、下柱。下柱支撑质量的一部分，外加轴向预荷载；上柱仅仅支撑轴向预荷载。由于系统中柱的轴向柔性以及其他柔性，增加荷载质量增加下柱的轴向荷载，减少了上柱的轴向荷载。因此，这就增加了下柱的负刚度效应，减少了它的水平刚度。减少上柱的轴向荷载减少了上柱的负刚度效应，增加了它的水平刚度。通过合理地选择上、下柱的大小，水平刚度的改变与荷载质量的改变成比例，所以固有频率保持不变。

改变预荷载 Q 改变了上、下柱在同一方向的负刚度效应，因此提供了一个独立的调整

系统水平刚度与共振频率的方式。

4.3.4　迟滞阻尼水平隔振系统

阻尼限制了共振响应。减少负刚度机构的刚度放大了系统固有的阻尼，导致高迟滞阻尼。高迟滞阻尼比高黏弹阻尼更有必要，因为它限制了共振响应而没有大大减少高频的隔振效率。迟滞阻尼系统的传递率曲线说明了这个事实，如图 4.18 所示。

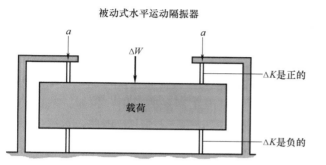

被动式水平运动隔振器

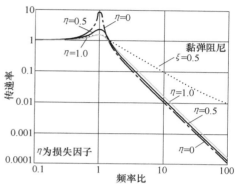

图 4.18　被动式水平运动隔振器

例如，损失因子 1.0，其共振传递率是 1.4，高频传递率仅仅偏离理想无阻尼曲线一点点。作为对比，黏弹阻尼系统的传递率曲线在共振频率的传递率是 1.4（黏弹临界阻尼比 0.5），如果考虑到图中频率比横坐标是对数比例的，黏弹阻尼与迟滞阻尼系统在高频上的差别是很大的。

损失因子与弹簧中的能量消耗与弹簧中的能量储存相关。

$$\eta_s = \frac{1}{2\pi} \frac{每周期中消耗掉的能量}{在循环时存储的最大能量} \tag{4.14}$$

$$\eta_s = \frac{1}{2\pi} \frac{每周期中消耗掉的能量}{\frac{1}{2}K_s\delta^2} \tag{4.15}$$

同样的基本关系也适用于负刚度系统。

$$\eta_s = \frac{1}{2\pi} \frac{每周期中消耗掉的能量}{\frac{1}{2}K\delta^2} \tag{4.16}$$

因为负刚度系统的纯刚度减少为 K（而不是 K_s），在一个循环期间储存的最大弹性能量减少（与位移 δ 相关），但每个循环消耗的能量是不变的。每循环消耗的能量就是弹簧消耗的能量，而且可以表达为第一个方程。将这两个方程合并，可表示为

$$\eta = \frac{1}{2\pi} \frac{2\pi\eta_s\left(\frac{1}{2}K_s\delta^2\right)}{\frac{1}{2}K\delta^2} \tag{4.17}$$

$$\eta_s = \frac{K_s}{K} = \eta_s\left(\frac{f_s}{f}\right)^2 \tag{4.18}$$

式中，f_s是基于弹簧刚度的系统固有频率，f是基于减少了固定的系统固有频率。

在一个典型的负刚度隔振系统中，阻尼可以被大幅放大。例如，考虑一个垂直运动隔振系统，弹簧的频率是5Hz，负刚度系统的频率是0.5Hz。根据第三个方程，隔振系统阻尼因子等于弹簧损失因子乘以100，因此，在弹簧中的1%结构阻尼产生了隔振系统中的100%的结构阻尼。

加上阻尼可以改进悬挂系统，特别是高阻尼黏弹材料。考虑一个悬挂，由一个刚弹簧，一个黏弹阻尼器组成，系统刚度是弹簧刚度与阻尼器刚度之和。但是，阻尼大部分来自黏弹材料。通过在负刚度系统中加入负刚度等于刚弹簧的刚度，合力的悬挂的行为就像荷载紧紧悬挂在阻尼器上。这种方法产生了非常低的固有频率，而且是在一个紧凑系统中的高阻尼。

黏弹材料的阻尼行为一般是在黏性与迟滞曲线之间，某些材料的损失因子在某些温度与频率范围内超过1。制造商可以调节材料的损失因子到某一个需要的范围，例如，某些材料在室温条件下有超过1.0的损失因子，低频率的隔振频率为0.2~1.5Hz。因此，系统共振传递率低于1.4，在高频传递率接近于理想无阻尼系统还是可能的。

系统刚度可以减少到低于阻尼材料本身的刚度，产生的系统共振传递率大大低于1.4。但是在完全是被动系统的这些条件下，可能出现蠕变不稳定性。通过保留来自机械悬挂系统中的某些正刚度，系统是自然稳定的。

4.3.5 自动控制垂向高度的隔振器

这种比较实际的垂向运动隔振器使用弯曲杆与加载螺栓来适应荷载的变化，如图4.19所示。安装在下面的幅度变换器可以升高或降低将隔振器的中心维持在一个具体的限制中心内。用限位开关或来自位移传感器的信号来控制幅度变换器可以提供自动的隔振器中心高度的控制。

负刚度隔振系统行为非常趋向于传递率曲线，直到隔振器结构本身共振的频率。因为隔振器是简单的、紧凑的弹性结构，他们的内部结构的共振是很容易预见的，而且在高频时也可以保持。在实际的六自由度系统中，该隔振器共振频率高于100Hz。该系统具有隔振系统固有频率，在这个频率上系统的荷载与悬挂共振，而且这个隔振系统的共振频率是0.2Hz或更低。

系统的共振频率在0.5~1.5Hz范围内对于大范围的应用都是有意义的，在这一范围内，系统具有低系统共振响应，接近迟滞阻尼行为，而且隔振器内部结构共振频率高于100Hz。具有高阻尼

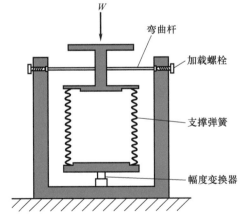

图4.19 简单的隔振器中心高度控制器

的黏弹性材料，共振传递率为1.4，使用负刚度隔振系统是很实际的。使用一个由来自位移或速度传感器信号控制的执行器控制的自动对中系统可以进一步增强性能。因为负刚度隔振器是简单的弹性结构，而且是可以变形的黏弹性材料，他们的隔振性能并不会随着微观运动而退化，试验室地面与制造室地面都有微观运动，传统气减振器就会产生微观运动。

4.3.6 具有附加阻尼的六自由度隔振器

处理垂直与水平振动的隔振器可以组合在一起,产生各种构架的六自由度隔振器,如图4.20所示。

被动系统很紧凑。被动的、具有附加阻尼的六自由度隔振器可以在高度、宽度上近似相等。尺寸包络可以与支撑同样荷载的空气隔振器相比较。其他方面与传统隔振器形状非常不同,包括低形状构架(用于空间有限的地方)。负刚度结构悬挂可以用于非常宽的荷载范围,例如,很小的隔振平台,支撑显微镜以及一个大的系统,甚至支撑整个制造室地面,都可以给出非常低频率的隔振率。

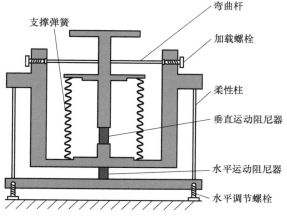

图 4.20 具有附加阻尼的六自由度隔振器

4.3.7 主动与自动调节水平系统

负刚度系统的一个重要特性是它们具有通过调节负刚度机制来控制它们的刚度与频率的能力。例如,垂直与水平运动减振器可以与一个服务器系统组合。控制水平运动的平动器产生一个自动的水平调节系统,在这个系统中,水平运动固有频率对荷载质量的改变非常不敏感。同样,控制垂直运动的负刚度系统使垂直运动的固有频率对质量改变也是不敏感的。另一个例子是步进重复系统,如光刻机(photolithography machine)。它们的平台加速与减速的控制:前馈控制可以调节负刚度结构在加速与减速期间为硬化系统,在暴露或测量期间为软化系统。

4.3.8 主动减振座椅结构

如图4.21所示,该结构使用400W伺服电动机,由伺服驱动器控制电动机的输出转矩。电动机的输出转矩是1.3N·m,减速齿轮比为40:1,因此,转矩被齿轮放大了40倍,达到52N·m。从动轮与凸轮构成一个凸轮机构,凸轮用外面的剪刀杆固定,可以推动从动轮沿着它的导轨运动。当座椅上的荷载压迫座椅向下运动时,剪刀机构向下运动,使得从动轮挤压弹簧产生隔振力。电动机提供转矩,这个转矩通过剪刀杆系转变成杆与座椅连接处的力。

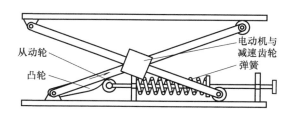

图 4.21 主动减振座椅悬置简图

该座椅有两个加速度传感器，一个在地板上获取激励信号，一个在座椅上获取相应信号。利用控制器 SD1104 对伺服电动机进行控制。图 4.22a 是控制模型，图 4-22b 是座椅的响应传递率曲线。

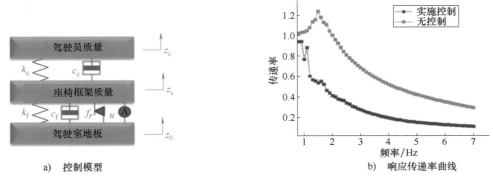

a) 控制模型　　　　　　　　　　　　　　　　b) 响应传递率曲线

图 4.22　座椅振动控制模型与加速度响应传递率：从座椅底到驾驶员身体

从图 4.22 中可以看到，利用控制模型对座椅振动实施控制，座椅的传递率在整个频率域都是低于 1 的，可见座椅的舒适性得到了保证。

4.3.9　激光与光学设备的负刚度减振器

不管用于学术研究，还是用于工业中，激光与光学设备都对环境的振动非常敏感。当测量的位移量是埃或纳米级时，仪器所在的台面必须保持绝对的稳定。任何与仪器的机械结构耦合的振动都会引起垂直振动，这基本上就是测量这些高精度特性时的不稳定性。激光干涉仪器是极其敏感的装置，它能够测量纳米级的运动与特性。它们经常有非常长的机械路径，这就使得它们对环境振动更加敏感。光学干涉测量仪器以及其他光学系统，经常是非常复杂的，而且有非常长的光线路径，可以导致振动的角放大。如图 4.23 所示，负刚度减振器所能提供的减振特性对于激光与光学系统的领域来讲是非常独特的特性。负刚度系统提供的传递率甚至超过主动隔振系统。主动减振系统使用电子传感器获取振动的信息，然后根据这个信息产生一个反方向的力去有效地减少或消除不需要的振动。但是这个过程中，系统从获取信号到执行控制信号去抵消振动之间存在着时间响应的延迟，因此仅仅适合于低频振动，可以低到 0.7Hz。但是这些装置是由电驱动的，电子的功能失调与电源的调制可能会对这些装置产生负面的影响。另外，主动减振具有有限的动力范围，而且这个范围很容易被突破，一旦突破则使得减振器产生正的反馈而产生设备噪声。尽管主动减振系统基本上没有共振，但他们的传递率不像负刚度减振器那样可以快速地降低。

垂直刚度调节螺丝用来调节负刚度机构上的压力。垂直荷载调节螺丝用于提升或降低支撑弹簧座的高度，以便对变化的质量荷载进行响应，保持机构的垂直，不弯曲运行位置。垂直方向的隔振是由弹簧与反刚度结构组合提供的。净垂向方向的刚度非常低，但不影响弹簧对静荷载的支撑能力。与垂直向减振器串联的梁型柱提供水平方向的隔振。水平方向的梁型柱的刚度通过梁型柱效应而减少，其结果就是一个紧凑的被动减振器，具有非常低的水平与垂直方向的固有频率，以及非常高的内部结构频率。该型减振器的减振效率在 2Hz 是 93%，5Hz 是 99%，10Hz 是 99.7%，最低减振频率可以调制到 0.5Hz。

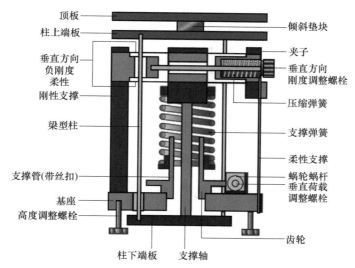

图 4.23　负刚度振动减振器简图

4.3.10　三叶草圆顶形及贝氏蝶形弹簧垫圈的负刚度行为

一个必须具备高刚度、低质量以及高阻尼的复合材料由三个部分组成：负刚度材料、正刚度材料以及阻尼单元。这种材料是在一个给定的频率范围内展示出可适应性响应的被动阻尼复合材料，该材料的全局性机械行为必须集成每一个单一部分的行为，而对于这样的功能，负刚度材料是主要的部分。当荷载增加时，负刚度弹簧（简称负弹簧）的变形相比一般的正刚度弹簧（简称正弹簧）增加得更大。

考虑图 4.24 所示的三叶草圆顶形弹簧，对该弹簧施加荷载。刚开始时，该弹簧首先呈现正刚度，也就是说荷载变形曲线的斜率是正的；继续加载直到临界点，这时斜率变成零；再继续加载，弹簧进一步地变形产生了负斜率。最终，这个圆顶形弹簧垫片进一步被压缩而产生失稳阶跃。这种负刚度的例子现实世界有许多，例如饮料瓶的金属瓶盖、罐头盖等。

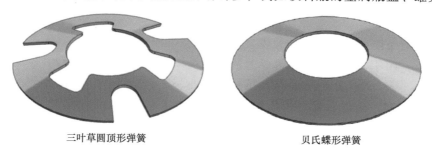

三叶草圆顶形弹簧　　　　　　　　　　贝氏蝶形弹簧

图 4.24　负刚度弹簧垫片

如图 4.25 所示，这种材料具有正弹簧、负弹簧以及阻尼单元。正弹簧抵抗压缩力，负弹簧在压缩时缩短。在上机体上施加压缩力时，外支反力在正弹簧上，内支反力在负弹簧上，界面的位移与压缩力方向一致，是向下的，阻尼单元拉伸时刚好相反。当对上机体施加正弦力时，界面开始振动，但上机体相对稳定。为了限制正负弹簧界面的运动，消耗振动能量，界面需要放置一个阻尼单元。

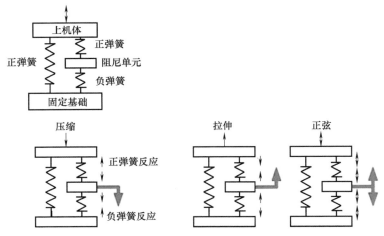

图 4.25　可适应性复合材料的基本概念

4.3.11　具有负刚度的汽车座椅悬置

这是一种通过承受荷载弹簧的局部压曲实现弹簧的负刚度的结构。图 4.26a 和图 4.26b 是带有金属弹性杆的结构，而图 4.26c 是无杆体系。

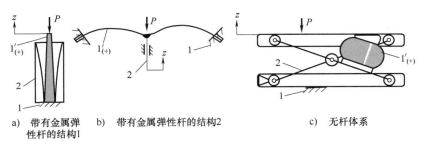

a)　带有金属弹　　b)　带有金属弹性杆的结构2　　　c)　　无杆体系
　　性杆的结构1

图 4.26　传统座椅悬置加上具有某些负刚度的承载轴承弹簧

1—悬置基础　2—导向器的输入连接　$1'_{(+)}$—承载轴承弹簧

一般的具有负刚度的弹簧单元的模型产生负刚度的步骤如下：图 4.27a 显示，在薄梁的两端加横向荷载 P_a，ε_0、$\overline{\omega}_0$、ψ_0 分别是轴向预压缩、弯曲位移以及梁端斜率，显然后两者都依赖于第一项。图 4.27b 显示，加横向力 P_a 以及力矩载荷 $T_2^{(a)}$，不改变 ε_0。图 4.27c 展示的是在薄梁两端加荷载 P_a，在梁中间加横向力 P_1。

在这种负刚度理论下，我们可以构造一种实用的负刚度弹簧系统，如图 4.28 所示。

根据上面的结构模型，制造了原型机，然后对结构进行分析，结果如图 4.29 所示。

从结果可以看到，该结构具有非常小的刚度，

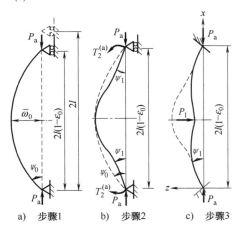

a)　步骤1　　b)　步骤2　　c)　步骤3

图 4.27　具有负刚度的弹簧
单元的模型构造的顺序

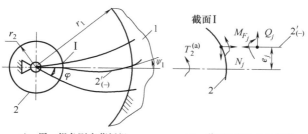

a) 用一组负刚度薄板组　　　b) 截面I的受力分析图
成的负刚度的机构图

图 4.28　负刚度弹簧系统

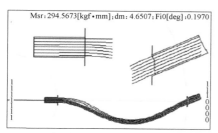

a) 系统的应变状态的有限元分析结果

b) 弹簧原型机

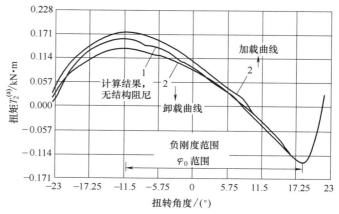

c) 弹簧体系的性能

图 4.29　弹簧原型机的实物图片及性能分析

因此其减振频率在工作范围内将会非常低，这对于减少那些对驾驶员有害的低频振动是非常有效的。

这样的结构可以进一步地进行更新，演化出不同的结构形式，如图 4.30 所示。

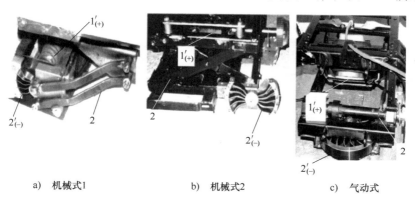

a) 机械式1　　　　　b) 机械式2　　　　　c) 气动式

图 4.30　升级的负刚度座椅系统

$1'_{(+)}$—承载荷载弹簧的扭转、拉伸或压缩　$2'_{(-)}$—结构的负刚度弹簧　2—导轨机制

由于负刚度弹簧没有承受荷载的能力，它可以在与机械、液压、气动或其他具有正刚度的承受荷载弹簧平行连接的情况下运行。

4.3.12 剪刀式座椅减振器

剪刀式座椅减振器也是一种负刚度型的减振器，如图 4.31 所示。

a) 带有阻尼器、气动悬置以及弹簧的剪刀型座椅减振器　　b) 不带有阻尼器以及弹簧的剪刀型座椅减振器

图 4.31　其他类型的剪刀式座椅减振器

4.3.13 欧拉梁型负刚度减振器

通常提供负刚度的方法是将负刚度结构水平连接到正刚度结构，这样组成的系统可以使隔振方向的动力刚度到达零刚度，甚至负刚度。由一个线性弹簧支撑质量，其静变形量为 δ。压弯的欧拉梁并不提供水平方向的支撑或恢复力。欧拉梁可以在直线方向压缩来调整线性隔振器的刚度。因此，压弯的欧拉梁可以作为负刚度机制来减少系统的刚度。

图 4.32b 中的曲线 1 是线性弹簧的位移-力曲线，曲线 3 为压弯欧拉梁的位移-力曲线，而曲线 2 则是线性系统与负刚度系统的叠加的整个系统的位移-力曲线。可以看到，在工作范围中，组合系统支撑力仍然是接近线性系统的支撑力的。但在工作范围的中点上，组合结构的刚度，即曲线 2 的斜率，几乎接近于零。在中点的左侧刚度为负，右侧为正。

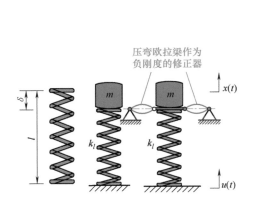 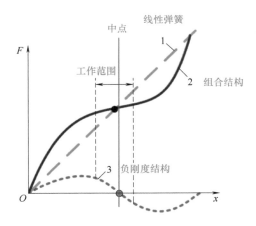

a) 压弯欧拉梁负刚度系统结构　　　　　　　　b) 位移-力曲线

图 4.32　压弯欧拉梁负刚度系统及位移-力曲线

4.3.14　超低频欧拉压弯梁式减振器

负刚度减振器的减振功能用传递率来衡量，如图 4.33 所示。

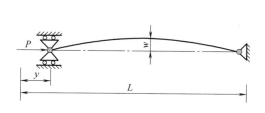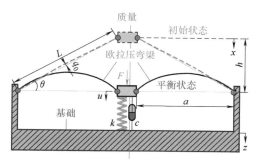

图 4.33　具有欧拉压弯梁的超低频减振器

1. 力传递率

力传递率定义为传递到基础上的力。

$$T_{fl} = \frac{F_{tr}}{F_0} \tag{4.19}$$

式中，F_{tr} 为传递到基础上的力，$F_{tr} = \sqrt{F_{te}^2 + F_{td}^2}$；$F_0$ 为激振力的幅值。

等价线性系统的力传递率为

$$T_{fl} = \sqrt{\frac{1 + 4\zeta^2 \Omega^2}{(1 - \Omega^2)^2 + 4\Omega^2 \zeta^2}} \tag{4.20}$$

非线性系统的力传递率可以表为

$$T_{fn} = \frac{\sqrt{(\alpha \delta_0^3)^2 + 4\zeta^2 \Omega^2 \delta_0^2}}{a_0} \tag{4.21}$$

式中，a_0 是力激励的谐振激励的幅值；$\Omega = \dfrac{\omega}{\omega_n}$，$\omega_n = \sqrt{\dfrac{k}{m}}$；$\zeta = \dfrac{c}{2m\omega_n}$；$\delta_0 = \dfrac{\lambda a_0}{\sqrt{(1 - \Omega^2)^2 + 4\Omega^2 \zeta^2}}$；

$$\alpha = \left[\left(\frac{1}{2\gamma^2} + \frac{2}{\gamma [(\pi \tilde{q}_0)^2 - 4\gamma + 12]} \right) + \frac{\pi \tilde{q}_0}{\gamma \{ [(\pi \tilde{q}_0)^2 - 4\gamma + 4]^{3/2} - \pi \tilde{q}_0 [(\pi \tilde{q}_0)^2 - 4\gamma + 4] \}} \right], \quad \tilde{q}_0 = q_0 / L,$$

$\gamma = \dfrac{a}{L} = \cos\theta$。

刚度比 $\lambda = \dfrac{P_e}{kL}$，$P_e$ 为经典铰接-铰接欧拉梁的临界荷载，$P_e = \dfrac{EI\pi^2}{L^2}$。

2. 相对位移传递率

相对位移传递率定义为相对位移的幅值与激励位移幅值之比，等效线性系统的传递率：

$$T_{rdl} = \frac{\Omega^2}{\sqrt{(1 - \Omega^2)^2 + 4\zeta^2 \Omega^2}} \tag{4.22}$$

3. 绝对位移传递率

绝对位移传递率为

$$T_{\text{adn}} = \frac{u_0}{a_0} \qquad (4.23)$$

式中，u_0 为质量在谐波激励下的稳态绝对位移相应的幅值；a_0 为谐波激励的幅值。

$$u_0 = \sqrt{\delta_0^2 + 2\delta_0 a_0 \cos\theta + a_0^2} \qquad (4.24)$$

4.3.15　准零刚度座椅悬置

越野车辆的 0.5~5Hz 的低频振动对驾驶人是有害的。设计一种新型准零刚度座椅悬置，当驾驶人的质量变化时，主弹簧的预压力的变化可以改变该座椅的悬置性能。这种准零刚度座椅位移传递率的共振频率比相应的线性系统的共振频率更低，隔振最小频率也更低。

该座椅悬置模型由一个剪切型框架、一个主弹簧、负刚度机制以及阻尼器组成。负刚度机制由一个曲线边部件、一个管、一对轴、一对轴承以及一对定位片组成，如图 4.34 所示。

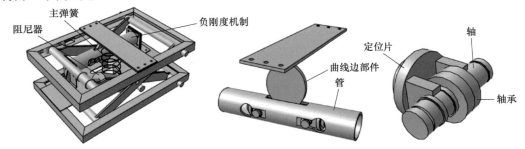

图 4.34　新型准零刚度座椅悬置模型

这个悬置的原型机如图 4.35 所示。图 4.35a 所示为整体悬置机构，图 4.35b 放大了的负刚度机制，图 4.35c 为滚轴、小轴，以及导轨锁紧装置。

a)　整体悬置机构　　　　　　b)　负刚度机制　　　　　c)　滚轴、小轴及导轨锁紧装置

图 4.35　准零刚度非线性座椅悬置原型机

这种新型座椅的驾驶员臀部的位移传递率可以根据非线性刚度系数进行调节。我们可以看到，当非线性弹簧的刚度调整到 27000N/m 时，座椅的传递率小于 1 的最低频率可以达到 0.5Hz，如图 4.36 所示。

4.3.16　NewDamp 弹性减振器

NewDamp 弹性减振器是美国 MKS Newport 公司的专利产品，如图 4.37 所示。这种商业化减振器的构造非常简单，尺寸也比较小，其传递率的共振频率在水平方向上是 5Hz，在垂直方向是 7Hz。最低隔振频率水平上为 7Hz 左右，垂直方向为 10Hz 左右。

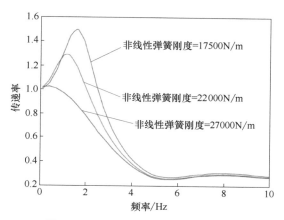

图4.36　准零刚度座椅悬置的传递率

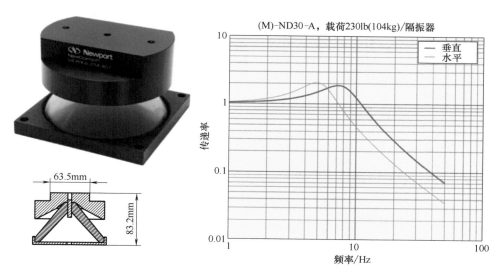

图4.37　NewDamp减振器的外形、几何尺寸及传递率

NewDamp 减振器有许多应用，例如在美国测量天体的光学干涉仪的项目等试验中，支反力轮的频率为横向 18Hz，垂向21Hz，是 NewDamp 减振器的两倍，如图4.38 所示。除此之外，NewDamp 减振器可以提供很大的阻尼。因此在支反力轮的转速范围内，低频振动不能被很好地衰减，但能够很好地衰减高频振动。

4.3.17　斯图尔特平台

斯图尔特（Stewart）平台通常被称为平行机器人，或六足机器人。最早发明平行机

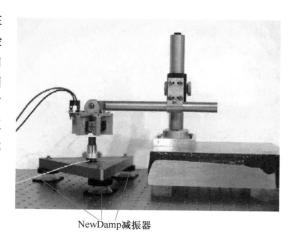

图4.38　NewDamp 减振器中支反力轮中的应用

器人的是 James E. Gwinnett，最开始时他是为了娱乐而设计的该装置。这种装置把影院的地板作为上平台，上平台通过液压支柱与基础相连，如图 4-39a 所示。液压装置根据放映的剧情使连着观众座椅的地板产生相应的六个自由度的运动，令观众产生身临其境的感觉。很遗憾，限于当时的通信条件与信息传播不畅的问题，没有人知道 James 这个人与他的发明。1954 年，Eric Gough 博士设计制造出来也许是世界上第一个八面体的六脚支撑平行平台，这个平台是当时的轮胎公司 DUNLOP 用来进行轮胎测试的试验平台。图 4.39b 中为最初设计的轮胎测试机，右侧为该机器在 2000 年"退休"前的照片。该机器被成百家公司模仿，但从未被超越。

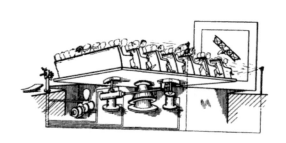  

a) 传说中的世界第一台平行机器人　　　　b) 1954年的第一台轮胎测试机，现存于美国国家科学与工业博物馆

图 4.39　世界第一台平行机器人与第一台轮胎测试机

直到 1965 年，Stewart 才发表了一篇关于这种平台的文章，从理论上论述这种平台的设计基础，但 Stewart 不知道这种机器早就被发明并且投入使用多年了。所以把这种机器称为 Stewart 平台是错误的。

如图 4.40 所示，六足平台是用 6 个支杆将上下两个平台连接而成，每杆都可以独立地收缩，他们分别用万向铰链与上下平台连接。驱动上平台在空间 6 个自由度上做任意方向的平动与绕任意轴的转动。该平台是集机械、液压、电气、控制、传感器、空间运动以及实时系统传输处理、图像显示，动态仿真之大成，可以用于飞机、舰船、潜艇、坦克、高铁、雷达、汽车的模拟器中。

六足平台的主要部件是足。足通常由一个音圈执行器、一个力传感器、两个柔性薄膜、还有两个柔性连接组成。音圈执行器的一种设计如图 4.41 所示。

音圈执行器是由一个永久性磁铁与一个载流线圈组成的。线圈缠绕后使用比较强的胶黏在一起，可以防止涡流与被动阻尼。

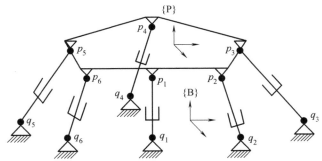

图 4.40　六足平台的示意图

柔性连接的设计：为了把足与支撑台连接在一起，需要某些球铰。应该避免使用经典的铰，因为这些铰有很大的摩擦与反作用力，这在精确工程中是需要避免的。

图 4.42a 与图 4.42c 的设计具有高轴向刚度且在两个弯曲自由度有低刚度。图 4.42b 的柔性连接设计是一种改进型，弯曲揉度是由碳纤维做的扭转杆的转动引起的，它是基于万向

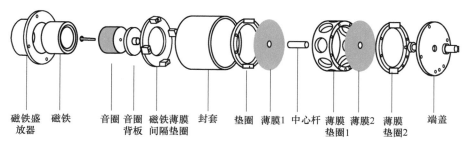

磁铁盛　磁铁　　　音圈　音圈　磁铁薄膜　封套　　垫圈　薄膜1　中心杆　薄膜　薄膜2　薄膜　　端盖
放器　　　　　　　　　背板　间隔垫圈　　　　　　　　　　　　　　　　垫圈1　　　垫圈2

图 4.41　音圈执行器的设计图

节而不是球铰的。图 4.42e 代表了一种具有相对高弯曲刚度的商用柔性头。图 4.42f 表示了经典的具有低轴向、弯曲与剪力刚度的连接件。图 4.42a、图 4.42b、图 4.42c 与图 4.42e 的铰接就像具有最小摩擦与反作用力的万向联轴器一样。

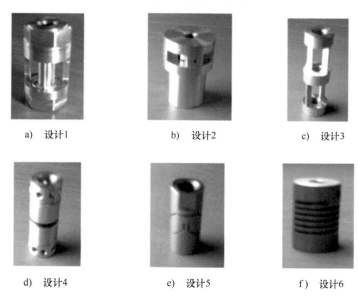

a)　设计1　　　　　　　　b)　设计2　　　　　　　　c)　设计3

d)　设计4　　　　　　　e)　设计5　　　　　　　f)　设计6

图 4.42　柔性连接的设计图

　　柔性薄膜的设计：要允许磁铁支撑的线轴通过在执行器中的永久性磁铁的空隙中自由运动，需要一个对中系统，对中系统应该适应于隔振的要求。为了达到这些要求，在导向系统中需要两个柔性薄膜，薄膜材料一般选为铍铜，因为这种材料有高强度与非电磁行为。柔性薄膜有许多种形状与设计，图 4.43c 代表了经过证明的具有最大位移与均匀应力分布之间妥协的设计。

　　腿的设计：第一种设计如图 4.44 所示，纵向运动与轴向刚度是通过两个安装在柱管中的平行的薄膜实现的，这个管也支撑音圈执行器的永久性磁铁。托管架接附在薄膜的中心，它的一端支撑音圈，另一端支撑载荷传感器。两个柔性铰接用来将腿连接到基础板与载荷板。

　　去中心化的控制策略：假定 Stewart 平台的质量矩阵为 M，刚度矩阵为 K，F 代表作用在载荷平台与 x 一致的坐标系中的力与力矩，拉普拉斯变换下的平台方程为

$$Ms^2x + Kx = F$$

（4.25）

a) 设计1　　　　　　b) 设计2　　　　　　c) 设计3

d) 设计4　　　　　e) 设计5　　　　　f) 设计6

图 4.43　柔性薄膜的设计图

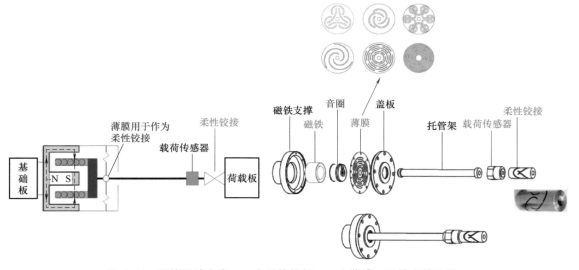

图 4.44　腿的设计方案：一个柔性铰接，一个薄膜，磁铁在基础板上

　　一个力传感器装在六足平台的每一个腿上，而且与那条腿的执行器装在一起，那么输出方程为

$$y = -kq + f$$

式中，$y = (y_1,\ \cdots,\ y_6)^{\mathrm{T}}$ 是 6 力传感器的输出；q 是腿从其平衡位置展开的矢量；k 是腿的刚度；$f = (f_1,\ \cdots,\ f_6)^{\mathrm{T}}$ 分别是由 6 个执行器产生的振动控制力，$F = Bf$。腿展开与载荷框架位移之间的关系可以写为

$$q = Jx = B^{\mathrm{T}}x \tag{4.26}$$

式中，J 与 B 分别为速度与力的雅可比矩阵。

$$y = -kB^{\mathrm{T}}x + f \tag{4.27}$$

　　利用去中心化积分反馈，使用常数增益 g，控制定律为

$$f = -\frac{g}{s}y \tag{4.28}$$

因此，闭环运动方程为

$$Ms^2x + Kx = \frac{g}{s+g}k\boldsymbol{B}\boldsymbol{B}^{\mathrm{T}}x \tag{4.29}$$

$$\boldsymbol{K} = k\boldsymbol{B}\boldsymbol{B}^{\mathrm{T}} \tag{4.30}$$

$$\left[Ms^2 + \boldsymbol{K}\frac{g}{s+g}\right]x = 0 \tag{4.31}$$

如果我们使用模态矩阵进行变换，将坐标变换到模态的正则坐标下，$x = \boldsymbol{\Phi}z$，根据模态矩阵的正交性，有

$$\left(s^2 + \Omega_i^2\frac{g}{s+g}\right)z_i = 0 \tag{4.32}$$

在闭环情况下，每一个模态就是特征方程的解：

$$s^2 + \Omega_i^2\frac{g}{s+g} = 0, \quad \text{或} \quad 1 + g\frac{s}{s^2+\Omega_i^2} = 1 \tag{4.33}$$

商业化产品：美国 MKS Newport 公司已经将六足平台完全商业化，有现成的产品销售。产品共有三种平台，第一种是 HXP100-MECA，平台直径 200mm，载荷 20kg；第二种是 HXP100P-MECA，平台直径 200mm，载荷 6kg；第三种是 HXP-MECA，平台直径 120mm，载荷 5kg。

4.4 电磁式负刚度减振器结构

4.4.1 单自由度准零刚度磁悬浮主动减振器

这种减振器使用四个永久性磁铁，产生一个在平衡点上刚度趋向于零的磁悬浮系统，如图 4.45 所示。

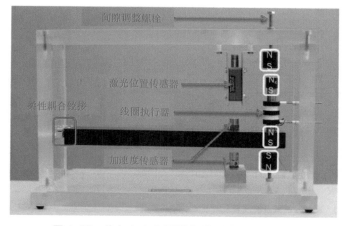

图 4.45 单自由度准零刚度磁悬浮主动减振器

图 4.46a 是具有准零刚度的磁悬浮弹簧图，图 4.46b 是理论模拟的结果。可以看到，在平衡位置，磁悬浮弹簧刚度接近于零。图中的 d 代表间隙，不同的间隙 d 代表了不同的刚度与力。

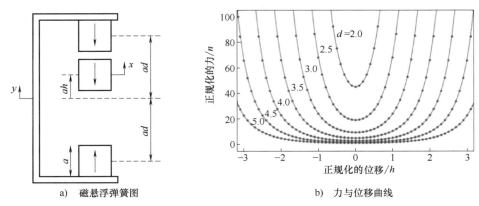

a) 磁悬浮弹簧图

b) 力与位移曲线

图 4.46　准零刚度磁悬浮弹簧图及力与位移曲线

4.4.2　具有无限刚度的磁悬浮减振器

如图 4.47 所示，当一个自由度隔振台使用磁悬浮来隔离台面上荷载的振动时，系统的目的是主动的衰减台上荷载的振动，拒绝来自荷载变化的步骤（STEP）扰动。控制算法使用 PD 控制器，产生一个负刚度部件，因此，整个系统刚度无限大，这种现象可以用下式进行解释：

$$k = \frac{k_1 k_2}{k_1 + k_2} + k_{\mathrm{d}} \tag{4.34}$$

控制器控制磁悬浮的刚度，使得

$$k_1 = -k_2 \tag{4.35}$$

式（4.35）会使系统产生无限大刚度。零揉度理论的目标是在台面与地面之间产生一个无限大刚度的连接，台面上的扰动不会传导到地面上。因此，结构没有对外力的揉度，而

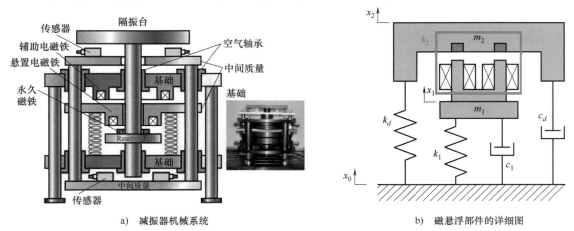

a) 减振器机械系统

b) 磁悬浮部件的详细图

图 4.47　使用磁悬浮来隔离台上荷载的振动

且保证台面的位置是稳定的。

从图 4.48 可以看到，隔振台与中间质量的位移都减少了，可见系统的减振功能还是很好的。

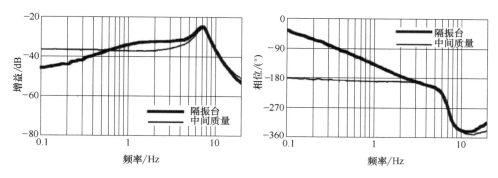

图 4.48　系统的增益与相位

4.4.3　三自由度零揉度减振器

如图 4.49 所示，无限刚度控制由两种控制模式实现：①局部化方法，命令三个执行器单独通过三个单输入单输出（SISO）控制器；②中心化方法（模态控制），给所有的控制器发布命令，使用三通道多输入多输出（MIMO）控制器。在两种控制模式中，隔振系统展示出在三个自由度上衰减机上扰动的能力。但是，结果说明，在低频没有获得地面振动的隔振。

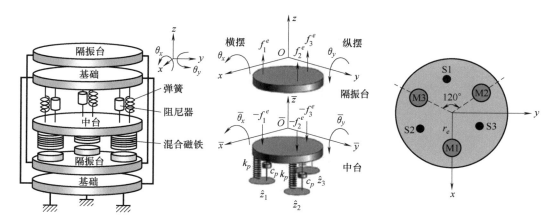

图 4.49　三自由度零揉度减振系统

4.4.4　六自由度零揉度磁执行器

如图 4.50 所示，子系统 1~4 与执行器 a~f 被用于在所有的 6 个自由度上实现零揉度控制。零揉度设计理论的目标是衰减由荷载产生的机上振动，手段是引入一个无限大刚度地面耦合效应，这与将荷载与地面产生的振动隔离的原理是相反的。由负刚度控制产生的刚性连接帮助地面振动传递到荷载而没有任何衰减，甚至放大在共振频率上的振动。

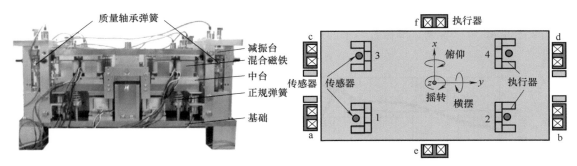

图 4.50　六自由度零揉度减振台照片及其部件

4.4.5　负刚度磁弹簧减振器单元

　　如图 4.51 所示，该单元是由两个薄膜弹簧以及一个负刚度磁弹簧组成的。薄膜弹簧为减振器提供正刚度，而且可以承受静力荷载，同时限制隔振质量在轴向的运动。当位移很小时，薄膜弹簧的刚度可以被认为是常数。负刚度磁弹簧是由两个环型磁铁组成的，该磁铁在轴向磁化。

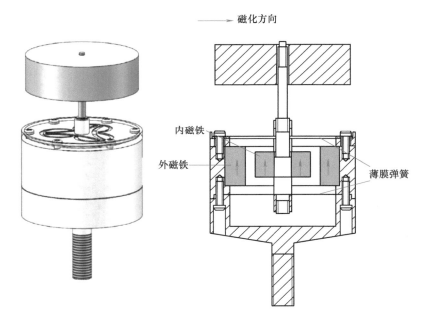

图 4.51　负刚度磁弹簧减振器单元及示意图

　　我们这样设计：在静平衡位置，内磁铁的中心与外磁铁的中心重合。在这个位置上，负刚度磁铁弹簧可以产生很大的负刚度来抵消薄膜弹簧的正刚度，同时产生零电磁力，不会影响薄膜弹簧的荷载承受能力，这就意味着该减振器具有高静刚度低动刚度的特性。

　　负刚度磁弹簧单元的磁铁外形及几何尺寸由图 4.52a、图 4.52b 表示。图 4.52c、图 4.52d 分别为磁力与位移曲线以及磁刚度与位移曲线。我们可以看到，该磁弹簧具有负刚度，同时具有磁力。图 4.52e 是系统的传递率。我们可以看到，加上负刚度磁弹簧后，减振的性能大幅提升，同时固有频率也大幅降低。

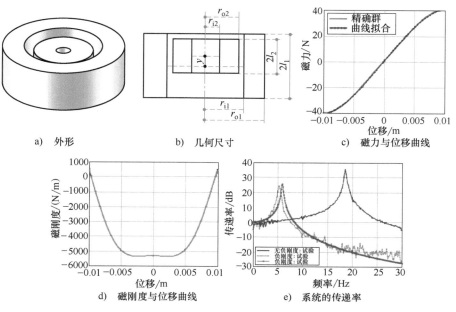

a) 外形　　　　b) 几何尺寸　　　　c) 磁力与位移曲线

d) 磁刚度与位移曲线　　　　e) 系统的传递率

图4.52　磁弹簧结构及其特性

4.4.6　六自由度磁悬浮准零刚度减振器

如图4.53所示，该系统由4个直径相同的柱形磁铁组成。磁铁1与磁铁4固定在面上，磁铁2与磁铁3通过一根杆连在一起，两个磁铁悬浮在空中。磁铁1与磁铁2有同样的磁极，因此互相吸引，磁铁3与磁铁4有相反的磁极，因此互相排斥。磁铁3与磁铁4用连杆连在一起形成悬浮体，它可以在空间内的6个自由度上运动，而且与外部振动相隔离。磁铁直径为50.8mm，磁铁厚度为25.4mm，磁化强度为1.48T，磁铁类型为镀镍稀土磁铁。

$$\alpha = \arctan\left(\frac{y - y_2}{z_2 - z}\right)$$

$$\beta = \arctan\left(\frac{x_2 - x}{z_2 - z}\right)$$

$$\gamma = \arctan\left(\frac{x_2 - x}{y_2 - y}\right)$$

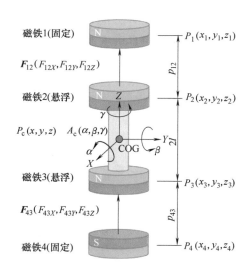

图4.53　六自由度磁悬浮准零刚度减振器的受力分析图

在图4.54b中，位移曲线的正切是电磁浮力在垂直方向的刚度。在名义运行位置上，悬浮的质量中心在两个固定磁铁的中心上，悬浮的刚度是零。对于一个在与名义运行位置距离很小的区域内的位移（与一般试验室地板振动相比较），悬浮的刚度保持接近于零。因此，在垂直方向上，悬浮在名义运行位置附近有准零刚度。

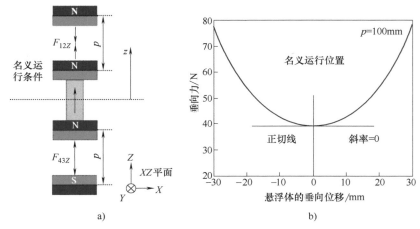

图 4.54　磁悬浮体的位移与力曲线图

　　垂直力设计为平衡荷载的质量，而且不是支撑结构的弹性变形的结果。荷载支撑力的大小是通过改变上下磁铁对之间的分离距离来调整的，因此，支撑力与荷载质量相匹配。因此，该磁悬浮能够提供准零浮动刚度，同时还会产生一个被动的磁力来支撑荷载的静力质量。

　　该结构不仅在 Z 方向，而且在 X、Y 方向都实现了准零刚度。可以证明，在名义运行条件下，在 3 个旋转自由度上也是准零刚度的。

　　为了验证这些磁悬浮减振理论，朱陶博士在导师 Cazzolato 以及 Robertson 教授指导下设计制造了一台六自由度磁悬浮减振器，如图 4.55 所示。

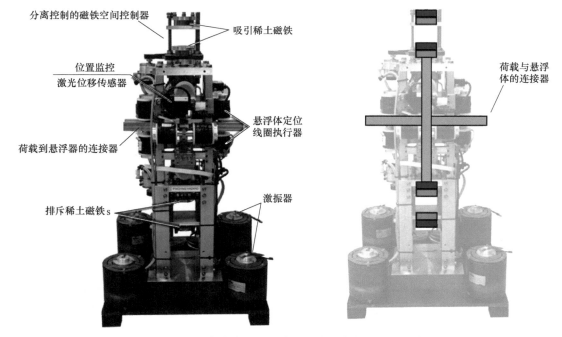

图 4.55　六自由度磁悬浮减振器的部件与磁悬浮系统

减振器的荷载能力通过改变永久磁铁之间的分离距离进行调整。为了控制磁铁之间的分离距离，两个磁铁位置控制单元由直流伺服电动机驱动，安装在减振器框架的上面与下面，如图4.56所示。通过伺服电动机的驱动带动螺杆旋转线性驱动磁铁运动，从而实现磁铁的位置调整。

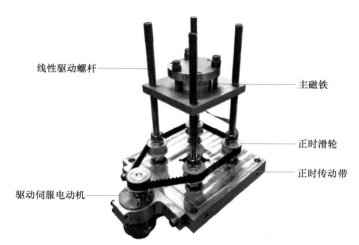

图4.56　磁铁位置控制单元详细图

该原型机使用了12个线圈，6个激光传感器在6个自由度的空间里监控并控制磁悬浮体的位置。为了方便读者理解机械与电气设计，原型机参数见表4.1。

表4.1　六自由度磁悬浮准零刚度减振器原型机参数

部件	描述
框架材料	铝:6061-T6
质量	框架:19.6kg 悬浮体:6.4kg
悬浮体的惯性矩	JXX = 0.0853kg · m² JYY = 0.851kg · m² JZZ = 0.0186kg · m²
尺寸	长度:230mm 宽度:230mm 高度:1020mm
主要磁铁1~4	直径:50.8mm;厚度:25.4mm;级别:N52;磁化强度:1.48T
执行器磁铁	直径:19.05mm;厚度:76.2mm;级别:N52;磁化强度:1.48T
最大允许振动	平动:±3mm,旋转:±0.85°
激光传感器	ACUITY AR200;范围:21±6mm;清晰度:3μm;输出(模拟):±10V;最大采样频率:125Hz
线圈(执行器)	圈数:1000;直径:0.84mm;电阻:3.7Ω;电感:95mH;敏感度:3.04N/A
磁铁定位电机	MAXON EC45;功率:50W;控制器:EPOS242/5

被动磁悬浮是固有不稳定性的，因此，磁悬浮系统需要一个主动稳定系统才能正常运行。磁悬浮系统的稳定系统由一个六自由度的激光位置监控系统以及一个六自由度的执行系统组成。

图4.57a所示为六自由度激光定位监控系统，图4.57b所示为控制磁悬浮体在 XZ 平面

运动的 4 线圈装配图，图 4.57c 所示为完全六自由度的磁悬体的运动控制装配图。

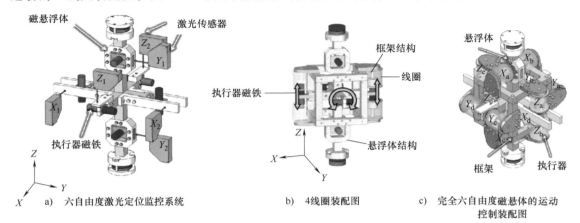

a)　六自由度激光定位监控系统　　　　b)　4 线圈装配图　　　　c)　完全六自由度磁体的运动
控制装配图

图 4.57　激光定位监控系统与运动控制单元装配图

磁悬浮减振器的系统控制策略如图 4.58 所示。

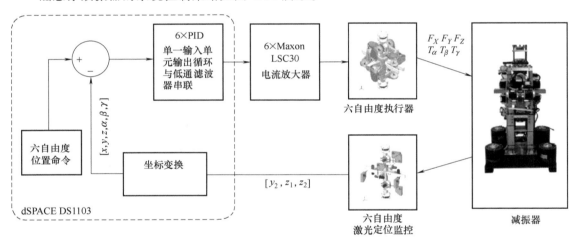

图 4.58　六自由度磁悬浮准零刚度减振器系统控制策略

由图 4.59 可以看到，这种减振器呈现出低频减振效果，平动位移的共振频率都在个位数频率上，旋转共振频率值也不到 10Hz，具有良好的减振效果。

4.5　主动式负刚度减振器的结构

根据振动扰动的频率特征，振动可以分为单调型或宽带型，对这两种振动类型的控制一般要使用不同的主动控制方法。

4.5.1　单调型

单调型振动的频率特点是离散的功率谱密度集中分布在多个频率点上，例如旋转机械的周期性输入。

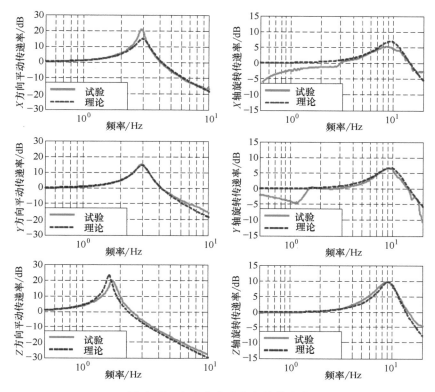

图 4.59　六个自由度方向的传递率

对于这种振动特性，可以采用前馈控制技术。这些技术涉及从测量的振动信号上获得一个误差准则，使用这个准则来产生一个比例信号，来控制执行器，产生一个与振动信号相位相反、振幅相同的反振动信号。通过调整这个比例控制信号的频率与振幅，主动振动控制系统能够使得剩余振动最小化。但是对于那些很小的误差信号，控制器的增益必须很大，才能使得主动振动控制更有效。这会导致控制系统的不稳定性，因为控制器硬件的动力学特性。因此，前馈系统被优先选为单调振动控制技术是因为这种技术本身是固有稳定性的。

4.5.2　宽带扰动的主动控制

用于宽带激励的主动振动控制比单调扰动更复杂，这是因为单调振动控制需要的参考信号可以根据周边环境或机器本身运行的知识进行预测，而对于宽带激励主动控制使用的参考信号不能够被预测，而且必须实时使用各种传感器测量才能获得。测量与执行系统的动力学特性可以极大地限制主动振动控制的有效性。

主动振动控制方法的选择以及每一种方法的性能都极大地取决于反馈信号是否是在相对参考系或是在惯性参考系中测量的。相对参考系测量通常是指那些在比较目标状态（加速度、速度、位移）与一个固定点的比较。例如，激光位移传感器测量一个物体的距离，通过目标与传感器本身之间的分离距离的计算。惯性参考系（也称为绝对测量）是量化在惯性空间的目标状态，而且不是相对于任何已知的空间点的相对值。例如，加速度传感器以及地震检波器（geophone）分别测量一个物体的绝对加速度与速度。通常，主动振动控制技术可以有效地产生一个控制目标与车辆参考的反馈信号之间的虚拟连接。

如图 4.60 所示，如果机器状态是相对于地面测量的，即对于地面振动的隔离，那么主动振动控制系统的目标将是减弱机器与地面的联系，使机器对于地面运动是不敏感的。但是，如果机器状态是通过惯性参考系获得的，主动控制系统应该需要加强机器与惯性参考系的联系，因为惯性参考系被认为是绝对静止的，而且通过加强机器与惯性参考系的连接，使它对地面运动不是很敏感。

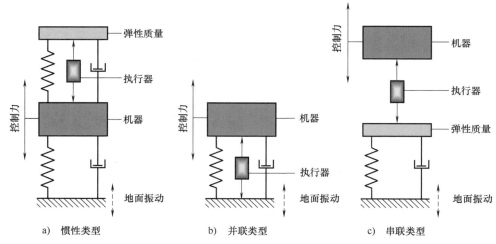

a) 惯性类型　　　　　　b) 并联类型　　　　　　c) 串联类型

图 4.60　主动控制系统的一般分类

反馈振动控制：为执行系统发出的命令，信号通常定义为在每一个频率上的振动信号与控制器算法的传递函数的乘积。

位移反馈：是一种改变系统静力或动力刚度的方法。执行力通常与物体的位移有直接的关系，因此，控制算法必须被设计成可以实现设计的系统刚度行为，以致于系统频率响应是可控制的。

另一种方法是让主动振动控制系统的目标是减少系统的固有频率到最小可能的值，一般的减振系统都有有限的刚度，减少系统固有频率的方法是可以实现的，那就是引入一个振动控制机构，该机构产生一个负刚度，来减少支撑结构的刚度。

进一步减少刚度会导致负的总刚度，会引起系统的不稳定性，因此，位移反馈方法不适合于准零刚度隔振器设计。

加速度反馈：是一种改变系统频率响应的方法。它改变被控制物体的等价动质量，因为命令执行力是与该物体的加速度幅值直接相关的。在实际应用中，因为有控制器稳定问题，实现直接加速度反馈控制是有困难的。这是由来自名义系统电子在高通与低通滤波器（例如传感器、执行器、放大器等）引起的信号相位的扭曲，在反馈到控制算法之前加速度反馈的动力阶次被改变。

速度反馈：速度反馈控制长期被认为是一种简单的、稳健的主动振动控制方法。当传感器与执行器可以在一起的时候，允许更大的控制增益，幅值振动水平（在共振时的系统响应）可以被极大地减少，因此，速度反馈策略是无条件稳定的。但要小心地设计控制器，确保执行器与速度传感器的动力学不会导致系统的不稳定。

4.6 适应性可调制振动阻尼器

4.6.1 可调刚度梁型减振器

最早期的可调刚度机构如图 4.61 所示，这种减振器可以通过调整两个梁之间的距离（如箭头所示）达到调整机构刚度的目的。

4.6.2 可调梁曲率的减振器

如图 4.62 所示，这种减振器的刚度单元由两个相同的曲线梁组成，通过调整每一个梁的曲率可以改变梁的刚度。这样的调整相对比较容易实现，因为梁的两端是铰接的，可以在垂直方向自由运动。

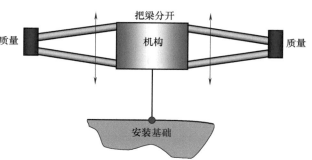

图 4.61 可调刚度梁型减振器

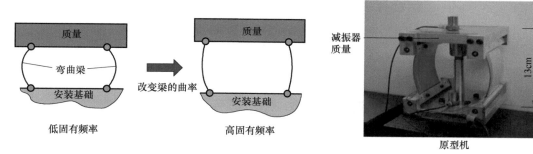

图 4.62 可调梁曲率的减振器原理及原型机

4.6.3 形状变化减振器

当质量在垂直方向运动时，悬臂梁横向弯曲，该质量的微小垂直运动的有效刚度为

$$\frac{k_{有效}}{k} \approx 2\left[\frac{1}{(b/L)^2} - 1\right] \qquad (4.36)$$

因此，使用合适的机构，调整距离 b，有效刚度以及系统的固有频率就会变化，变化结果展现在图 4.63c 中。

4.6.4 形状记忆合金型减振器

如图 4.64 所示，这种装置由两个记忆合金金属线组成。这种结构连到基座的中心。当记忆合金金属处于马氏体状态时，它的刚度就低，当它处于奥氏体状态时，它的刚度就高。从一个状态转移到另一个状态需要一个温度的变化，而温度的变化是通过在金属线中通入电流加热来实现的。

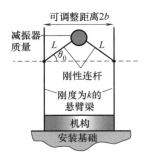

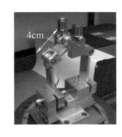

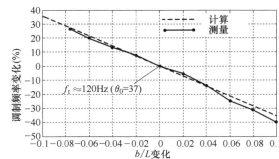

a) 自适应可调整减振器原理　　　　b) 原型机照片　　　c) 自适应可调整减振器的频率调制持性

图 4.63　自适应可调整减振器原理、原型机与调制特性

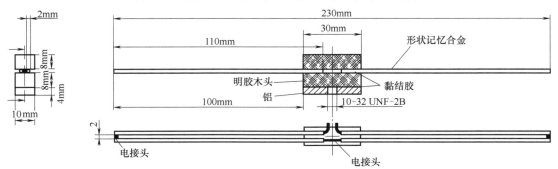

a) 形状记忆合金型减振器原理

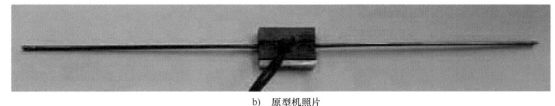

b) 原型机照片

图 4.64　形状记忆合金型减振器原理及原型机

当电流产生的热量升高使得形状记忆金属进入马氏体状态时，固有频率为 72Hz，当热量减少使得形状记忆金属进入奥氏体状态时，固有频率为 88Hz，如图 4.65 所示。

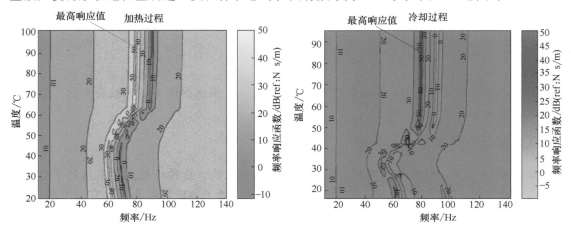

图 4.65　形状记忆合金型减振器温度调制特性

4.6.5　可调制流体填装梁减振器

如图 4.66 所示，梁中间充满了磁流变液体，使用永久性磁铁来改变应用到流体的磁场。

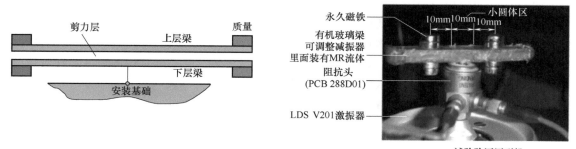

图 4.66　可调制刚度的流体填装梁减振器

比较图 4.67b 与图 4.67d，可见该减振器的减振效果是非常好的。

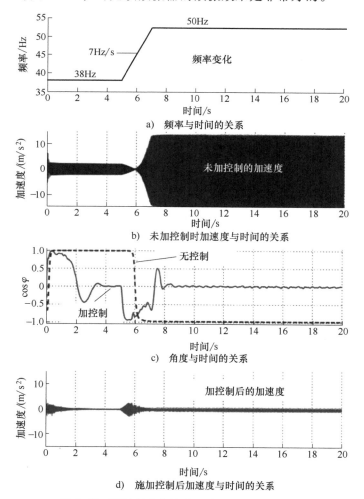

a)　频率与时间的关系

b)　未加控制时加速度与时间的关系

c)　角度与时间的关系

d)　施加控制后加速度与时间的关系

图 4.67　可调制流体填装梁减振器的试验结果

4.7　零刚度重力补偿与平衡技术

在许多工程应用中都需要减少或消除在一个特定的系统中的重力影响。例如，汽车装配线上的发动机的自重，工作场所中的工具盒的自重，机器人的手臂的自重，甚至在医疗中的人体或人体部分的自重。在许多场合，一个物体需要在 6 个自由度方向运动，在光刻机中，6 个自由度的定位站的驱动由于该站的刚度而产生大量的热，会影响定位的精度。针对这些问题，需要将刚度补偿机制引入柔性装置，使得他们处于静力平衡状态，整个系统的刚度接近零刚度，系统的总势能在装置的每一个位置上都是常数。

4.7.1　被动式低重力模拟器

在人类的宇宙探索任务中，宇航员需要完成工作舱内活动以及空间行走任务。这样的活动或是在微重力环境的空间站内，或在低重力环境的月球或火星上。在实际进行空间站或空间行走任务之前，宇航员需要在地球上进行高强度训练，这些高强度训练必须在微重力甚至零重力的环境下进行。这样我们就需要在地球上模拟这种低重力环境。美国辛辛那提大学的中国学者马教授开发了一款被动式低重力模拟器。马教授早年就读于中国浙江大学机械系，后来去加拿大留学，学成后在多个国家的航天研究所工作过，最后在美国辛辛那提大学获得终身教职，在航天科学领域造诣匪浅。

如图 4.68 所示，该模拟器有两个平行四边形机构，一个人体躯干支撑平台，一个人体捆束组件，两个腿外骨架装置。该系统有代表关节角度的 12 个自由度：θ_1，θ_2，$\cdots$，θ_{12}。两个平行四边形加上一个人体躯干支撑平台构成 6 个关节的结构。这个机构提供对于人体躯干的一个 5 自由度的支撑，允许躯干自由地在三个平动轴，两个旋转轴上运动，仅仅限制躯干在水平轴方向上的旋转。人腿有 7 个自由度，其中臀部关节有 3 个自由度，膝关节有 1 个自由度，踝关节有 3 个自由度。腿外骨架装置一端在踝关节上，因此它不限制踝关节的任何运动，这就意味着腿外骨架装置只是限制人腿 7 个自然自由度之中的一个，也就是臀部在径向的平面外的转动。

该模拟器使用 7 个弹簧来补偿机构以及人体的重力，这 7 个弹簧的布置如图 4.68 所示。这些弹簧的刚度分别为 k_1，k_2，$\cdots$，k_7。头两个弹簧连接在平行四边形上，第三个连在躯干支撑平台上，第四、第五个连在一侧的腿外骨架装置上，最后两个连在另一侧的腿外骨架装置上，基本上左右腿是同样的，所以有 $k_6 = k_4$，$k_7 = k_5$。假定所有的重力都被补偿，条件就是总的势能满足式（4.37）。

$$V_{\text{Total}} = V_{\text{MG}} + V_{\text{BG}} + V_{\text{S}} = 常数 \tag{4.37}$$

式中，V_{MG} 为装置的势能；V_{BG} 为人体的势能；V_{S} 为弹簧的势能。

如果是一部分重力被补偿，即微重力环境，或低重力环境，重力补偿条件是

$$V_{\text{MG}} + \rho V_{\text{BG}} + V_{\text{S}} = 常数 \tag{4.38}$$

式中，ρ 为被补偿的重力与人体上的原始重力之比。ρ 是一个人体的势能因子，因为仅仅是人体需要减少重力，而机构的重力必须在所有时间内都被补偿，人体不需要承担人和机构的重力。

式（4.37）可以写为

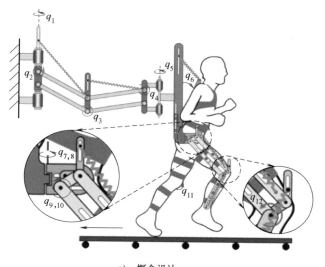

a)　概念设计

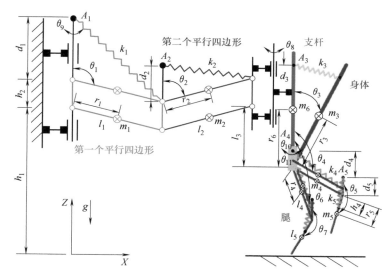

b)　运动学模型

图4.68　被动式低重力模拟器

$$V_{\mathrm{Total}} = V_{\mathrm{MG}} + \rho V_{\mathrm{BG}} + V_{\mathrm{S}} = C_0 + \sum_{i=1}^{7} C_i \cos\theta_i \tag{4.39}$$

其中：

$$C_0 = (2h_1 + h_2)(m_1 + m_2)g + (h_1 - h_3)(M_{\mathrm{m}} + \rho M_{\mathrm{B}})g + r_6 m_6 g + 2h_5 m_4 g + \frac{1}{2}k_3(d_3^2 + h_3^2) +$$

$$k_5(d_5^2 + h_4^2) + k_4(d_5^2 + l_4^2) + \frac{1}{2}\sum_{i=1}^{2} k_i(d_i^2 + l_i^2)$$

$$C_1 = 2m_1 r_1 g + l_1(2m_2 g + M_{\mathrm{m}}g + \rho M_{\mathrm{B}}g - k_1 d_1)$$

$$C_2 = 2m_2 r_2 g + l_2(M_{\mathrm{m}}g + \rho M_{\mathrm{B}}g - k_2 d_2)$$

$$C_3 = \rho m_3 r_3 g - k_3 d_3 h_3$$
$$C_4 = (2m_4 + \rho m_{ul}) r_4 g + (m_5 + \rho m_{ll}) l_4 g - k_4 d_4 l_4$$
$$C_5 = (m_5 + \rho m_{ll}) r_5 g - k_5 d_5 h_4$$
$$C_6 = C_4, \quad C_7 = C_5$$
$$M_M = 4m_4 + 2m_5 + m_6, \quad M_B = m_3 + 2m_{ul} + 2m_{ll}$$

m_{ul}, m_{ll} 分别代表腿的上、下部分的质量。

要想保证总势能在所有的结构形式中为常数的唯一条件就是

$$C_i = 0, \quad i = 0, 1, 2, \cdots, 7 \tag{4.40}$$

根据这些条件，我们可以计算一组弹簧的刚度值：k_1，k_2，$\cdots$，k_7。使用这 7 个弹簧刚度做出的系统将保持整个系统的势能为一个常数，而且独立于系统的结构变量，即作用在人体上的重力将被补偿为由 ρ 定义的重力水平。

在实际设计调试中，上述方法中求出的弹簧刚度系数值只适合于特定体重的人，体重不同时需要重新计算，即要换一组新的弹簧。为了解决这个问题，我们可以选择固定的弹簧刚度，但我们可以调节弹簧的安装点，就是对不同的人选择不同的 $d_i (i = 1, 2, \cdots, 7)$，也就是说调节图 4.68b 中的点 $A_i (i = 1, 2, \cdots, 7)$，调整的方法如下：

$$d_1 = \frac{2m_1 r_1 + l_1 (2m_2 + M_m + \rho M_B)}{l_1 k_1} g \tag{4.41}$$

$$d_2 = \frac{2m_2 r_2 + l_2 (M_m + \rho M_B)}{l_2 k_2} \tag{4.42}$$

$$d_3 = \frac{\rho m_3 r_3}{l_2 k_2} g \tag{4.43}$$

$$d_4 = d_6 = \frac{(2m_4 + \rho m_{ul}) + (m_5 + \rho m_{ll}) l_4}{l_4 k_4} g \tag{4.44}$$

$$d_5 = d_7 = \frac{(m_5 + \rho m_{ll}) r_5}{h_4 k_5} g \tag{4.45}$$

当 $\rho = 0$ 时，人体承受的重力等价于地球的重力（$1g$），$\rho = 2/3$ 时，等价于火星的重力（$0.38g$），$\rho = 5/6$ 时，等价于月亮的重力（$0.17g$）。这些装置就可以在地面上训练宇航员在不同的重力场（或星球）中的动作。

4.7.2 人体工学手臂中性支撑系统

人体工学是对人与使用的机器或工具之间的关系的物理与生理学的研究。人体工学装置是设计用来反映人体结构与功能，加强与支持一个人舒服地操作机器的动作与能力，以便减少由重复动作或累积创伤而引起的肌肉骨骼疲劳或受伤。

手、手腕、胳膊与肩膀的肌肉骨骼疾病是由连续的、重复的手、手腕、手臂与肩膀运动，不舒服的姿势、用力，或这些因素的组合所起的。在现代工作环境中，很多人都要花大量时间在计算机终端上工作，他们的前臂放在键盘前，手一直敲着键盘或使用着鼠标。装配线上的工人将他们的前臂伸展到装配部件处，用他们的手指装配很小的部件，许多工作环境会导致严重的，有时是永久性的损伤。一个动力人体工学手臂支撑装置可以帮助工作人员在这些工作环境或其他工作环境中减少这些慢性伤害。

如图 4.69 所示，这种装置是采用安装在座椅每一侧上的一个平行四边形结构，支撑坐姿或站姿的工作人员的手臂。由于在平行四边形与固定结构之间的弹簧结构可以为前臂提供平衡力，因此，人体就会保持在一个中性的位置上，前臂只需要相对比较低的肌肉力，以及在上臂与肩膀上只需要最小应力就可以保持手臂的工作状态，并且手可以自由地在键盘上打字或移动鼠标，或做其他事情。这样就可以避免或减少长期保持一种姿势，重复做一件事情而在手臂与手上所产生的疲劳或损伤。这种矫形器的类型比较多，设计上也有许多种类，限于篇幅与本书的内容，仅仅介绍一些以弹簧为基础的矫形器，供大家参考。

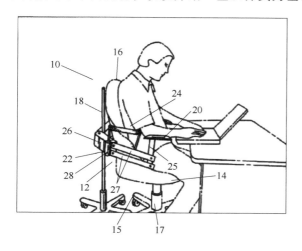
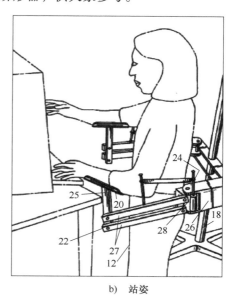

a) 坐姿　　　　　　　　　　　　　b) 站姿

图 4.69　人体工学手臂支撑系统

手臂人体工学支撑系统的设计目标：①支撑手臂，平衡手臂的自身重力；②支撑系统必须保证手臂就像没有支撑系统那样可以在大范围内自由地运动；③可以非常方便地进行调整以便适合不同身高与臂长的人。支撑系统包括一个与手臂外形同型的手臂歇（图 4.69 中的 20），一个能够将向上的、可以平衡手臂重力的力的力传递机构（图 4.69 中的 22），提供向上的平衡手臂重力的力产生机构（图 4.69 中的 24）。这个力产生机构是一个弹簧或其他拉伸动力单元，该弹簧可以进行调节以便增加或减少重力平衡力，以便适合不同的人体特征。

4.7.3　手持录像稳定系统

当人们在用手持录像机或照相机录像与照相的时候，非常重要的是要尽可能地保持录像机或照相机在一个稳定的状态，以便获得高质量的摄影效果。这种稳定性通常是将录像与照相设备放到一个三脚架上，或其他静力稳定支撑结构上，以便消除录像照相设备在录像与照相时的任何不需要的微小运动。拍电影的时候，摄像机安装在固定的轨道上，根据剧情沿着事先设定的路径运动。当有必要或需要使用手持录像设备时，摄影师的行走或跑步会导致不稳定性的增加，特别是当全方位（左右/上下）的移动及镜头变倍、变焦、追拍以及快速变角度拍摄时，这些动作使手持拍摄设备很难控制，因此通常很难获得高质量的拍摄画面。为了克服这些问题，需要开发手持式摄影设备的稳定装置。

这种稳定性装置的设计要求是：①内在的稳定性，即阻止所有沿着三个可能的轴的快速角度运动的趋势；②完美浮动与隔振，就是将摄影师从支撑摄影设备必须使用的力量中释放出来，保留控制摄影设备所要求的精细控制触感的细腻性；③增加最小的质量，即消除增加平衡质量的需要。

如图4.70所示，Brown与DiGuilio发明了一个支撑装置的专利。该支撑装置共有5个部分：支撑背心，前臂，上臂，前臂与上臂之间的可旋转、可支撑的连接，可以安装摄影设备的前臂的上端。有两个平行四边形（图4.70中的4、12），下平行四边形（图4.70中的2）的一端连在支撑背心支架（图4.70中的6）上，另一端连在中间支架（图4.70中的8）上。上平行四边形的两端分别连在中间支架（图4.70中的14）与摄影器材支撑支架（图4.70中的16）上。在摄影器材支撑支架上有一个销子（图4.70中的17）用来安装摄像器材。拉伸弹簧（图4.70中的24）一端与上臂四边形连接，另一端与拉伸弹簧（图4.70中的26）通过一段缠绕在滑轮（图4.70中的30）上的缆绳（图4.70中的28）相连接。拉伸弹簧（图4.70中的26）的另一端通过一段缠绕在滑轮（图4.70中的36）上的缆绳连接到拉伸弹簧（图4.70中的32）上，而滑轮（图4.70中的36）则以旋转方式连接到上四边形上，拉伸弹簧（图4.70中的32）的另一端则连接到下四边形的支架（图4.70中的6）上。拉伸弹簧（图4.70中的38）一端连在支架（图4.70中的16）上，另一端则通过一个缠绕在滑轮（图4.70中的44）上的缆绳（图4.70中的42）连接在拉伸弹簧（图4.70中的40）上，拉伸弹簧（图4.70中的40）另一端通过缠绕在滑轮（图4.70中的50）上的缆绳（图4.70中的48）连接在拉伸弹簧（图4.70中的46）上。拉伸弹簧（图4.70中的46）的另一端连接在前臂四边形（图4.70中的12）的中间支架（图4.70中的14）上。

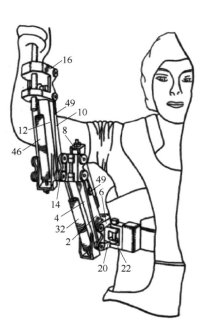

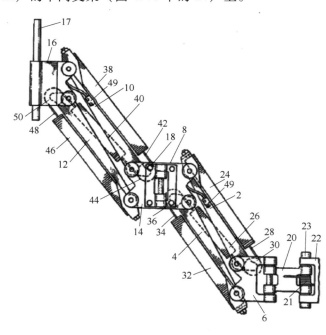

a) 稳定装置的安装方式　　　　　　　　　　b) 稳定装置的设计图

图 4.70　手持摄影设备稳定装置

在这种装置中，支撑支架（图4.70中的16）上的录像设备的行为就像在自由空间中没有重力的物体一样，因为在该装置中的弹簧（图4.70中的24、26、32、38、40、46）提供了抵消该装置以及摄影器材的重力的向上的力。另外，两个平行四边形（图4.70中的4、12）对摄影师上臂的动作在三维几何方向（高、低、左、右、前、后）上进行相应的支持。

4.7.4　手臂重力平衡矫形器

矫形器是一种用于存在物理损伤或残疾的身体部分的医疗装置。矫形器是一种由整形外科器具、支架、夹板、双脚规形夹以及支撑等部件组成的装置，是一种帮助或扩大一个人的活动能力的支持装置。患有神经肌肉异常的病人由于近端肌肉的弱化可能会失去把胳膊放到一个空间的能力，但对他的远端肌肉影响比较小，感觉功能正常。矫形器的目标就是为具有神经肌肉异常的病人提供一种"漂浮"的感觉，帮助病人运动他的手臂。该装置会完全抵消整个胳膊（手、上臂、下臂）在所有三维动作中的每一个位置的重力，以便使病人以最小的力量移动或挥舞手臂。

Bouhuijs等申请了一个美国矫形器专利。如图4.71所示，该专利的理论与结构与马教授的重力补偿器相同，采用平行四边形结构，弹簧为提供补偿重力的基本元件。因此，马教授关于重力补偿的基础理论、计算及其设计思想完全可以用到这个专利的设计上。

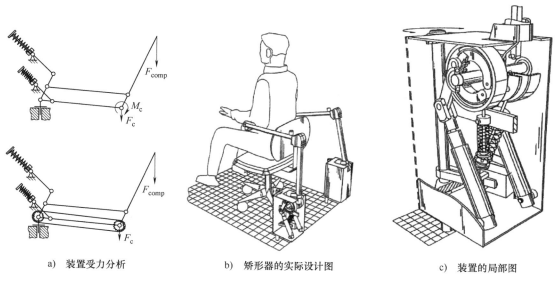

a) 装置受力分析　　　　　b) 矫形器的实际设计图　　　　　c) 装置的局部图

图4.71　手臂重力平衡矫形器专利

4.7.5　人腿重力平衡矫形器

人腿矫形器的原理也是通过平行四边形与弹簧结构为基础，对腿与装置的重力进行补偿，使有腿疾的病人在行走时不需要克服腿自身的重力而轻松地行走。

Agrawal与伊朗的Fattah教授提出了一种人腿矫形器的理论与设计方法。矫形器的受力简图如图4.72a所示。

人腿矫形器用带系在腰上，运动部分捆在腿的上下两部分。

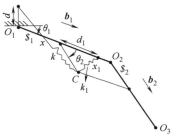

a) 两个自由度的模型受力分析图　　b) 安装在腿上的矫形器　　c) 矫形器原型机

d) 安装在背包上的矫形器　　e) 固定的一个框架的矫形器

图 4.72　人腿矫形器

　　根据图 4.72a 的模型，考虑在矢状面上的两个自由度的运动，假定脚的质量为点质量，集中在踝关节上，人腿的尺寸大小与惯性可以通过调整平行四边形的边来适应它们的变化。两个线性弹簧连接在质量中心与两个矫形器的两个连接之间。弹簧的参数与位置选取方式如下：系统的整个势能在整个构架中为常数，弹簧的位置可以调整以便适应不同的腿长与弹性参数。

　　人腿矫形器质量中心的位置为

$$r_{O_1C} = \$_1 \boldsymbol{b}_1 + \$_2 \boldsymbol{b}_2 \tag{4.46}$$

式中，$\$_1 = \dfrac{1}{M}\left(\sum_{k i+1}^{n} m_k l_k + m_i l_{*i}\right)$，$i = 1, \cdots, n$，$M = \sum_{i=1}^{n} m_i$；$\boldsymbol{b}_1$，$\boldsymbol{b}_2$ 分别是沿着腿的两部分的单位矢量。

　　此外，$l_i = O_i O_{i+1}$ 是两个腿部分的长度，$i = 1, 2$；M 是系统的总质量；$n = 2$ 是连接的个数；l_{*i} 是连接 i 的质量中心到连接点 O_i 的长度。连接点 O_1 与 O_2 的位置在臀部与膝部。

　　系统的总势能为

$$V = V_s + V_g = \frac{1}{2}kx^2 + \frac{1}{2}k_1 x_1^2 - Mg(\$_1 \sin\theta_1 + \$_2 \sin\theta_2) \tag{4.47}$$

式中，$x^2 = (d + \$_1 \sin\theta_1 + \$_2 \sin\theta_2)^2 + (\$_1 \cos\theta_1 + \$_2 \cos\theta_2)^2$；$x_1^2 = \$_2^2 + d_1^2 - 2\$_2 d_1 \cos\theta_2$。

　　最终总势能的形式为

$$V = \frac{1}{2}k(d^2 + \$_1^2 + \$_2^2) + \frac{1}{2}k_1(d_1^2 + \$_2^2) + (kd\$_1 - Mg\$_1)s_1 +$$
$$(kd\$_2 - Mg\$_2)s_2 + (k\$_1\$_2 - d_1 k_1 \$_2)\cos\theta_2 \tag{4.48}$$

重力静平衡的条件是令三角函数的系数为 0，即 $k = \dfrac{Mg}{d}$，$k_1 = \dfrac{Mg\$_1}{dd_1}$。

以下列参数设置为例，假定 $l_1 = 0.4322\text{m}$，$m_1 = m_{\text{thigh}} = 7.39\text{kg}$，$l_2 = 0.4210\text{m}$，$m_{\text{shank}} = 3.11\text{kg}$，$m_{\text{foot}} = 0.97\text{kg}$，$l_{*1} = 0.44l_1\text{m}$，$l_{*2} = 0.44l_2\text{m}$，$m_2 = m_{\text{shank}} + m_{\text{foot}} = 4.08\text{kg}$，$M = m_1 + m_2 = 11.47\text{kg}$

我们可以得出弹簧系数的计算公式：

$$k = \left(\frac{112.52}{d}\right)\text{N/m}, \quad k_1 = \left(\frac{30.155}{dd_1}\right)\text{N/m} \tag{4.49}$$

这种设计方法是通过系统的物理与几何参数计算出弹簧的刚度系数，但在实际生产中或市场推广中很不方便，因为每个人的腿的尺寸、质量与质心都是不一样的，那么对每位用户都要进行弹簧调试，这几乎是不可能的。我们还是推荐马欧教授的设计理念，即弹簧保持不变，但我们可以调整弹簧的连接点，这样产品就适合大规模生产，同时方便现场调试。

4.8 减振器在飞机中的应用

飞机的噪声源主要为外机身气流、空调及附件、发动机旋转的不平衡产生基础谐波以及高阶谐波的单频噪声。图 4.73 所示为典型的乘员舱内噪声频率谱，频率谱凸显发动机振动的单频噪声特性。

4.8.1 硬装结构

如图 4.74 所示，硬装接附结构是发动机与机身的硬连接结构。这种硬装结构并不具有无限刚度，因此它还是有一点减少振动的效果。它的特点是可以承受静力荷载，而且寿命与飞机的寿命是一样的，但不能减振。可以将其设计得软一些，但其非常难以改变刚度，几乎没有阻尼。

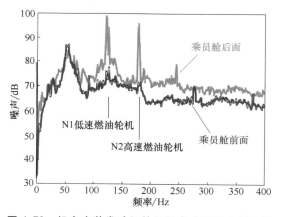

图 4.73 机身安装发动机的机舱内典型噪声频率谱

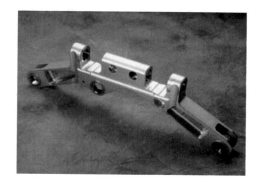

图 4.74 硬装接附结构

4.8.2 软装结构

如图 4.75 所示，这种发动机与机身的连接是通过橡胶-金属结构实现的。这种软性连接的好处是可以隔振，比金属弹簧更有效；有很长的应用历史，与其他结构比较，成本最低；可承载不同方向的荷载（可以承载压力与剪力）；更容易提供变弹簧刚度；提供与高频噪声衰减的阻抗适配。有很大的动/静弹簧刚度比。

a)　橡胶－金属减振结构

b)　橡胶－金属减振结构接附系统

图 4.75　橡胶-金属结构及其接附系统

4.8.3　金属丝网悬置

如图 4.76 所示，金属丝网悬置（wire-mesh）系统是一种被动减振装置。它由卷曲的、成型的、压缩的不锈钢丝组成。其优点是提供弹簧与阻尼，可以很好地隔振；可以适应非常广泛的温度范围，不受任何发动机油液的影响。其缺点是会产生相对高的动力与静力弹簧比，有相对高的永久变形，且通常是单一方向的。这种设计可以提供最大达 15000 飞行小时的寿命。

4.8.4　流体弹性悬置

流体弹性悬置可以实现在一个具体的频率上提供传统弹性减振器的刚度的 25% 的动力刚度，通过使用一个流体质量来达到，就像调制质量减振器一样。

流体质量被设计成对发动机动力运动的响应，当发动机加载时引起小的内部选择压力差，它帮助悬置更容易运动，在结构中减少的力也减少了

图 4.76　金属丝网悬置及其接附系统

发动机传递到驾驶室中的噪声。图 4.77 所示为两种不同飞行目的的流体弹性悬置。

4.8.5　主动减振控制

主动减振控制对执行器（图 4.78）发出指令，执行器将来自加速度仪或传声器的振动与噪声信号最小化。这些执行器产生与动不平衡力大小相同但方向相反的力，来抵消发动机的振动。

这些主动减振控制器的缺点是需要提供动力和控制系统。因此，相对于被动减振系统而

a) 商业喷气机的流体弹性悬置　　　　　b) 区域喷气机的流体弹性悬置

图 4.77　流体弹性悬置的实物照片

言质量较大。同时，该系统受制于软件的控制，如果失效会造成严重后果。

4.8.6　可调制减振器

可调制减振器是一种被动式减振器，如图 4.79 所示。

图 4.78　主动减振执行器　　　　　图 4.79　弹性可调制减振器

可调制减振器构造相对简单，就是一个在弹簧系统中的质量，各种几何参数与材料特性的选择可以改变系统减振能力的频率特性，可以达到最高至 600Hz 的广谱减振能力。它可以被调制到一个特定的频率，扰动频率使该减振器进入共振状态。当该减振器正确地安装到发动机接附结构上时，该减振器可以有效地增加结构的在那个调制的频率上的阻抗。该可调制减振器可以减少 4~6dB 的乘客舱噪声。

4.8.7　主动结构控制

如图 4.80 所示，主动结构控制系统使用电气-机械执行器，将电气-机械执行器接附到结构上，尽可能接近振动源，在振动到达机身之前将其抵消掉。这种技术与振动噪声控制的原理是一样的，差别在于主动结构控制并不是直接安装在振动路径上，而是安装在主要的结构/振动路径上，向系统输入一个力消除不想要的振动。

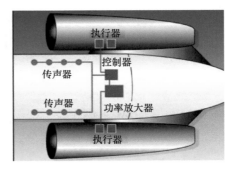

图 4.80   主动结构控制减振器及系统布置图

4.9   减振技术在音视频设备中的应用

4.9.1   音响架与隔振垫

在这个世界上有众多的音乐爱好者，他们沉浸在享受与欣赏他们喜欢的音乐中。直到 20 世纪 90 年代后期，仍很少有人关注音频与视频设备的减振对音频与视频的保真与播放质量的影响。美国 Harmonic Revolution System 的总工程师 Mike Latvis 就是特别关注音频与视频播放质量的少数人之一。他把他的商业飞机、军用飞机以及导弹防御系统的设计经历用于设计开发音响架与隔振垫等一系列音响产品。使用这些隔振系统与不使用这些隔振系统的音响效果的差别是令人震惊的，甚至让人不相信自己的耳朵能够听到如此优美的音乐。你会感到音乐家们就在你的房间里，就在你面前，把音乐的欣赏与享受推到了极致。因此，该类产品深受音乐爱好者的喜欢。日本的 Tiglon、Kryna 等公司也在这方面有所建树。

非常低的底噪（noise floor）是把你的音乐欣赏提高到一个新水平的最关键的因素之一。有些噪声与振动是空气噪声，有些噪声与振动来自你的地板并进入你的播放系统。所有这些音乐视频播放系统的设备部件对噪声与振动都是非常敏感的。这些振动与噪声可以打断、破坏以及掩盖音乐系统所能够表达的错综复杂的细节。例如，真空管系统对振动是非常敏感的，如果你用铅笔擦轻轻地敲打信号路径上的这些真空管之一，你会听到高音调的铃声。为了防止振动与噪声从地板进入你的设备，你需要减振装置将你的音频与视频播放设备与外界扰动完全隔离。隔振技术使用定制的弹性复合材料、具有特殊性能的结构材料，在这些振动能量到达播放设备之前消耗掉它们。对于空气振动，我们需要防止来自空气的振动直接进入播放设备。美国 HRS 公司使用限制层阻尼隔振垫作为播放设备底部的支架，以及在播放设备上面使用限制层阻尼与质量加载板，两者组合防止播放设备与来自喇叭的空气波产生微观振动。

好的音响架可以将音频系统的潜能发挥到极致。音响系统的底噪越低，所能播放出的音乐就越完整、越保真。HRS 的产品主要使用高级限制层阻尼，接地设计。如图 4.81 所示，HRS 的系列产品大致可以分为以下三类。

1）结构噪声的隔振。用于极大地减少任何音频与视频设备中的结构噪声。HRS 的产品具有调整宽频带隔振、窄频带隔振及限制层阻尼或接地设计。该隔振垫可以用于任何表面、结构、现有的家具或任何音频支架，可以极大地减少音频与视频播放设备中的空气振动与结构共振。

2）完整系统解决方案。高性能的音响架使用精确的硬件与内部共振控制系统来优化音响系统的性能。

3）音响隔振垫。使用阻尼板，消除底盘的噪声以及由部件本身产生的噪声。Vortex 系列产品使用刚度更大的金属板以及坯料加工隔振结构，以便获得最大的性能；Nimbus 系列产品采用板金属隔振结构，他们的阻尼板经过特别设计以减少音响顶部的噪声；而 Helix 系列产品用来减少空气与结构振动对于音频或视频部件性能的负面影响。

图 4.81　美国 HRS 公司的音频设备减振系列产品

4.9.2　精密仪器台架的隔振

安装了精密仪器的台架为精确光学试验与系统提供刚性的平台，如图 4.82 所示。这些隔振台架用来消除由在光束路径上的光学部件之间的相对运动引起的误差。刚度是这种台架设计最主要的考虑因素，刚度分为静刚度与动刚度。

台架有来自三个方面的振动影响测量结果的精确性，一是来自台架下的地面振动，可以是人行走产生的噪声，可以是附近车辆运行产生的振动，也可以是风以及建筑物产生的振动；二是声学噪声，是通过空气与墙传过来的声波；三是在工作表面上产生的振动，例如运动的定位系统，或真空系统的管路等产生的振动。

如果台架是完美的刚性体，桌面上两个点的距离就不会改变。即便它承受静力或动力或温度变化，都不会产生尺寸与形状上的变形。因此，一个有效的隔振系统必须考虑振动、静力与温度的影响。动力荷载引起结构变形，不同频率变形会不一样。结构共振会放大安装在桌面上的光学部件之间的相对运动。有两种设计方法可以减少这样的影响：将关键的部件刚性地连接在一个动力刚性的结构上，该结构设计用来消除或提供阻尼结构的共振并使用机械过滤系统或振动消除振动系统隔振；对于静力变形，可以采用构建在外力作用下位移尽可能小的静刚度大的结构抵抗变形与对中失配。非均匀的温度变化会引起结构缓慢的弯曲，减少热效应的关键技术是控制环境，减少温度变化，并且设计结构使其对温度的敏感性尽可能小。

刚度设计如图 4.83 所示，大刚度结构采用蜂窝形核心加上桁架结构，再加上具有大刚

图 4.82　NEWPORT 出品的隔振台架实物图

度的瓦楞结构，沿着垂直方向的蜂窝形核心高度进行黏结，在每一个蜂窝结构上都是三者的交互界面，将这三者沿着整个台架的高度黏结，产生了更大的结构刚度。

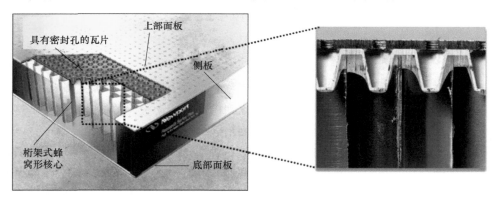

图 4.83　内部蜂窝形核心的详细结构及台架上部结构的截面图

阻尼的设计如图 4.84 所示，有两种阻尼技术，一种是宽带阻尼，一种是调制阻尼。宽带阻尼技术无差别地隔离宽带振动，而调制阻尼技术使用单一模态频率的吸振器消除窄带的共振幅值。调制窄带阻尼器使用油液，或质量-弹簧机构，将其调制到所需的共振频率上来减少该共振频率的幅值。宽带阻尼技术使用限制层阻尼结构，这种限制层阻尼结构通常由两层或更多层的金属箔组成，中间加上阻尼材料。例如，在蜂窝桁架结构中有三层金属箔，每一层都通过黏结剂进行分离。黏结剂的阻尼系数高于金属箔的阻尼系数，在蜂窝形核心中引入大阻尼。另一种宽带阻尼技术是在蜂窝形核心的密封中引入聚合材料。聚合材料与其密封的蜂窝形核心承受同样的弯曲应用与剪应力，但其阻尼因子远大于钢，因此在工作表面产生大量阻尼。另外，侧板由高阻尼的环氧树脂密封的木质合成材料制成，为台架提供高阻尼。

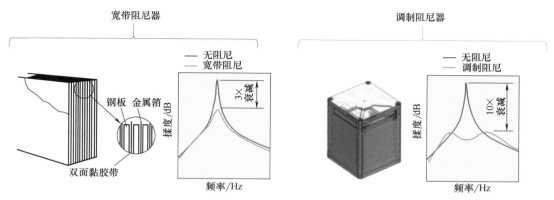

图 4.84　阻尼的设计

还可以使用气动隔振器在那些机械振动到达台架之前将其过滤掉。

4.10　引力波探测——激光干涉仪器的减振

即便像激光干涉引力波观察站（Laser Interferometer Gravitational-Wave Observatory，LI-GO）这样伟大而精美的探测仪（图 4.85）也需要减振。

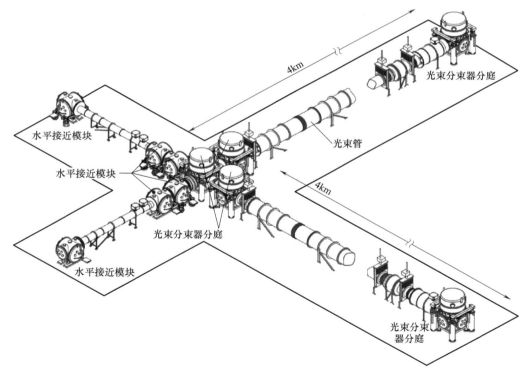

图 4.85　激光干涉引力波观察站

如图 4.85、图 4.86 所示，LIGO 的真空密封外壳梁管长 4km，包含两轴 LIGO 干涉器，试验质量悬在分束器室（Beam Splitter Chamber，BSC），而水平接近模块（HAM）室包含了各种支撑光学仪器。

地面运动引起的振动可以影响干涉器的运作，在引力波探测频带中的低端加入噪声。地震扰动的源与幅值随着频率变化而变化。总的来讲，在每一个点的周边地面运动的均方根值近似 $1\mu m$。对这个均方根值的大多数的频率谱贡献来自所谓的在 $0.1\sim0.3Hz$ 频带的微观地震波峰值。微观地震波幅值是由于海岸水波激励的沿着地壳的地表波。另一个可观的扰动源是人类活动，主要产生在 $1\sim10Hz$。在白天，森林的商业砍伐会引起地面 10 倍的运动增加。太阳与月亮的吸引力会引起地球表面非常低的潮汐运动，峰值到峰值为 $200\mu m$。季节性温度变化也会引入年度时长的变化。

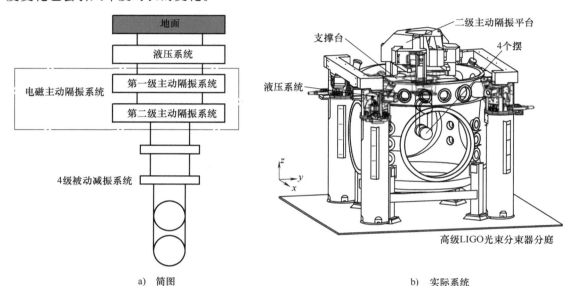

a) 简图　　　　　　　　　　　　　　　　b) 实际系统

图 4.86　早期的 LIGO 系统

4.10.1　倒摆型减振器

在引力波测量仪器中，倒摆型减振器作为第一级减振措施是必不可少的。倒摆是用来消除水平方向振动的最理想的系统。倒摆有三大功能：对地震噪声实行预过滤，消除隔振链的刚体运动隔振；提供合适的平台为上述共振增加阻尼；提供机械揉度以允许精确定位用很小的力悬挂在隔振链中的反射镜。它的特点是可以获取非常低的共振频率，既可以使用小到可以忽略的力来对它的荷载质量进行微米级定位，又可保持一定的高度来悬挂多级隔振链。它能吸收来自地壳的地震活动以及人类活动的噪声。如果使用非常复杂的，包括上百个复杂传感器的主动减振系统，可能导致短时间的失效或长期的宕机。因此，低频、被动、事前的隔振系统是非常有效的对外部干扰（人类活动或小型地震）的隔振系统。

倒摆腿（图 4.87a 中的 A）是 50mm 直径的轻铝管。它通过一个具有一定刚性的柔性柱铰链（图 4.87a 中的 B）与地面连接，并为倒摆提供恢复力。刚性连接到腿的底端的是轻型铝钟，钟的底边带有一个环形配重质量（图 4.87a 中的 C），这个配重可以进行精细的调制使得倒摆的击打中心与柔性铰的中心相重合，可以减少振动能量向上面的光学台面的传递。腿的顶端切成直径为 20mm 以便通过用螺栓固定中弹簧箱顶板的桥（图 4.87a 中的 D）。腿的上部用一个圆盖（图 4.87a 中的 E）密封。一个很细的柔性杆（图 4.87a 中的 F）在拉伸状态从盖延伸到桥（图 4.87a 中的 D），提供一个到弹簧箱顶板的柔性连接。这个连接作为一个自由的球铰，提供的恢复力可以忽略。这个柔性连接通过两对分辨感应环（图 4.87a 中的 G）接附到桥上。感应环是在柔性连接装入到桥的壳中与硬盘后才插入的，而且是以纯压力（在配对的部件上剪应力会产生黏滑噪声）荷载固定这个柔性连接的。桥由螺栓（图 4.87a 中的 H）紧固在弹簧箱的上板上。调整螺栓（图 4.87a 中的 I）在螺栓（图 4.87a 中的 H）拧紧之前进行对中，它可以对弹簧箱板的上下位置进行微调，以便使四个腿上的荷载实现均衡。荷载均衡是通过均衡腿的 200Hz 共振频率确定的，该共振作为一个刚性体绕着柔性连接（图 4.87a 中的 B），以柔性体（图 4.87a 中的 F）形成 S 形的共振。倒摆的设计参数见表 4.2。

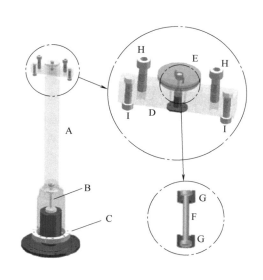

a) 意大利设计的倒摆

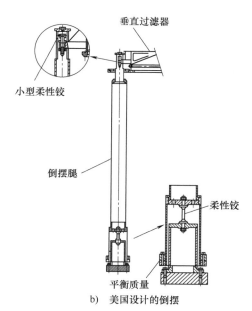

b) 美国设计的倒摆

图 4.87 倒摆腿的设计

表 4.2 倒摆的设计参数

设计参数	描述
l_1	倒摆腿长度
m_1	倒摆腿质量
I_1	倒摆腿相对于质量中心的惯性矩
M	载荷质量
l_2	钟的长度
m_2	钟的质量
I_2	钟相对于质量中心的惯性矩
M_3	配重的质量
k_θ	柔性铰的旋转弹簧刚度
(x,z)	载荷的位置
θ	相对于垂直轴的倒摆腿的角度

4.10.2　主动控制

地震噪声以及与共振相关的反射镜的残余运动可以保护激光干涉器锁止系统的动力性。隔振器用来将地震噪声衰减到低于在 4Hz 以上的地震噪声水平。反射镜期望的在 4Hz 的残余运动为 10^{-18} m/$\sqrt{\text{Hz}}$，在更低的频率上，由于悬挂系统的共振模态（0.04~2Hz），反射镜的残余运动的均方根值大于 0.1mm。隔振的设计标准是激光干涉器的均方根运动不能超过 10^{-12} m，以避免读出电子的饱和。

主动控制提供 0.1~30Hz 的隔振，把平台的在 10Hz 的运动降低到 10^{-11} m/$\sqrt{\text{Hz}}$。而被动减振把平台在 100 Hz 的运动降低到 10^{-13} m/$\sqrt{\text{Hz}}$。

倒摆有三个自由度，两个平动和一个转动。反馈力是由安装在倒摆上面的线圈磁铁执行器提供的。

因为振动的幅值非常小，对于位移或速度的测量需要非常精密的测量仪器，这种测量仪器的名字叫线性变量差分转换器（Linear Variable Differential Transformer，LVDT）。

控制策略：悬挂减振系统的模态主动控制定义为惯性阻尼，因为它是利用惯性传感器（加速度仪）来处理悬挂系统的运动的。使用加速度仪的优点是，它们进行的测量是相对于"恒星"的，而位置传感器的测量是相对于一个参考系的，而这个参考系是受到地震影响的。因此，惯性传感器不会通过反馈将地震噪声注入系统。实际上，悬挂系统使用两种传感器，位置传感器提供低频位置控制（直流-10MHz），以便避免漂移，而惯性传感器允许在悬挂系统共振的区域内（10mHz~2Hz）噪声的宽频减少。

控制是等级控制。控制的反馈力是加到反射镜悬挂系统上面的三个点上的，每一个点的频率与幅值范围都是不一样的。能够在探测频段内不注入噪声，从木偶线上控制的最大反射镜位移是 10μm。因此，需要悬挂系统有阻尼，以便使锁止系统正确地运行。每个传感器都对倒摆的三个模态（两个平动与一个转动）都很敏感，每个执行器都激励这三个模态。为了简化控制策略，传感器的输出与执行器的电流都被数字化重新组合以便获得独立的单一输入单一输出系统。这个系统建立在模态坐标系中，每个模态都与一个所谓的虚拟传感器（即仅仅对于该模态敏感，而对于其他模态不敏感，因为模态的正交性）相关，而且每个模态都与一个虚拟的执行器（即仅仅作用在该模态上，而与其他模态不相干）相关。以这样的方式，我们能够对每一个自由度实施独立的反馈控制，极大地简化了控制策略。因为每个模态坐标的行为都是不一样的，因此，针对每一个模态坐标实施特殊的个性控制策略。

为了减少振动所提供的弹性阻尼，基本思路是使用加速度信号建立起反馈力。实际上，如果控制的频段扩展到直流部分，位置信号就成为必需。解决方案就是把两个传感器合并，虚拟的线性可变差分转换器信号与加速度信号采取以下方式合并：线性可变差分转换器信号在所选择的交叉频率以下占主导地位，而加速度信号在交叉频率以上起主导作用。

图 4.88a 是主动控制的逻辑图，图 4.88b 是倒摆上仪器台面的控制简图。有三个加速度仪用于测量加速度，其工作频率为 400Hz，低于 3Hz 以下的加速度谱敏感性为 10^{-9} m/($S^2 \cdot \sqrt{\text{Hz}}$)。这些传感器与执行器都以销-轮的构架方式放置，以 120° 的分离角度安装。线性可变差分转换器用于测量倒摆相对于外框架的位置（总共三个），还有三个线圈磁铁执行器。

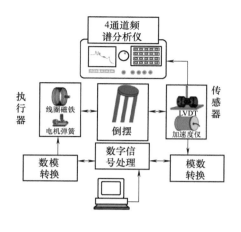

a) 主动控制的逻辑图

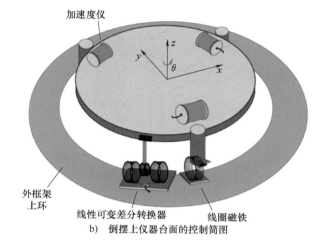

b) 倒摆上仪器台面的控制简图

图 4.88 倒摆的主动控制试验布置

4.10.3 二维低频 X-型摆减振器

为了使用干涉探测器探测引力波，反射镜应该与地震运动相隔离。地震运动是一个特殊的低频问题，因为镜子用一个摆悬挂在空间中，其共振频率为 1Hz 左右。日本干涉引力波探测器 TAMA300 有一个隔振系统，由 3 个部分组成：平台（STACK）、二维 X-型摆减振器、双摆悬挂系统。平台与双摆悬挂系统只是在高频上才有效，所以，X-型摆减振器将被用于改进低频（小于 10Hz）的隔振。

因为平台与双摆悬挂系统有几个共振频率，这些频率有几赫兹的分离。我们需要将水平振动的幅值减少一个数量级（-20dB），这是干涉器活动最大的敏感度。最简单的方式就是构造一个非常长周期的简单摆，但是这样的摆需要一个很高的支撑结构，而且要放到真空室内。如图 4.89 所示，当荷载的质量中心设置刚好在临界点之下时，我们就获得了一个长周期的简单摆。这个简单摆在两个水平方向有长周期，但在其他自由度上有中等刚性，而且装配、调整都很简单。

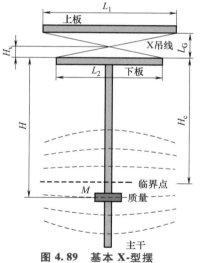

图 4.89 基本 X-型摆

图 4.90 所示为两个 X-型摆的组合单元变成一个二维振动减振器的基础。上部除了主干被一个 V-型悬挂线替代外，与基础 X-型摆是一样的。下部是将上部上下颠倒，然后水平旋转 90°。V-型中间线允许两个自由度的纯水平运动。荷载桌是由上述组合 X-型摆的 4 个单元所悬吊起来的。

从图 4.90b 可以看到，共振频率为 0.25Hz，在 1Hz 水平减振 20dB，但可以看到一些寄

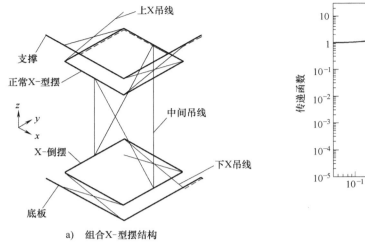 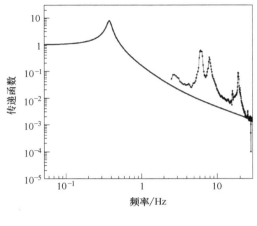

a) 组合X-型摆结构　　　　b) 系统的传递函数

图 4.90　组合 X-型摆结构及其传递函数

生共振。不幸的是，前述减振性能不好，主要是有若干个来自运动部件的弹性模态的共振频率。为了改进系统的减振性能，对系统进行进一步改进。

4.10.4　X-型双摆悬挂系统

如图 4.91 所示，改进措施如下：重新组合部件，使得组合后的整体质量中心与 X 吊线的安装点在同一高度。这是因为双摆有一个很重的刚性安全笼，质量中心比 X 吊线的安装点要低很多。为了消除水平弹性力与荷载的旋转和平摇之间的耦合，需要很重的反平衡质量。吊线的安装点设计为质量中心的高度位置。如果我们优化惯性矩与 X 板的质量之比，那么隔振的 X 板受到通过吊线的水平方向驱动的自然运动就是在中间吊线远端安装线的摆动。这样就可以在高频将传递到荷载的力最小化。

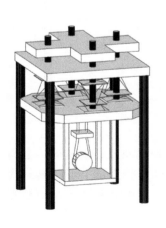 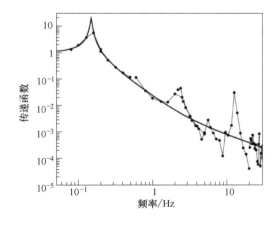

图 4.91　反射镜的新 X-型双摆悬挂系统及其传递函数

4.10.5　几何反弹簧过滤器

另外一个提供水平与垂直方向的地震与人类行为振动的隔振装置是几何反弹簧过滤器，如图4.92所示。

图4.92　几何反弹簧过滤器的总装图与系统设计

几何反弹簧过滤器由八个经过高强度热处理的拱形叶片制造而成。拱形叶片厚3.44mm，装在930mm直径的框架盘上。盘装在弹簧箱的角上，限制在两个板之间。该叶片一端用紧固夹子装在一个板上，另一端连接到一个小的盘上。每一个叶片可以承受10～30kg的质量。叶片的屈服强度保持在屈服点的60%以下。紧固夹子的位置可以用来调整叶片的压缩，从而调制该过滤器的共振频率到100mHz。

4.11　其他应用

4.11.1　船舶发动机悬置及其应用

发动机及其总成的安装点是振动传递到船身或底盘的主要的耦合振动的路径。被动减振对于总体减振性能或运行频率的可变性是很有限的，因此需要设计进一步减少振动的主动振动控制系统。

从图4.93可以看到，当主动控制加入时，第一阶的振动速度要比不加控制的情况低得多，而且控制后的振动没有任何共振频率出现。

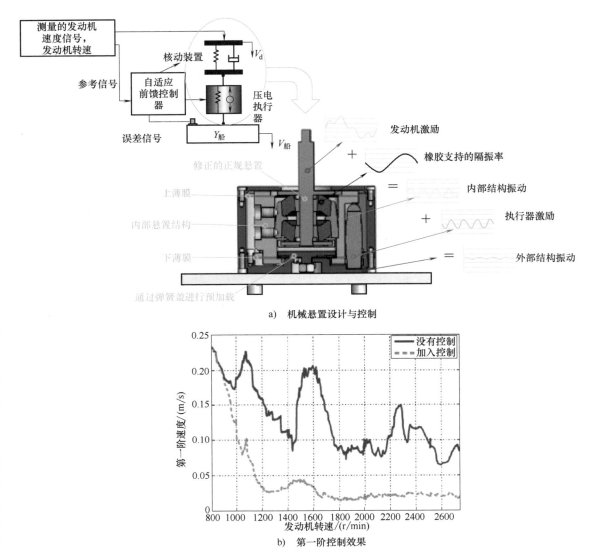

图 4.93　模拟与对应的机械悬置设计及其振动控制效果

4.11.2　高铁的减振

　　中国是一个高铁大国，具有全世界最长的高铁里程。随着高铁的提速，以及未来提高能量经济性而采用的轻量化设计，当车速在 250km/h 以上时，空气动力学噪声将成为主要的振动与噪声源，高铁车厢内的噪声与振动设计变得越来越重要了。车身振动的减少对于空气动力学振动与噪声的减少具有非常重大的意义。上海交大与株洲时代新材料公司联合试验并测试了阻尼材料应用于高铁对运行舒适性的影响。

　　如图 4.94 所示，参照 C3 车厢的同一个点的测量结果，沥青基阻尼片的减振效果最好，在 150km/h 的速度下，沥青基阻尼片相对于没有处理过的车厢，垂直方向的振动改善超过50%，而异丁烯橡胶阻尼片的改进大约在 30% 左右。振动的减少导致了结构噪声的减少，部件的阻尼也减少了空气噪声。根据试验结果，经过沥青基阻尼片处理的车厢的总体噪声响度比没有经过阻尼处理的车厢的总体噪声响度减少了 $6\sim15$ sone[⊖]，而对于异丁烯橡胶阻尼，这个数字是 $4\sim6$ sone。这些阻尼处理极大地改善了车厢的噪声与振动舒适性。

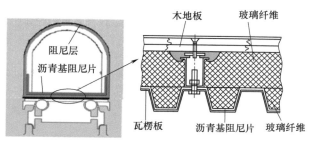

a)　C1-地板下面的瓦楞板上涂3mm沥青基阻尼片　　　　　b)　C2-地板下面的瓦楞板上涂3mm异丁烯橡胶阻尼片

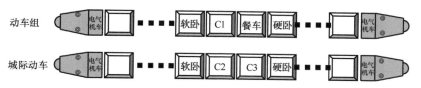

c)　C3-没有经过阻尼处理的一般卧铺车厢

图 4.94　高铁动车组减振措施

4.11.3　精密仪器的精密隔振系统

科学仪器的精密性、科学测量的精密性、机械加工的精密性以及天文测量的精密性，都需要对测量仪器进行精密隔振。如光刻机、磁共振医疗设备、原子力显微镜、激光编码成像、荧光显微镜、半导体工业、天文望远镜精确测量等。当测量仪器变得越来越敏感时，亚音速的"隆隆"声变得更加隐秘而有害，特别是对纳米技术的应用而言。对于许多仪器，例如原子力以及电子显微镜，降低振动是获得好的数据的关键，振动可能会让你花 100 万或 200 万美元买到一个电子显微镜没有任何用处。当研究人员怀疑振动毁掉了他们的数据时，他们应该确定噪声源。有时，实验室所在的建筑物的振动会使得共焦点显微镜无法工作。测量仪器越敏感，你就越需要更好的隔振系统。表 4.3 是美国 Minus K 公司提出的振动评判准则。

表 4.3　美国 Minus K 公司提出的振动评判准则

曲线标准	振幅 /(μm/s)	详细尺寸 /μm	使用描述
车间(ISO)	800	—	非常明显地察觉到的振动,适合于车间及非敏感区域
办公室(ISO)	400	—	察觉到的振动,适合于办公室及非敏感区
民用日常(ISO)	200	75	几乎感受不到振动,适合于大多数的睡眠区域。通常足够用于计算机设备、医院的恢复室、半导体探测试验设备以及小于 40 倍的显微镜

⊖　sone 为响度单位，响度是指人耳对声音的主观感知强度。

（续）

曲线标准	振幅 /(μm/s)	详细尺寸 /μm	使用描述
手术室、剧院（ISO）	100	25	不能感受到振动。适合于大多数的手术室、100倍的显微镜及其他低敏感性设备
振动准则-A	50	8	适合于大多数的400倍光学显微镜、微量天平、光学天平、接近与投影对准器等
振动准则-B	25	3	适合于检查及光刻机（包括步进机）到3μm线宽
振动准则-C	12.5	1~3	1000倍的光学显微镜、检验与光刻检验设备（包括中等敏感性的电子显微镜）
振动准则-D	6.25	0.1~0.3	适合于大多数有最高要求的设备，包括电子显微镜（投射电子显微镜、扫描电子显微镜）以及电子束微影系统
振动准则-E	3.12	<0.1	适合于大多数有最高要求的敏感系统，例如长路径、基于激光、小目标系统，在纳米级工作的电子束微影光刻机系统及其他要求非凡动力稳定性的系统
振动准则-F	1.56	—	适合于极其安静的研究空间，大多数情况是很难达到的，特别是洁净车间。不推荐作为设计标准，仅仅作为评价
振动准则-G	0.78	—	适合于极其安静的研究空间，大多数情况是很难达到的，特别是洁净车间。不推荐作为设计标准，仅仅作为评价
NIST-A			在频率大于20Hz时，NIST-A标准等价于振动准则-C，但是，低于20Hz保持不变位移，在1~20Hz之间为0.025μm或25nm，在20~100Hz之间为3.1μm/s
NIST-A1			NIST-A标准要求小于4Hz一个3μm/s的RMS速度，在4Hz<f<100Hz之间为0.75μm/s(29.5μin/s)
振动准则-H	0.39	—	适合于极其安静的研究空间，大多数情况是很难达到的，特别是洁净车间。不推荐作为设计标准，仅仅作为评价
振动准则-I	0.195	—	适合于极其安静的研究空间，大多数情况是很难达到的，特别是洁净车间。不推荐作为设计标准，仅仅作为评价
振动准则-J	0.097	—	适合于极其安静的研究空间，大多数情况是很难达到的，特别是洁净车间。不推荐作为设计标准，仅仅作为评价
振动准则-K	0.048	—	适合于极其安静的研究空间，大多数情况是很难达到的，特别是洁净车间。不推荐作为设计标准，仅仅作为评价
振动准则-L	0.024	—	适合于极其安静的研究空间，大多数情况是很难达到的，特别是洁净车间。不推荐作为设计标准，仅仅作为评价
振动准则-M	0.012	—	适合于极其安静的研究空间，大多数情况是很难达到的，特别是洁净车间。不推荐作为设计标准，仅仅作为评价

注：1. 在1/3倍频程的测量（8~80Hz），使用振动准则-A以及振动准则-B，或1~80Hz使用振动准则-C~振动准则-G。

2. 详细尺寸是指微电子制造的线宽、医疗以及医药的颗粒大小等，它与纳米技术、探测技术等相关的影像无关。

3. 这是指导原则，在大多数情况下，请咨询某些有知识与经验的专家。

4.11.4　Minus K 精密隔振器

如图4.95所示，Minus K精密隔振器对主动隔振与被动隔振的精密性都有更高的要求，更高的隔振要求主要表现在隔振器的共振频率应该低于0.5Hz。

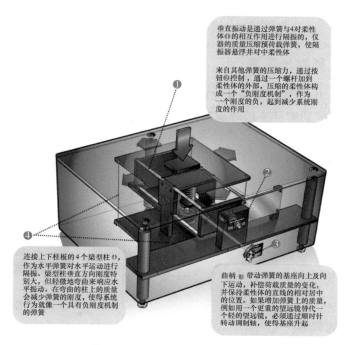

垂直振动是通过弹簧与4对柔性体❶的相互作用进行隔振的,仪器的质量压缩预载荷弹簧,使隔振器悬浮并对中柔性体

来自其他弹簧的压缩力,通过按钮❷控制,通过一个螺杆加到柔性体的外部,压缩的柔性体构成一个"负刚度机制",作为一个刚度的负,起到减少系统刚度的作用

连接上下柱板的4个梁型柱❹,作为水平弹簧对水平运动进行隔振。梁型柱垂直方向刚度特别大,但轻型微曲弯来响应水平振动。在弯曲的柱上的质量会减少弹簧的刚度,使得系统行为就像一个具有负刚度机制的弹簧

曲柄❸带动弹簧的基座向上及向下运动,补偿荷载质量的变化,并保持柔性体的直线的相对居中中的位置。如果增加弹簧上的质量,例如用一个更重的望远镜替代一个轻的望远镜,必须通过顺时针转动调制轴,使得基座升起

图 4.95　Minus K 精密隔振器

4.11.5　热真空试验的隔振系统

美国国家航空航天局在 2003 年发射了 Spitzer 太空望远镜（图 4.96b）。该望远镜将在 2.5 年的寿命中通过探测在空间的物体辐射的波长为 $3\sim180\mu m$ 的红外线能量或热量，获得该物体的照片以及红外谱。该设备的主要部件是低温望远镜总成，这个总成的热-真空试验遇到了挑战：在实验室的水平方向低频率振动的共振频率大约为 4.5Hz，共振将使总成无法工作。因此，他们选用了 Minus K 公司的 0.5Hz 真空兼容的隔振系统（图 4.96a）。该隔振

a)　Minus K公司的隔振系统

b)　Spitzer太空望远镜

图 4.96　美国国家航空航天局的低温望远镜总成及使用的隔振器

系统是由三个承载力为 1000lb（454kg）的真空兼容隔振器组成，该隔振器的水平共振频率为 0.5Hz。

4.11.6　原子力显微镜的隔振

原子力显微镜是 1989 年进入商业化的，这是一种最重要的在纳米级成像与测量材料的

工具，可以呈现原子级别的样本的详细内容，其精度为一个纳米的分数级别。但是，原子力显微镜需要更精确的隔振，因为该仪器对周边环境的振动特别敏感，必须建立起绝对稳定的表面。任何与仪器的机械结构相耦合的振动都会引起水平与垂直方向的噪声，从而产生最高测量精度的降低。因此，我们需要搭建从微米隔振到纳米隔振的桥梁。

如图 4.97 所示，该隔振器提供 0.5Hz 的垂直与水平方向的隔振特性，完全是被动式的，不需要压缩空气或电能。该隔振器在 2Hz 提供 93% 的隔振率，在 5Hz 是 99%，10Hz 是 99.7%。

图 4.97　Minus K 用于原子力显微镜的隔振器

4.11.7　光刻机的隔振

许多因素能够产生对精度为微米水平的仪器的敏感性造成影响的振动。在仪器安装的建筑内，空调与空气循环系统、电梯、风扇、泵仅仅是一小部分产生振动的装置。建筑外，仪器可能被附近建筑产生的振动的影响，来自飞机的噪声、附近的路噪声，甚至风与不同的天气条件都可以使结构生产位移。甚至学生与教师们在建筑中的走动、用力关门，都可以产生足以使试验中断的振动。

图 4.98 所示为用于光刻机的隔振器。Minus K 公司为 50 多个国家的 300 多个政府实验室及大学提供隔振器，这些负刚度的减振器不需要压缩空气，也不需要电源，而且多是紧凑型的，可以使敏感仪器安装在实验室中的任何地方，或生产设备将要放置的地方。这些隔振器没有泵，没有气室，不需要电源而且不需要保养，关键是能够提供超低频的隔振效果。

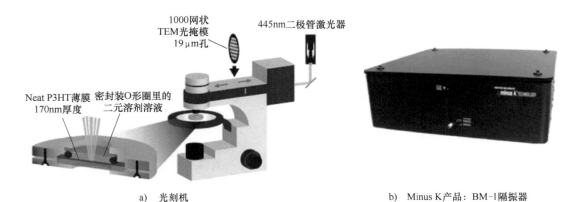

a)　光刻机　　　　　　　　　　　b)　Minus K产品：BM-1隔振器

图 4.98　Minus K 用于光刻机的隔振器

4.11.8 空调系统的空气压缩机的减振

如图 4.99 所示，空气压缩机（简称空压机）的减振是通过在空压机的悬置上安装两个悬臂梁实现的。空压机工作转速是 1450r/min，其共振频率为 24.2Hz。减振梁的材料是玻璃纤维加强塑料。这个梁的纤维层按 0°/90°编织，厚度为 2.5mm，长度为 308mm。在每一个梁的端附加了一个 0.31g 的质量，获得了 24.2Hz 的共振频率。正是这个反共振的梁的固有频率抵消了系统在旋转时的固有频率，减少了空压机传给基础的振动。

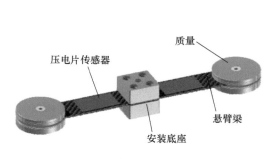

a) 自适应减振器

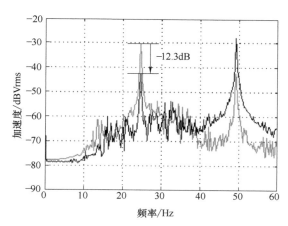

b) 具有自适应减振器的空压机

图 4.99 空压机的减振

如图 4.100 所示，安装了自适应减振器后，在 T2 点所测得的减振器减振效果，我们可以看到，在空压机的共振频率上减振 12.3dB，效果非常明显，但在另一个频率，即 49Hz 上振动反而高了。这就提示我们，这三个梁不应该都制成完全一致的，其中至少一根梁的反共振频率应该在 49Hz。

图 4.100 空压机悬置自适应减振器的减振效果

参 考 文 献

[1] PIATUS D L. Smoothing out bad vibes [J]. Machine Design, 1993 (2)：123-130.

[2] LE T, AHN K. A vibration isolation system in low frequency excitation region using negative stiffness structure

in vehicle seat ［J］. Journal of Sound and Vibration, 2011, 330 （26）: 6311-6335.

［3］ HASE A, SHINDE T, HALERAO B G. Negative stiffness structure for a vehicle seat ［J］. International Journal of Emerging Trends in Science and Technology, 2015, 2 （5）: 2404-2414.

［4］ NING D, SUN S, ZHANG J, et al. An active seat suspension design for vibration control of heavy-duty vehicles ［J］. Journal of Low Frequency Noise Vibration and Active Control, 2016, 35 （4）: 264-278.

［5］ PLATUS D. Negative-stiffness vibration isolation in laser and optical systems ［EB/OL］. （2008-11-24） ［2023-07-01］. https://www. spie. org/news/1225-negative-stiffness-vibration-isolation-in-laser-and-optical-systems? SSO = 1.

［6］ PLATUS D, MCMAHON J. Negative-stiffness vibration isolation gains popularity ［EB/OL］. （2009-06-01） ［2023-07-01］. https://www. photonics. com/Articles/Negative-Stiffness_Vibration_Isolatiion_Gains/a38385.

［7］ CHA G. Passive adaptive damping for high stiffness-low mass materials incorporating negative stiffness elements ［D］. Collega Station: Texas A&M University, 2013.

［8］ LEE C-M, GOVERDOVSHIY V N, TEMNIKOV A I. Design of springs with "negative" stiffness to improve vehicle driver vibration isolation ［J］. Journal of Sound and Vibration, 2007, 302 （4-5）: 865-874.

［9］ STEINWALL J, VIIPPOLA P. Combining optimization & modern product development methods to achieve a lightweight design ［D］. Gothenburg: Chalmers University, 2014.

［10］ LOGHAVI S. Analysis of negative stiffness devices with application to vehicle seat suspensions ［D］. Columbus Ohio State University, 2015.

［11］ CARRELLA A. Passive vibration isolators with high-static-low-dynamic-stiffness ［D］. Southampton: University of Southampton, 2008.

［12］ BRENNAN M. Some recent developments in adaptive tuned vibration absorbers/neutralisers ［J］. Shock and Vibration, 2006, 13: 531-543.

［13］ DAHUNSI O. Static and dynamic characteristics of scissors-type guiding mechanism work suspension seat ［J］. Journal of Machinery Manufacturing and Automation, 2016, 5 （1）: 8-14.

［14］ HUA W. Low frequency vibration isolation and alignment system for advanced LIGO ［D］. San Francisco: Stanford University, 2005.

［15］ YAN Z, ZHU B, LI X, et al. Modeling and analysis of static and dynamic characteristics of nonlinear seat suspension for off-road vehicles ［J］. Shock and Vibration, 2015, 2015: 1-13.

［16］ LIU C, JING X, DALEY S, et al. Recent advances in micro-vibration isolation ［J］. Mechanical Systems and Signal Processing, 2014, 56-57: 55-80.

［17］ LIU X, HUANG X, HUA H. On the characteristics of a quasi-zero stiffness isolator using euler buckled beam as negative stiffness corrector ［J］. Journal of Sound and Vibration, 2013, 332: 3359-3376.

［18］ TATSUMI D, BARTON M, UCHIYAMA T, et al. A two-dimensional low-frequency vibration attenuator using X-pendulums ［J］. Review of Scientific Instruments, 1999, 70: 1561-1564.

［19］ MCINROY J, HAMMAN J. Design and control of flexure jointed hexapods ［J］. IEEE Transaction on Robotics and Automation, 2000, 16 （4）: 372-381.

［20］ PREUMONT A, HORODINCA M, ROMANESCU I, et al. A six-axis single stage active vibration isolator based on stewart platform ［J］. Journal of Sound and Vibration, 2007, 300: 644-661.

［21］ YANG J, XU Z, WU Q, et al. Dynamic modeling and control of a six-DOF micro-vibration simulator ［J］. Mechanism and Machine Theory, 2016, 104: 350-369.

［22］ WU Y, YU K, JIAO J, et al. Dynamic modeling and robust nonlinear control of a six-DOF active-micro-vibration isolation manipulator with parameter uncertainties ［J］. Mechanism and Machine Theory, 2015, 92: 407-435.

［23］ ZHU T. Six degree of freedom active vibration isolation using quasi-zero stiffness magnetic levitation ［D］. South Australia：University of Adelaide，2013.

［24］ ZHENG Y，ZHANG X，XIE S，et al. Theoretical and experimental study of a vibration isolator using a negative stiffness magnetic spring ［C］//Proceedings of the 24th International Congress on Sound and Vibration. ［S. l.］：International Institute of Acoustics and Vibration，2017.

［25］ ZHU T，CAZZOLATO B，ROBERTSON W，et al. Vibration isolation using six degree-of-freedom quasi-zero stiffness magnetic levitation ［J］. Journal of Sound and Vibration，2015，358：48-73.

［26］ BRENNAN M. Some recent developments in adaptive tuned vibration absorbers/neutralisers ［J］. Shock and Vibration，2006，13：531-543.

［27］ ABBOTT B P，Abbott R，Abbott T D，et al. Observation of gravitational waves from a binary black hole merger ［J］. Physical Review Letters，2016，116：061102-1-061102-16.

［28］ Acernese F，Antonucci F，Aoudia S，et al. Measurements of superattenuator seismic isolation by virgo interferometer ［J］. Astroparticle Physics，2010，33：182-189.

［29］ TAKAMORI A，ANDO M，BERTOLINI A，et al. Mirror Suspension System for the TAMA SAS ［J］. Classical and Quantum Gravity，2022，19（7）：1615-1627.

［30］ STOCHINO A，ABBOT B，ASO Y，et al. The Seismic Attenuation System（SAS）for the advanced LIGO gravitational wave interferometric detectors ［J］. Nuclear Instruments and Methods in Physics Research Section A：Accelerators，Spectrometers，Detectors and Associated Equipment，2009，598（3）：737-753.

［31］ RUSTIGHI E，BRANNAN M J，MACE B R. Design of an adaptive vibration absorbsers using shape memory alloy ［M］. Southampton：University of Southampton，2003.

［32］ 邓先荣. Stewart 平台结构在雷达领域中的应用探讨 ［J］. 电子机械工程，2009，25（2）：41-43.

［33］ BONEV I. The true Origines of Parallel Robots ［EB/OL］.（2003-01-24）［2023-07-01］. https：//www. parallemic. org/Reviews/Review007. html.

［34］ KAMESH D，PANDIYAN R，GHOSAL A. Passive vibration isolation of reaction wheel disturbances using a low frequency flexible space platform ［J］. Journal of Sound and Vibration，2013，331：1310-1330.

［35］ REICHERT G. Helicopter vibration control-a survey ［J］. Vertica，1981，5：1-20.

［36］ MEDDEN J F. Constant frequency bifilar vibration absorber：US 4218187 ［P］. 1980-08-19.

［37］ NEWLAND D E. Nonlinear aspects of the performance of centrifugal pendulum vibratrion absorbors ［J］. Journal of Engineering for Industry，1964，86（3）：257-263.

［38］ 凌爱民，王文涛，李明强，等. 双线摆桨毂吸振器减振效率评估研究 ［J］. 直升机技术，2013，117（4）：1-7.

［39］ 孙杰，赵阳，王本利. 航天器反作用轮扰动精细模型 ［J］. 哈尔滨工业大学学报，2006，38（4）：520-522.

［40］ 殷凤群，梁雁冰，王晨，等. 反作用轮在星载二维转台中的应用研究 ［J］. 科学技术与工程，2007，7（19）：4961-4964.

［41］ SABIRIN C，ROGLIN T，MAYER D. Design and control of adaptive vibration absorbers mounted on an air conditioning compressor ［C］//Proceedings of the 8th International Conference on Structural Dynamics. ［S. l.］：The world Academy of Science，Engineering and Technology，2011.

［42］ PYTLESKI J，DAVID K H，HINTZ G J. M1A1 Driver's seat assembly ［R］. Troy：General Dynamics，1990.

［43］ DEPRIEST J. Aircraft engine attachment and vibration control ［J］. SAE Technical Paper 2000，2000-01-1708.

［44］ KAUBA M，HEROLD S，KOCH T，et al. Design and application of an active vibration control system for a marine engine mount ［C］//Proceedings of International Conference on Noise and Vibration Engineering.

Leuven：KU Leuven Mecha（tro）nic System Dynamics，2008.

［45］ ABU H A. Active isolation and damping of vibrations via stewart platform ［D］. Brussels：ULB-Active Structures Laboratory，2003.

［46］ FAN R，MENG G，YANG J，et al. Experimental study of the effect of viscoelastic damping materials on noise and vibration reduction within railway vehicles ［J］. Journal of Sound and Vibration，2009，19：58-76.

［47］ LINSMEIER C R，ELLIFSON E S，MAGNERS，K W. Ride-height control system：US 8333390 B2 ［P］. 2012-12-18.

［48］ LOSURDO G. Inertial control of the virgo superattenators ［C］ //Proceedings of 1999 Amaldi Conference. Rome：Accademia Nazionale dei Lincei，1999.

［49］ XU W，RUBLE K，MA O. A Reduced-gravity simulator for physically simulating human walking in micro-gravity or reduced-gravity environment ［C］ //2014 IEEE International Conference on Robotics and Automation. Piscataway：IEEE，2014.

［50］ MA O，WANG J. Apparatus and method for reduced-gravity simulation：US 8152699 B1 ［P］. 2012-08-10.

［51］ 黄显利. 高效机械发电式车辆减振器：CN201220649536. 2 ［P］. 2012-06-05.

第5章 微穿孔板

5.1 问题的提出

微穿孔板吸声技术的理论与设计方法是中国科学院院士马大猷（图 5.1）在 1975 年提出的。马院士早年毕业于北京大学物理系，然后去美国留学取得哈佛大学的哲学硕士与博士学位。马院士不仅重视声学的理论研究，还特别重视声学理论的实际应用。马院士有两项重要的开创性贡献：创立了声学中的简正波理论，并将其发展到设计及实际应用领域，在建筑声学和电磁理论方面取得许多重要理论与应用成果；提出了完整的微穿孔板吸声理论与设计方法，并将其应用于建筑声学和噪声控制领域，在气流噪声研究中取得独创性成果。1959 年，周恩来总理亲自邀请马院士主持人民大会堂的建筑声学设计工作。马院士当年做微穿孔板试验样件时，没有专用设备，就用家用缝纫机像缝衣服一样在纸壳板上穿孔，而且一致性非常好。

微穿孔板吸声材料是大有前途的吸声材料。自从马院士进行了开创性工作以来，许多学者都在研究如何将微穿孔板应用到各种目的的吸声场景中，例如在很小的房间内，以及管路消声系统中。

图 5.1　马大猷院士
（1915—2012 年）

5.2 理论基础

1975 年，马院士发表了奠定微穿孔板吸声理论基础的论文。微穿孔板的基本结构是一个薄板，板上穿有许多直径为毫米级的孔，在穿孔板与后面的刚性墙之间有一个空间（图 5.2）。我们可以将这些小孔看作小管道，这些小管道都是独立的。如果这些小管道之间的距离大于它们的直径，那么板的声学阻抗就是每一个单独管道阻抗除以管道的个数。如果管道之间的距离大于声波的波长，那么板的声波反射是可以忽略的。微穿孔板的几何尺寸：D

为空气间隙的高度，b 为微穿孔之间的距离，d 为微穿孔的直径，t 为微穿孔板的厚度。

微穿孔板后面的空气间隙的特征声学阻抗为

$$Z_\mathrm{D} = -\mathrm{j}\rho c \cot \frac{\omega D}{c} \tag{5.1}$$

式中，ρ 为空气的密度；c 为空气中的声速；j 为单位虚数；ω 为圆频率。

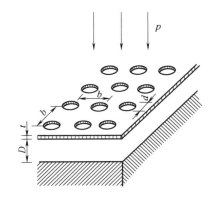

图 5.2 微穿孔板的基本结构

5.2.1 微穿孔板对平面波的吸声系数

当声波以垂直于板的方向撞击微穿孔板，即入射波为平面波时，微穿孔板的吸声系数等于其所吸收的声功率与入射声功率之比。

$$\alpha = \frac{4r}{(1+r)^2 + \left[\omega m - \cot\left(\dfrac{\omega D}{c}\right)\right]^2} \tag{5.2}$$

$$r = \frac{32\eta}{\sigma\rho c}\frac{t}{d^2}k_\mathrm{r}, \quad k_\mathrm{r} = \left(1+\frac{k^2}{32}\right)^{-1/2} + \frac{\sqrt{2}}{32}\frac{kd}{t} \tag{5.3}$$

$$\omega m = \frac{\omega t}{\sigma\rho c}k_\mathrm{m}, \quad k_\mathrm{m} = 1 + \left(9+\frac{k^2}{2}\right)^{-1/2} + 0.85\frac{d}{t} \tag{5.4}$$

或者

$$\omega m = \frac{1}{8}\frac{k_\mathrm{m}}{k_\mathrm{r}}rk^2 \tag{5.5}$$

以及

$$k = d\sqrt{\frac{\omega\rho}{\eta}} = 10d\sqrt{f} \tag{5.6}$$

式中，η 为空气中的黏弹系数，$\eta = 1.8\times10^{-5}$；f 为频率；σ 为微穿孔板的空隙率；ω 为圆频率，$\omega = 2\pi f$。

平面波的吸声系数最大值产生在如下频率上：

$$\omega_0 m - \cot\left(\frac{\omega_0 D}{c}\right) = 0 \tag{5.7}$$

其最大吸声系数为

$$\alpha_\mathrm{max} = \frac{4r}{(1+r)^2} \tag{5.8}$$

从图 5.3 中可以观察到，当微穿孔板与刚性墙的距离增加，即 40mm → 50mm → 100mm 时，吸声系数的最大值向低频移动。

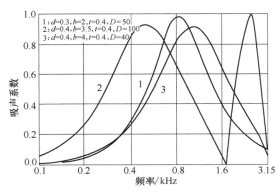

图 5.3 不同参数的微穿孔板平面波吸声系数

5.2.2 微穿孔板的斜入射与随机入射的吸声系数

微穿孔板是一个局域反应声学单元，它的阻抗与入射角无关。但空气间隙的阻抗是频率的函数，因为入射波与反射波之间的路径差别在变化。

$$\alpha_\theta = \frac{4r\cos\theta}{\left\{(1+r\cos\theta)^2+\left[\omega m\cos\theta-\cot\left(\frac{\omega D\cos\theta}{c}\right)\right]^2\right\}} \tag{5.9}$$

式中，θ 为入射波与微穿孔板之间的角度。r、m、D 都要乘以 $\cos\theta$，因此，当 r 很大时，最大吸声系数变化不大，但整个曲线向高频方向移动一个比例 $\frac{1}{\cos\theta}$。

在随机声场中，声波以所有的角度撞击微穿孔板，这种影响就是在式（5.9）对 θ 进行平均。在混响场中的散射入射条件下，吸声系数为

$$\bar{\alpha} = \int_0^{\frac{\pi}{2}} \frac{8r\sin\theta\cos\theta d\theta}{\left\{(1+r\cos\theta)^2 + \left[\omega m\cos\theta - \cot\left(\frac{\omega D\cos\theta}{c}\right)\right]^2\right\}} \tag{5.10}$$

入射波的不同方向的高频吸声系数的峰值与谷值趋向于被平均，虽然吸声系数的波动很小，但平均吸声系数变小了。非常小的空隙对于宽频率带的高吸声系数是必要的，特别是吸声频率带向高频扩展一个倍频程时。

5.2.3 双层微穿孔板结构的吸声系数

两个微穿孔板既能以平行的方式安装，也能以串联的方式安装。两个微穿孔板平行式安装的好处是可以平均不同的构造局限，频率带会宽一些，但代价是最大吸声系数会有减小。而两个微穿孔板串联式安装会具有两个宽带与更大的吸声系数。图 5.4a 是两个微穿孔板串联式安装的情况。

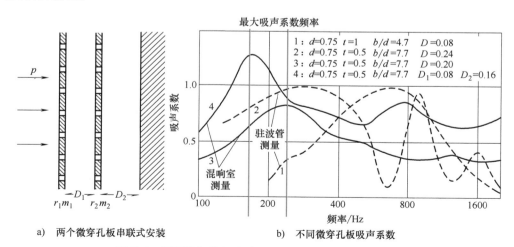

a) 两个微穿孔板串联式安装　　　　b) 不同微穿孔板吸声系数

图 5.4 平面波与随机波的微穿孔板吸声系数试验结果

在两个微穿孔板串联安装的情况下，它们的吸声系数为

$$\alpha = \frac{4r}{(1+r)^2 + x^2} \tag{5.11}$$

其中

$$r = r_1 + \left[r_1 \cot^2\left(\frac{\omega D_1}{c}\right) \right] \Big/ \left\{ r_1^2 + \left[\omega m_1 - \cot\left(\frac{\omega D_1}{c}\right) - \cot\left(\frac{\omega D_2}{c}\right) \right]^2 \right\} \tag{5.12}$$

$$x = \omega m_1 - \cot\left(\frac{\omega D_1}{c}\right) - \left\{ \cot^2\left(\frac{\omega D_1}{c}\right) \left[\omega m_1 - \cot\left(\frac{\omega D_1}{c}\right) - \cot\left(\frac{\omega D_2}{c}\right) \right] \right\} \Big/ \left\{ r_1^2 + \left[\omega m_1 - \cot\left(\frac{\omega D_1}{c}\right) - \cot\left(\frac{\omega D_2}{c}\right) \right] \right\} \tag{5.13}$$

对于那些低热导率的非金属板，相对声学阻抗 r 与相对声学质量 m 可以用下式计算：

$$r = \frac{32\mu}{pc} \frac{t}{d^2} \left[\sqrt{1 + \frac{x^2}{32}} + \frac{\sqrt{2}}{8} x \frac{d}{t} \right] \tag{5.14}$$

$$m = \frac{t}{pc} \left(1 + \frac{1}{\sqrt{3^2 + \frac{x^2}{2}}} + 0.85 \frac{d}{t} \right) \tag{5.15}$$

代入已知的值，$c = 340\text{m/s}$，$\mu = 1.56 \times 10^{-5}\text{m}^2/\text{s}$，$p = 78.5\left(\frac{d}{b}\right)^2 \%$。假定微穿孔是按正方形格栅排列的，格栅常数为相邻孔的距离（mm），其他参数单位均为 mm，那么式（5.14）和式（5.15）可以写为

$$r = \frac{0.147}{d^2} \frac{t}{p} k_r \tag{5.16}$$

$$m = 0.249 \times 10^{-3} \frac{t}{p} k_m \tag{5.17}$$

阻尼常数：

$$k_r = \sqrt{1 + \frac{x^2}{32}} + \frac{\sqrt{2}}{8} x \frac{d}{t} \tag{5.18}$$

质量常数：

$$k_m = 1 + \frac{1}{\sqrt{9 + \frac{x^2}{2}}} + 0.85 \frac{d}{t} \tag{5.19}$$

频率常数：

$$x = d\sqrt{\frac{f}{10}} \tag{5.20}$$

对于那些高热导率的材料，例如金属，必须考虑热传导效应。因为热传导代表能力的损失，在空隙中会增加额外的阻力，阻尼相就可以变大，也就是附加一项 $\mu \rightarrow \mu + v$。其中，$v = 2 \times 10^{-5}\text{m}^2/\text{s}$ 为空气中的温度传导系数。将 μ 代入式（5.14）得

$$r = \frac{0.335}{d^2} \frac{t}{p} k_r \tag{5.21}$$

根据这些中间参数，我们就可以计算两个微穿孔板串联式安装的吸声系数。

图 5.4b 所示的曲线 1 是 1mm 厚，每平方米 8 万个孔的微穿孔板。其他 3 个微穿孔板是

0.5mm 厚，每平方米 3 万个孔的微穿孔板。微穿孔板材料均为铝，所有孔的直径均为 0.75mm。曲线 1、曲线 2 为驻波管的测量结果，曲线 2 的空气间隙是曲线 1 的 3 倍，第一个最大吸声系数的频率随着空气间隙的增大而明显向低频移动。曲线 3 与曲线 4 为扩散场中的微穿孔板吸声系数测量结果。我们可以观察到，相对于驻波管测量的结果，峰值与谷值已经被平均，吸声系数也减小了，特别是在高频上。曲线 4 是双微穿孔板结构的扩散场的吸声系数，吸声系数明显增大，而且扩展到低频。可见双微穿孔板以串联形式安装的这种结构的吸声效果是非常好的。

如图 5.5 所示，如果我们把微穿孔板放到一个三维长方体中，在长方体的前端放一个平面波声源，然后测量长方体中的声压，并将具有微穿孔板与没有微穿孔板吸声器的测量结果进行对比，可以直观地看到，在微穿孔板的吸声作用下，长方体内靠近微穿孔板一侧的噪声明显降低了。这种试验具有非常实际的意义，例如，我们可以在汽车车身的后端或前端装这种吸声材料。

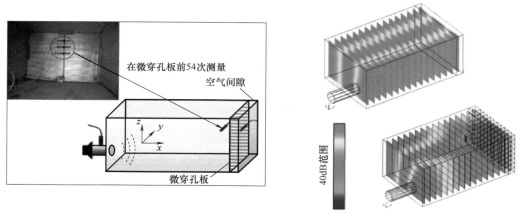

图 5.5　微穿孔板吸声器的吸声效果的等高图

5.3　微穿孔板的设计、构造与安装

微穿孔板吸声器的参数并不多，计算公式也相当简单明了，而且现代计算软件功能强大，使用简单，人人都可以使用。例如，微软办公软件的表格（EXCEL），还有 MathWorks 的 MATLAB，都可以用来作为计算微穿孔板的吸声系数的工具，因此也可以作为微穿孔板的设计工具。

5.3.1　微穿孔板最大吸声系数与频率的计算

设计中最重要的一个问题就是对应于吸声系数最大值的频率，因为我们通常会利用微穿孔板可以调整的最大吸声系数的频率来消除在现实中可能出现的最大噪声峰值。例如，电动机单频噪声，风扇叶片通过噪声，空调鼓风机、冷凝器的单频噪声，航空发动机、发动机进气、发动机排气系统等的单频噪声。针对最大噪声频率，我们可以把这个最大噪声频率作为我们设计最大吸声系数的频率，这个频率可以通过式（5.7）解出 ω_0，也可以利用余切函数的近似公式：

$$\cot\left(\frac{\omega_0 D}{c}\right) \approx \frac{c}{\omega_0 D} - \frac{\omega_0 D}{3c} \tag{5.22}$$

代入式（5.7）有

$$\omega_0 m - \frac{c}{\omega_0 D} - \frac{\omega_0 D}{3c} \approx 0$$

即

$$\omega_0^2 \approx \frac{c}{D} \cdot \frac{1}{m - \frac{D}{3c}} \tag{5.23}$$

式（5.23）包括了一些微穿孔板的几何参数，计算最大吸声系数产生的频率来选择微穿孔板的几何参数。

5.3.2　微穿孔板的参数设计

影响微穿孔板的吸声功能的参数有孔直径、孔直径的距离、板厚度以及空腔的深度等。

从图5.6a可以观察到，最大吸声系数在晶格常数为5~7mm时产生（板厚为0.2mm，空腔深度为60mm）；最大吸声系数孔直径为0.7~1.5mm，厚度为1~2mm。但是对于不同的空腔深度，需要进行针对性的优化设计。

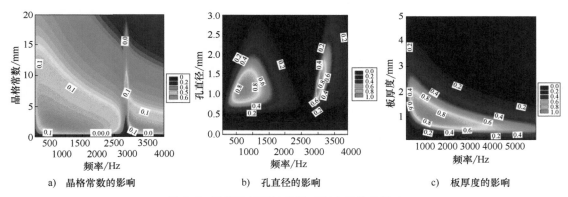

a）晶格常数的影响　　　　b）孔直径的影响　　　　c）板厚度的影响

图5.6　微穿孔板设计参数对吸声系数的影响

5.3.3　微穿孔板安装注意事项

微穿孔板实际应用时必须注意的事项是，公式的推导过程都是隐性地假定了微穿孔板空气气隙与微穿孔板外周边的空气是隔绝的，也就是空气气隙与微穿孔板外的环境是不能相通的，一旦相通，则外面的噪声会进入微穿孔板的空气气隙内，使得微穿孔板的消声功能几乎消失殆尽。我们在实际执行微穿孔板安装时，一定要注意这个工程实施细节。

5.3.4　微穿孔板的应用优势

微穿孔板可以用金属构造，因此，它的用途比传统的吸声棉或玻璃纤维吸声材料更加广泛，可以在相对高的温度下进行消声，例如，航空发动机进气口；还可以在相对恶劣的环境下工作，例如在具有一定污染的环境下，或一定温度与湿度下工作；可以不受水分的影响。

5.4　微穿孔板的其他形式

微穿孔板吸声器还可以与其他吸声结构相结合，增加微穿孔板的吸声能力，发挥更好的吸声功能。

5.4.1　微穿孔板后接附蜂窝结构

微穿孔板一般都比较薄，如何利用微穿孔板的吸声特性又保持一定的板强度是设计时要考虑的一个因素。一种工程解决方案是在微穿孔板后面接附一个轻量化的蜂窝结构（图 5.7a）。蜂窝结构的空腔可以产生类似于局域反作用的声学条件。如果我们把蜂窝结构放到微穿孔板后面的空腔气隙中，这样的声学效果也可以在微穿孔板结构中产生。实际上，蜂窝结构把微穿孔板的空腔分成若干个更小的空腔，这些小的空腔与微穿孔板组成共振结构，吸声效果会有所改善。

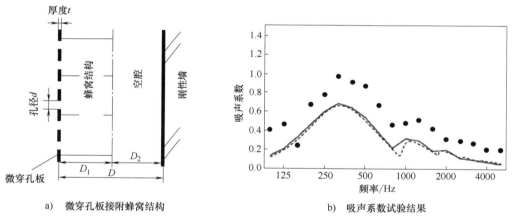

a)　微穿孔板接附蜂窝结构　　　　　b)　吸声系数试验结果

图 5.7　蜂窝结构的微穿孔板及吸声系数试验结果

图 5.7b 的点为试验结果，线为理论计算结果。我们可以看到，混响声吸声系数的峰值变得高了，而且向低频移动，这就是蜂窝结构微穿孔板的声学特点。

5.4.2　多层微穿孔板结构

无论是理论上还是实际应用上，只要设计空间允许，成本和质量在可以接受的范围内，都可以采用多层微穿孔板结构，增加结构的吸声系数，扩大吸声系数的频带，降低最大吸声系数的频率。

图 5.8 所示为一个多层微穿孔板结构，两个微穿孔板结构之间的空腔上加了一个普通的板。这种结构的吸声系数与传递损失试验结果列在图 5.8b、图 5.8c 中。黑实线为试验结果，黑虚线为平均值，灰虚线为平均传递损失最小化的结果。我们可以看到，由于采用了多层微穿孔板结构，吸声系数的第一个峰值在 500Hz，第二个峰值在 1200Hz。对于传递损失来讲，高频（大于 1500Hz）的传递损失到达 40dB 以上。

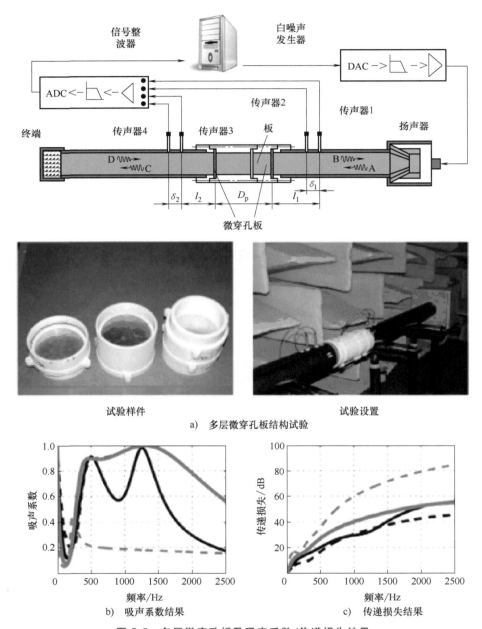

a) 多层微穿孔板结构试验

b) 吸声系数结果

c) 传递损失结果

图5.8 多层微穿孔板及吸声系数/传递损失结果

5.4.3 微穿孔板结构与透气性薄膜以及空隙材料的组合

微穿孔板结构的吸声功能在共振频率上是非常有效的，这个共振频率大约在2个倍频程频率带之内，在非共振频率上的吸声效果不是很理想。为了使吸声频带更宽，人们做了各种努力。上面提到的多层微穿孔结构就是一种工程解决方法。

日本神户大学的环境声学家坂上公广教授是一个马大猷院士的崇拜者，他热爱音乐，是一位出色的吉他手。一般的声学家都热爱音乐，因为音乐就是声学的一部分。这就是声学家的优势：学的专业，从事的专业就是音乐的一部分。他对马院士的微穿孔板理论进行了深入的研究，并提出了多种改进微穿孔板的工程解决方法。多层微穿孔板会使微穿孔板结构的成本与质量增加，因此，最困难的问题是如何将构造成本最小化。为了避免成本的增加，或将增加的成本降低到可以接受的程度，坂上教授的团队一直在进行最小化微穿孔板成本的努力。由于微穿孔板结构的吸声特性基本上与使用的材料无关，最基本的思路就是使用比较便宜的材料，组成一个由廉价材料构成的具有微穿孔板结构的吸声体系。使用可透气性薄膜或孔隙材料是节省成本的一个很好的思路。

从图 5.9 中可以看到，微穿孔板加上孔隙材料后，其频率带宽变大了，而且共振频率也变低了。

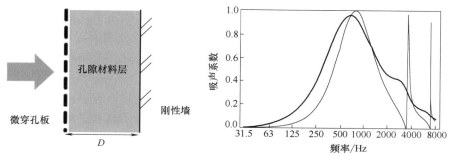

图 5.9　微穿孔板后加孔隙材料层以及其对吸声系数的影响

坂上教授的团队还对微穿孔板结构加上透气薄膜的结构加以研究。这种结构有两种类型，类型 A 是将透气薄膜放到刚性墙与微穿孔板之间将空腔隔离成两个部分（图 5.10a）；

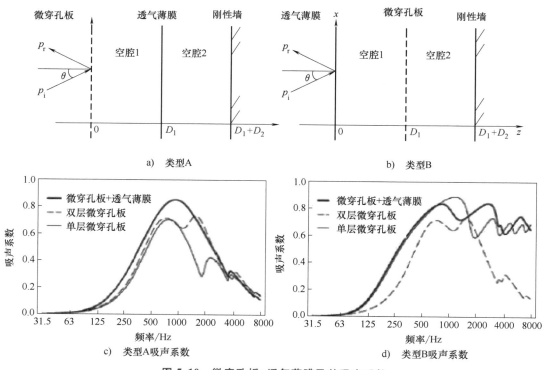

图 5.10　微穿孔板+透气薄膜及其吸声系数

…

类型 B 是将透气薄膜放到微穿孔板前面再形成一个空腔，变成两个空腔结构（图 5.10b）。透气薄膜声学意义上是透明的，但它具有声学流动阻尼，因此可以吸收声能量，把它与微穿孔板结合起来应该可以对微穿孔板的系统特性有改进。

根据试验结果我们可以观察到，类型 A 透气薄膜加强了吸声系数的峰值，峰值变得更高，频带更宽。因此，在空腔内的透气薄膜使得微穿孔板吸声器变得更有效。对于类型 B，我们可以看到，它的吸声系数几乎与单层微穿孔板的吸声系数是一样的，对微穿孔板没有什么改进。

5.4.4　微穿孔板吸声器的空腔分割

当微穿孔板被用于空调与通风系统时，这些微穿孔板通常被用于直管道的侧壁、弯管处以及静压箱中。在这些情况下，在直管与弯管中，在低频可以分别假定切线入射与正入射，如果微穿孔板装在静压箱中，切线入射与正入射在低频都会出现，但是散射情况会出现在通风空调系统中。

为了改进微穿孔板的吸声性能，一种比较有效的策略就是将空腔进行分割。对于空腔的分割，坂上教授团队是将蜂窝型结构放到微穿孔板的后面，对于具有蜂窝空腔分割与没有任何空腔分割的微穿孔板进行了插入损失的对比。

从图 5.11c 中可以看到，具有蜂窝空腔分割的微穿孔板的插入损失要比没有空腔分割的插入损失几乎在所研究的所有频率上都高了许多。没有蜂窝空腔分割的微穿孔板的总插入损

a)　试验样本

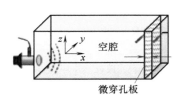

b)　试验方法与试验设置

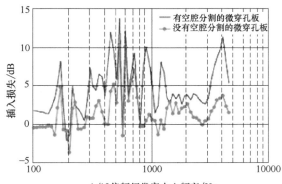

c)　试验数据

图 5.11　微穿孔板空腔分割与试验数据

失为 1.5dB，而具有蜂窝空腔分割的微穿孔板的总插入损失为 3.2dB。可见具有蜂窝空腔分割的微穿孔板在吸声上还是很有效的。

5.4.5　微穿孔板空腔的不同分割形式

微穿孔板后的空腔可以有不同的分割形式，例如三通道式分割、亥姆霍兹共振器分割，以及斜板分割。这些不同分割形式的吸声系数可以通过试验获得。

在图 5.12 中，蓝色实线代表微穿孔板空腔被完全分割，灰色实线代表一半的空腔被分割，红色实线代表没有分割的空腔。从这些不同分割形式的吸声系数我们可以观察到，有分割与没有分割的情况下对比，有分割好于没有分割。在低频范围内，分割空腔几乎看不到有什么改进，但在高频频段上（大于 1000Hz）我们可以看到，空腔的分割对吸声系数有非常大的改进。亥姆霍兹共振器分割在其共振频率带上的改进最为明显，而三通道式分割则在高频上改进最为明显。

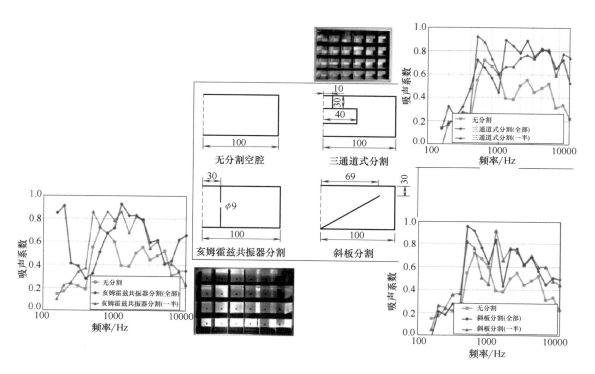

图 5.12　微穿孔板空腔的不同分割形式与吸声系数

5.4.6　微穿孔板空腔中加孔隙材料

当微穿孔板吸声器用于吸收低频噪声时，其空隙空间需要加深，同时吸声系数的带宽将会变窄。人们提出将空隙与孔隙材料组合来改进微穿孔板吸声器的吸声带宽。如果将孔隙材料放到微穿孔板前面，在它们之间布置空隙层的话，微穿孔吸声器的吸声效果要比在微穿孔板后面放置孔隙材料的吸声效果好得多。

我们看到有七种不同的空隙与孔隙材料的配置组合，其中蓝色图形为孔隙材料。

图 5.13a、图 5.13b 是将孔隙材料放到微穿孔板的前面；图 5.13c 是将孔隙材料放到微穿孔板的后面；图 5.13d 是孔隙材料与微穿孔板之间各有空气层；图 5.13e 是将孔隙材料放到刚性墙上；图 5.13f 是传统的微穿孔板吸声器，没有任何附加材料与结构；图 5.13g 为利用孔隙材料替代了传统微穿孔消声器的微穿孔板。

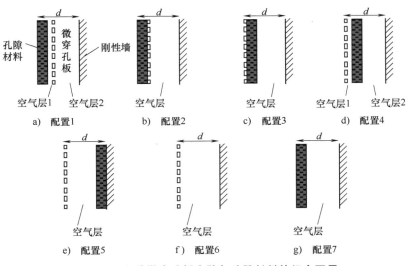

图 5.13 七种微穿孔板空隙与孔隙材料的组合配置

从图 5.14 中的吸声系数的对比可以看到，配置 1 结构的吸声系数是最好的，也就是把孔隙材料放到微穿孔板的前面而且孔隙材料与微穿孔板之间有一个空隙时，吸声系数在整个频率段都是好的，具有非常宽的吸声频率谱带宽。

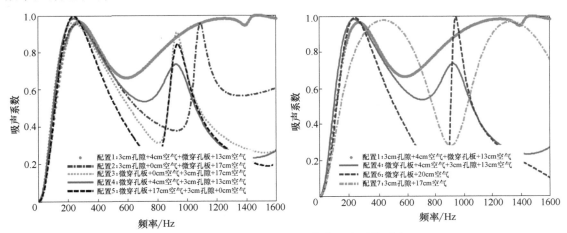

图 5.14 七种微穿孔板吸引器的吸声系数对比

5.5 微穿孔板的应用实例

因为微穿孔板吸声能力跟材料基本无关，所以微穿孔板最先应用于建筑上，特别是建筑的外观上。微穿孔板外观可以设计得非常美观，在吸声材料中以外观著称，同时又可以有很好的吸声作用。最重要的一点是微穿孔板可以在美学上给人以视觉上的冲击，能将人们常见的结构，像窗户，吊棚，天井等，转变成具有独特的、吸引人眼球的特性。因此，微穿孔板成为许多建筑外观材料以及吸声材料的首选。

5.5.1　微穿孔板在建筑上的应用

如图 5.15 所示，这种微穿孔式的覆层既可以为墙面提供保护，又提升了建筑美学效果。

例如微穿孔板天棚（图 5.16），非常美观，同时也便于安装，可以提供吸声的作用，还可以覆盖那些丑陋的管道，又方便维修。因此，许多家庭以及商业结构都采用微穿孔板天棚的结构形式。

图 5.15　外墙的微穿孔板覆层

图 5.16　微穿孔板天棚

5.5.2　微穿孔板在餐厅的应用

如图 5.17 所示，微穿孔板用于餐厅的天棚，可以提升建筑美学效果，同时可以减少餐厅的噪声。安静的就餐环境提高了餐厅的档次，是高档餐厅的标志之一。

5.5.3　微穿孔板在排练房与乐池的应用

排练房与剧院中乐池是专业艺术家与音乐家工作的地方。不幸的是，这些训练有素、充满激情的音乐艺术专家们却经常需要承受到特别高的声压，这些声音来自他们自己或乐器以及乐团所有其他成员，使他们不得不在非常困难的情况下演绎他们的艺术作品。特别是排练房与剧院乐池的空间很小，

图 5.17　微穿孔板在餐厅的应用

乐队成员被迫坐在椅子上，加上高分贝的演奏，严重影响了乐队成员的听力健康，同时，大家也听不清谁在演奏什么，这样的声学环境在很多排练房或乐池都是一样的。那么什么样的排练房与剧院乐池才能为这些艺术家创造出合适的工作呢？这需要满足三个条件：①声强的水平必须减少到对音乐家耳朵听力没有损害的最低程度；②乐队成员与指挥之间的音乐通信必须尽可能地保证清晰；③乐队成员必须精确地听到他们自己的演奏以及其他成员的演奏。

如图 5.18、图 5.19 所示，对这样排练厅的声学问题的改造主要是在侧墙上以及天棚上。在天棚的下面安装复合板吸声材料，而在乐池侧墙上安装微穿孔板与复合吸声材料的组

合。测量结果表明，乐池的早期滞后时间缩短，在乐池中的平均声压水平降低了 5～7dB，标准混响时间对不同的频率在 0.2～0.3s 之间。声学环境的改变使得乐队成员能够更好地听到自己的演奏以及其他成员的演奏，达到了乐队与舞台之间的声学最佳平衡。在各个频率段内的音乐清晰度也获得很大的提高。例如，在 125Hz，指挥与乐队的位置之间的清晰度增加了 10dB，在 250Hz 以上其他频率段上的清晰度在乐队的所有位置上改进了 5dB。这样声学改造的结果，尤其是工作环境的明显改善令乐队成员非常满意。

a) 德国斯图加特国家剧院的排练厅在声学改造之前的天棚　　b) 德国斯图加特国家剧院的排练厅在声学改造之后的天棚

图 5.18　德国斯图加特国家剧院天棚的声学改造

 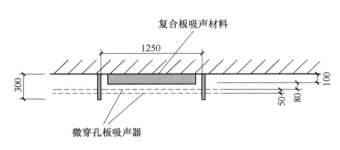

图 5.19　德国斯图加特国家剧院侧墙的声学改造

5.5.4　微穿孔板在高铁隧道口处的应用

当高铁通过隧道时，它所产生的噪声会在隧道中混响，然后从隧道口传播出来。这些辐射噪声与高铁在轨道上产生的直接噪声相混合，产生了环境噪声。类似的现象在隧道口的缓冲结构上可以观察到。

如图 5.20 所示，日本新干线隧道口装有缓冲结构，当子弹头高铁通过隧道入口时会产生很大的环境噪声。为了减少高铁对环境的噪声污染，日本决定在高铁隧道的入口缓冲结构上采用非常有效的微穿孔板吸声结构对隧道入口进行声学改进。他们采用的微穿孔板吸声器有三层微穿孔结构。第一层微穿孔板是铝板，第二、三层采用微穿孔铝箔板。将这些微穿孔吸声结构安装在高铁隧道入口缓冲结构的内墙上，总体噪声减少了 4dB。

隧道入口缓冲结构

a)　隧道入口缓冲结构

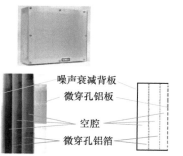

噪声衰减背板
微穿孔铝板
空腔
微穿孔铝箔

b)　微穿孔铝板结构

c)　用于隧道入口缓冲结构的微穿孔铝板结构

c)　安装微穿孔板

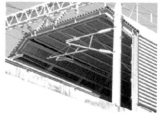

d)　覆盖隧道入口处缓冲结构内墙的微穿孔板

图 5.20　日本新干线隧道入口处的声学改进

5.5.5　微穿孔板在演讲厅、会议室等环境中的应用

在演讲厅、会议室、办公室、多媒体室、食堂、话务室等环境中既有外部的噪声源（例如交通），又有内部的噪声源（例如办公设备、人员讲话），这些噪声都会与传到繁忙的通信者的耳朵中的信息相干涉。但一个非常重要的而且无处不在的干涉因素却被声学与人机工程专家们忽略了，这就是房间的墙与顶棚的离散低频共振。当房间的空腔共振频率被人类使用者本身激励时，可能会明显地与声学通信过程干涉，这种干涉与背景噪声干涉语音交流的方式是一样的。

我们首先来看当进行语音交流时，我们人类的语音声学特征。从图 5.21a 可以看到，人们语音交流的声学特征是在低频时与高频时的语音声压很小，语音交流的主要频带是 250Hz以上。当人们定义语音干涉水平（SIL）时，只是考虑 500Hz、1000Hz、2000Hz、4000Hz 倍频程频带的背景噪声的数字平均（图 5.21b），完全忽略了低频的作用。

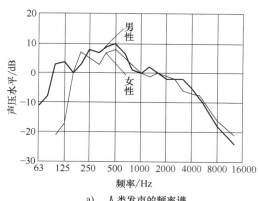

a)　人类发声的频率谱

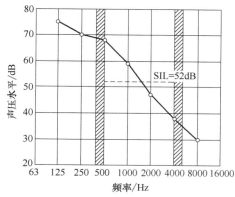

b)　语音干涉水平

图 5.21　正常语音的能力谱与语言干涉

我们再看看小房间的空腔声学模态情况。

$$f_{n_x,n_y,n_z} = \frac{c}{2}\sqrt{\left(\frac{n_x}{L_x}\right)^2 + \left(\frac{n_y}{L_y}\right)^2 + \left(\frac{n_z}{L_z}\right)^2} \qquad (5.24)$$

式中，n_x，n_y，n_z 均为 0，1，2，…。

一个 $L_x = 5m$，$L_y = 4m$，$L_z = 3m$ 的小房间的空腔共振频率见表 5.1。

表 5.1　一个小房间空腔的固有频率

序号	固有频率/Hz		模态
	测量	计算	
1	35,0	34,3	1,0,0
2	42,5	42,9	0,1,0
3	55,5	54,9	1,1,0
4	56,3	57,2	0,0,1
5	66,1	66,7	1,0,1
6	68,9	68,6	2,0,0
7	70,6	71,5	0,1,1
8	78,8	79,3	1,1,1
9	80,5	80,9	2,1,0
10	85,5	85,8	0,2,0
11	89,0	89,3	2,0,1

我们从表中可以看到，小房间的声学空腔固有频率在低频是非常丰富的。尽管人们的语音在低频时能量很小，但不可避免地会激发这些房间的声学空腔固有频率，不论是噪声，还是人们的语音，在这些频率上都会被放大或扭曲。在这些低频上，房间中的嗡嗡声对我们语音的清晰度有着非常有害的影响。我们应该控制这些空腔频率与语音频率之间的干涉，控制的方法之一就是在天棚以及侧墙上安装微穿孔板以及复合板吸声材料。

如图 5.22 所示，根据改进后的混响时间测试，混响时间大大减少。从主观评价来看，所有的人都感到声学改进措施的效果是非常令人吃惊的，也就是说，微穿孔板与复合吸声板的安装极大地改进了人们的工作环境，提高了语音交流效率。

5.5.6　微穿孔板在柴油发电机组中的应用

一组 500kW 柴油发电机组在没有消声器的情况下，1m 距离测得的噪声为 116dB（A）。传递路径中的安全系数为 5dB（A）。如果我们期望发电机组的排气噪声标准为 60dB（A），那么该发电机组的排气噪声标准为 55dB（A）。如果我们考虑距离发电机组 25m 远的地方噪声，可以这样计算：

$$L_p(x_r) = L_p(x_0) - L_p(x_r/x_0) \qquad (5.25)$$

$$L_p(25) = L_p(1) - L_p\left(\frac{25}{1}\right) = 116 - 28 = 88dB(A) \qquad (5.26)$$

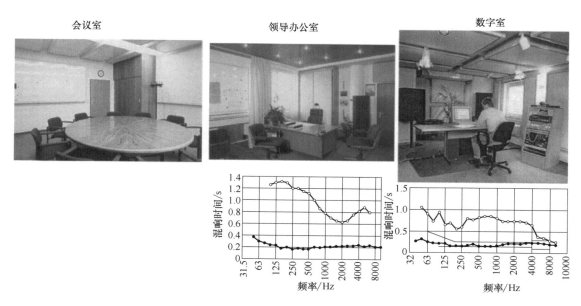

会议室　　　　　　　领导办公室　　　　　　数字室

图5.22　小房间的声学改进图及混响时间

那么，所要求的消声器（图5.23）的插入损失为

$$IL = L_p(25) - ENC - 安全系数 = 88dB(A) - 55dB(A) + 5dB(A) = 38dB(A) \quad (5.27)$$

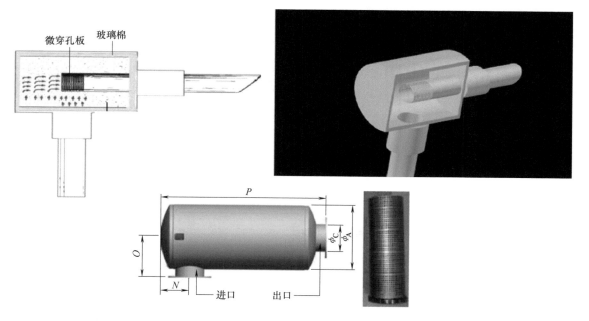

图5.23　吸声性排气消声器构造图与实物照片

微穿孔板式排气消声器的减噪试验结果如图5.24所示。

从图5.24可以看到，新设计的微穿孔板式排气消声器与传统排气消声器相比噪声减少了近30dB，这是一个非常好的结果。

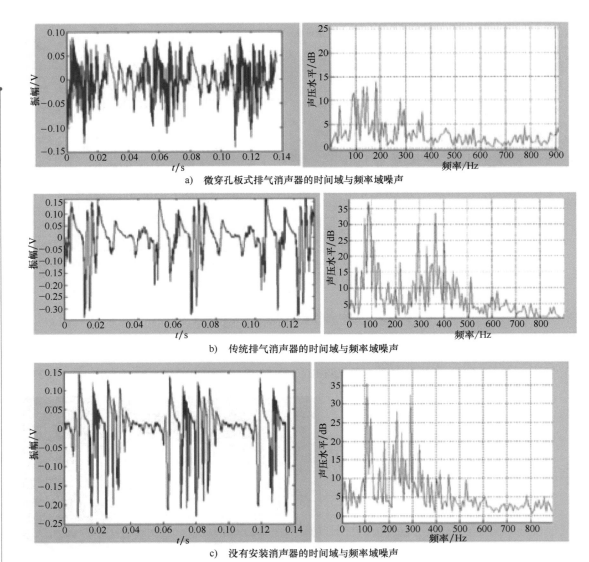

a) 微穿孔板式排气消声器的时间域与频率域噪声

b) 传统排气消声器的时间域与频率域噪声

c) 没有安装消声器的时间域与频率域噪声

图 5.24　微穿孔板式排气消声器的减噪效果对比

5.5.7　微穿孔板在火箭整流罩中的应用

由火箭推进系统在火箭起飞期间所产生的声学荷载是火箭载荷生存性的主要威胁之一。许多商务运载火箭都设计了在整流罩中的声学保护系统。因为微穿孔板吸声器可以用金属制造而成，不会对荷载产生污染，因此，微穿孔板吸声器可以用来作为整流罩的声学保护系统。

商务发射的整流罩中的声压水平非常高，总体噪声可以达到140dB。高噪声在微穿孔板的微小孔中产生高水平的粒子速度，人们观察到在孔的出口处出现射流与涡流环。这些影响大大增加了声学阻抗。

韩国航天研究所的朴先生（Soon-Hong Park）所领导的团队研究了在火箭发动机的整流

罩上安装微穿孔板来减少火箭发动机的整流罩在发射时的噪声。他们使用的火箭模型为韩国的 NARO（KSLV-1）火箭，如图 5.25 所示。

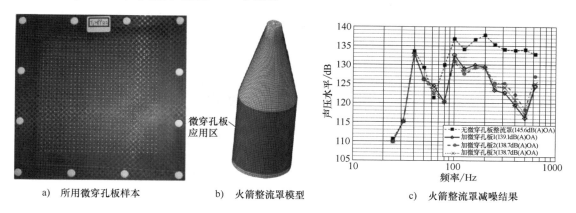

a)　所用微穿孔板样本　　　　b)　火箭整流罩模型　　　　c)　火箭整流罩减噪结果

图 5.25　韩国 NARO 火箭整流罩的微穿孔板及其试验结果

从试验结果来看，总体噪声减少了将近 6dB（A）。换算成声能量的话，这种微穿孔板将该火箭整流罩内在发射期间的噪声减少了一半。这样的结果可以很好地保护整流罩中的荷载。

5.5.8　微穿孔板在航空发动机中的应用

微穿孔板作为一种可以在相对的高温以及恶劣环境下减少噪声的吸声器，在航空发动机上获得了飞机发动机设计人员的青睐。世界上主要的商务飞机主机厂与航空发动机制造商都毫无例外地采用了微穿孔板作为航空发动机进气口的吸声材料，包括但不限于美国的 CFM、英国罗尔斯·罗伊斯（图 5.26）、美国的波音和欧洲的空中客车等。中国 C919 大飞机项目采用 CFM LEAP-1 航空发动机，是与波音 737 Max 相同的发动机。

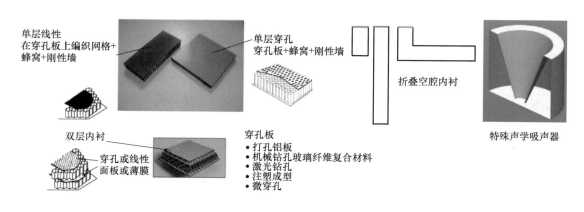

图 5.26　英国罗尔斯·罗伊斯航空发动机的进口微穿孔内衬

我们注意到，美国航空航天局试验了长方形微穿孔板吸声器。这种发动机的微穿孔板改进了微穿孔板的吸声特性，而且减少进气口的空气阻力达到 50%，如图 5.27 所示。

进气口边的微穿孔板吸声器

无缝隙连接

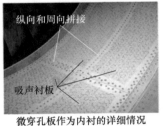

纵向和周向拼接

吸声衬板

微穿孔板作为内衬的详细情况

微穿孔的孔为长方形孔

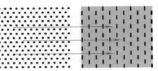

微穿孔从圆孔改成长方形孔，减少了空气阻力，减少噪声

图 5.27　微穿孔板吸声器在商用飞机上的安装情况

5.6　微穿孔板的潜在应用

微穿孔板吸声器虽然已然诞生了 50 多年，但它的应用远没有达到它应该达到的地位，主要原因之一是了解它的人比较少，懂得它的优点的就更少了。在美国、欧洲等国家或地区，各种各样的微穿孔板产品可以说已经完全形成供应商链条了，只要有需要，都可以花钱在市场上买到。

5.6.1　微穿孔板吸声器在空调与通风系统管道上的应用

中央空调与通风系统需要通过管道将冷风（或热风）送到房间。空调系统的噪声可以通过在主管道上安装微穿孔板吸声器的方式对空调系统的噪声进行衰减，工程解决方案非常简单，就是在主管道中安装微穿孔板吸声器（图 5.28）。

从该结构的试验结果可以看到，声传递损失与吸声系数都在某个频带内出现峰值，这个峰值可以通过设计系统的微穿孔板参数，调制到鼓风机的叶片通过频率。这样就可以有针对性地把空调通风系统的最大噪声的频率作为设计目标，消除空调通风系统的最大噪声。另外还可以采用航空发动机进气口的微穿孔板吸声器的设计理念，将微穿孔板的圆孔改成长方形孔，这样减噪效果更好，而且可以降低管道中的流阻。

5.6.2　基于微穿孔管的新型发动机排气消声器

在这种消声器的设计中，微穿孔板与外壳都是通心圆柱体。图 5.29a 是将微穿孔空腔被等距离地分成两个空腔，图 5.29b 是将微穿孔空腔被分成 4 个相等的空腔，图 5.29c 是将微穿孔空腔分成 3 个不相等的空腔。两个相同长度的扩展腔中（图 5.29a），传递损失有最小值，4 个等长度的扩展腔（图 5.29b）中，传递损失没有最小值。我们在 3 空腔分割的结构

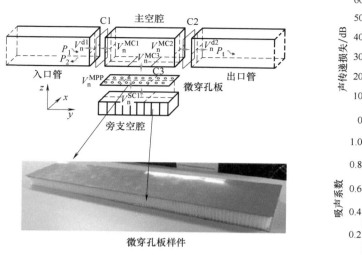
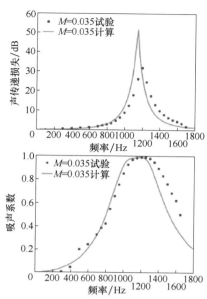

图 5.28　微穿孔板吸声器在管道中的静音作用

的结果（图 5.29c）中可以看到，当扩展腔的长度等于波长的一半的整数倍时，传递损失会出现最小值。当腔的长度不等时，这个最小值就没有了。在 4 个扩展腔中最大传递损失达到 57dB，3 个不等长度的扩展腔中最大的传递损失达到 45dB，而且这些传递损失的频带很宽。很显然，不同传递的扩展腔成功地去掉了传递损失的最小值。这种设计特点增加了消声器的总传递损失。

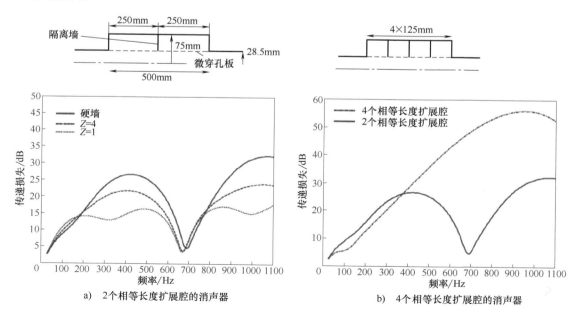

a)　2个相等长度扩展腔的消声器　　　　b)　4个相等长度扩展腔的消声器

图 5.29　基于微穿孔管的新型排气消声器设计简图与传递损失

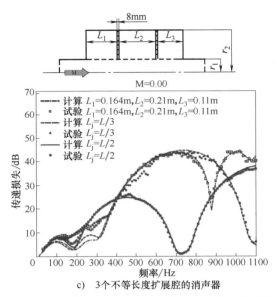

c) 3个不等长度扩展腔的消声器

图 5.29 基于微穿孔管的新型排气消声器设计简图与传递损失（续）

5.6.3 微穿孔板用于草坪修剪设备的静音

在北美地区，几乎每家房前屋后都有草坪。切草机、修剪机、切边机等草坪修剪设备就成为家庭必备的设备。切草机、切边机、吹草机等配套机械的噪声备受使用者与邻居的诟病。如果我们能够生产成本比较低的安静的除草设备，那在市场上将是非常受欢迎的。微穿孔板消声器也可以安装在家用切草设备上，在消声器中的消声室内安装微穿孔板吸声器可以提高切草机发动机消声器的消声功能。

图 5.30a 所示是一台切草机，有一台 2 冲程 TANAKA SUM 328SE 汽油发动机，通过驱

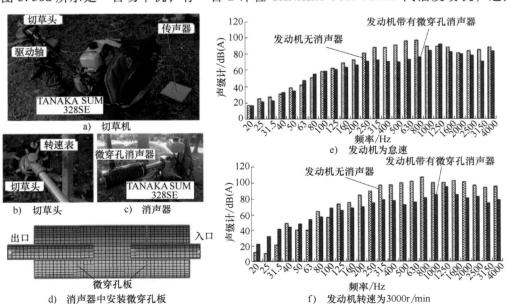

图 5.30 切草机的微穿孔消声器

动轴驱动切草头（图 5.30b）。为了减少发动机的噪声，在发动机的排气口上安装了消声器（图 5.30c），消声器中安装了微穿孔板（图 5.30d）。在发动机怠速时，具有消声器与没有消声器的噪声对比如图 5.30e 所示，在发动机为常用工作转速 3000r/min 时的噪声对比如图 5.30f 所示。

我们可以看到，在怠速时，630Hz、800Hz 频率的噪声为 100dB（A），加上消声器后，在 160~1000Hz 频率段上，噪声减少到 70dB（A）。对于该发动机的噪声而言，新装的带有微穿孔板的消声器可以减少噪声 5~23dB（A）。当发动机为 3000r/min 的工作转速时，最高噪声升到 107dB（A），但消声器将其减少到 85dB（A），即减少了 22dB（A）。

从图 5.30 中可以看到，这个排气消声器的体积还是很大的，质量也不轻，对于手持肩扛的家用设备来讲还是不能用，也就是说，不能用于商业产品。因此，为草坪修理机械开发袖珍型的、有效的消声器在市场上还是有很大空间的。

5.6.4　微穿孔板在空气喷嘴管道中作为管道过滤器

当空气以某一个流速在管道中流动时，空气以喷嘴的方式经过微穿孔板，这样的情况下，微穿孔板的吸声功能如何呢？

如图 5.31 所示，空压机通过管路与阀门将压缩空气注入管路的左端，在左端，压缩空气通过带有空腔的微穿孔板结构的微穿孔向管道的右端流动。微穿孔板的目的就是在有空气压力以及空气流动的情况下，减少管道中的噪声。

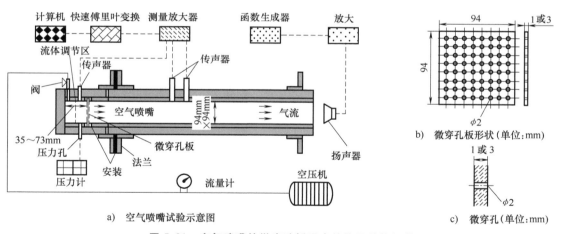

图 5.31　空气喷嘴的微穿孔板吸声结构及结构细节

图 5.32a 中有 6 条吸声系数曲线，分别对应着 0~100L/min 的流量。当流量增加时，吸声系数增加，而且吸声系数的带宽也在增加。图 5.32b 中的 6 条吸声系数曲线对应着流量为 50~100L/min。当流量增加时，直到 80L/min，吸声系数的峰值都在增加，当过了 80L/min 后，流量增加反而吸音系数的峰值减少。最终的结论是，当管路中有流体流动时，并且流体通过微穿孔，那么微穿孔板的吸声效应还是同样存在的。因此，可以将微穿孔板作为一种空气管道中的过滤器，既可以过滤管道中的微粒，又可以消除管道中的噪声。传统管道过滤器一般是一次性使用的，而且微穿孔板过滤器的好处是清洗以后可以重复使用，可以降低管道中过滤器的维护成本。

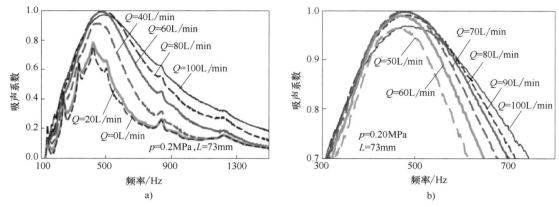

图 5.32　空气喷嘴的微穿孔板吸声结构在不同流量下的吸声系数

5.6.5　微穿孔板作为声学窗

来自交通以及其他声源的噪声对于城市环境有着持续的、有害的影响。在噪声环境下的民用建筑的窗户通常需要密封，但结果是低能量的自然通风也无法实现。我们需要开发一款既可以减少外界的噪声，又能够实现自然通风，又能够有效地透过日光的民用窗户。相对简单的工程解决方案就是密封窗户然后使用静音单元以便能够使用自然通风，这个静音单元可以安装在窗缝中，或安装在窗户周边不透明的地方。核心思路就是使用两层透明的玻璃层，通过将两层玻璃错开，创造一种通风通道，沿着这个通风通道可以布置减少噪声的透明微穿孔板吸声器（图 5.33）。

这种既可通气，又可透光，同时又可以消声的窗户系统包括了 4 种结构形式。两层玻璃错开形成一个间隙（图 5.33a），这个间隙是可以通风的。在这个间隙的两层布置微穿孔板吸声器（图 5.33b）。仅仅从通风的角度，可以在两层玻璃的间隙中安装百叶窗（图 5.33c），或在声源侧开口处安装一个玻璃罩（图 5.33d）。

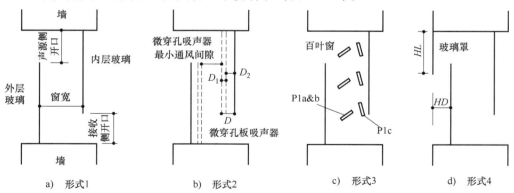

图 5.33　通气、透光以及消声窗户示意图

这种声学窗户缺点是只适合非常干净的，污染极少的城市，因为这种声学窗户没有考虑在间隙中如何防止灰尘进入到房间中。这种声学窗的改进应该是在两层玻璃之间的垂直方向加上微穿孔板使得微穿孔板在整个空隙中形成一个封闭环，这样既可以增加吸声功能，也可以过滤空隙中的空气。

5.6.6　微穿孔膜在车辆声学包中的应用

　　传统车辆声学包的结构为吸声层+隔声层，或三明治结构：隔声层+吸声层+隔声层。人们希望这些声学包的质量越轻越好。但是声学中的质量定理限制了声学包的轻量化。因此，人们开始转向特殊的吸声结构与材料，期望这些结构或材料既可消声，又可以减少质量。

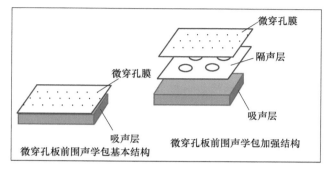

　　如图5.34所示，美国通用汽车公司的NVH工程师们提出一种带有微穿孔膜的声学包结构，即将吸声层上面加上一层微穿孔膜，或在隔声层上加上一层微穿孔板，替代质量占比比较大的隔声层。这样的结构质量减轻了，但减噪的能量保持相同。

图 5.34　车辆微穿孔结构声学包

5.6.7　微穿孔板吸声器与亥姆霍兹共振器的集成

　　微穿孔板吸声器与亥姆霍兹共振器的集成应该体现出微穿孔板的吸声特性以及亥姆霍兹共振器的吸声特性。

　　从图5.35中可以观察到，亥姆霍兹共振器的结构特征是其颈插入到其空腔之内，然后

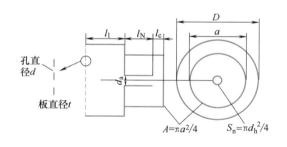

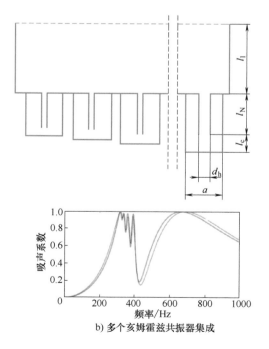

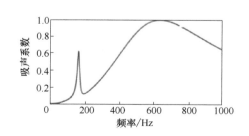

　　a)　单个亥姆霍兹共振器集成　　　　　　　　b) 多个亥姆霍兹共振器集成

图 5.35　微穿孔板与亥姆霍兹共振器的集成

这个特殊的亥姆霍兹共振器替代传统的微穿孔板结构的刚性墙，也就是吸声器与共振器串联相接。对于图5.35a所示的单个亥姆霍兹共振器集成的结果是，整体结构的吸声系数有两个峰值，分别对应于吸声器与共振器。第一个峰值对应于共振器，第二个峰值对应着吸声器。对于图5.35b所示的多个共振器与吸声器的集成，我们可以看到低频上有多个峰值，对应着多个共振器，而吸声器的峰值几乎没有变。

5.6.8　微穿孔板吸声器在核磁共振扫描机中的应用

核磁共振扫描机是一种非常强大的医学诊断与研究的仪器。但在扫描的过程中，这种仪器产生的噪声已经成为一个主要的问题，因为噪声影响到了病人的舒适性与听力的安全性。为了衰减该扫描机的噪声，有许多主动的与被动的减噪方法与方案，微穿孔消声器可以作为一种被动消声装置来减少核磁共振扫描机所产生的噪声。

图5.36c是在扫描机内噪声实测的数据。当风扇关闭后，病人在中间位置时的噪声明显减少。但当风扇开启时，减噪效果不如风扇关闭时。微穿孔板的设计调制到最大声压的峰值频率上效果可能会更好一些。

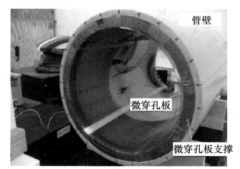
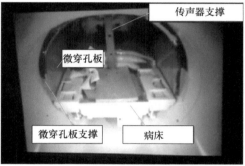

a)　实物模型　　　　　　　　　　　b)　扫描机实地测试

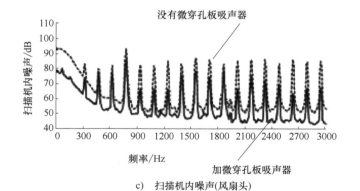

c)　扫描机内噪声(风扇头)

图5.36　使用微穿孔板吸声器减少核磁共振扫描机的噪声

5.6.9　微穿孔板吸声器在圆柱体中的应用

核磁共振扫描机实际上是一个圆柱体，在圆柱体内的微穿孔板吸声器的减噪功能完全可以用于扫描机中，结构也很简单：在圆柱体内加上环或杆作为微穿孔板的支撑（图5.37a、

图 5.37b)，同时提高微穿孔板的空腔。微穿孔板就安装在这些支撑上。另外可以对空腔进行分割，有两种分割形式，一种是全分割（图 5.37c），一种是半分割。空腔的分割可以提高微穿孔板吸声器的吸声系数，并消除最小吸声系数。

a) 微穿孔板支撑环

b) 微穿孔板支撑杆

d) 微穿孔板的安装

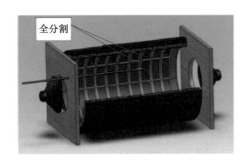

c) 全分割形式

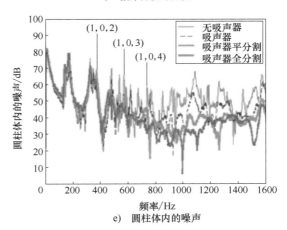

e) 圆柱体内的噪声

图 5.37 微穿孔板吸声器减少圆柱体内的噪声

在这样的结构下，如图 5.37e 所示，圆柱体内的噪声在空腔半分割的情况下试验的结果是比较好的，空腔全分割的结果是最好的，因为空腔全分割消除了在主体空腔中的纵向与周向的模态，这些模态会减少微穿孔板吸声器的减噪效率。这种微穿孔板吸声器可以作为核磁共振扫描机减噪的一种设计选择。

参 考 文 献

[1] MAA D Y. Theory and design of microperforated panel sound-absorbing constructions [J]. Scientia Sinica, 1975, 18 (1): 55-71.

[2] MAA D Y. Microperforated-panel wideband absorbers [J]. Noise Control Engineering, 1987, 29 (3): 77-84.

[3] MAA D Y. Practical single MPP absorber [J]. International Journal of Acoustics and Vibration, 2007, 12 (1): 3.

[4] BRAVO T, MAURY C, PINHEDE C. Enhancing sound absorption and transmission through flexible multi-layer micro-perforated structures [J]. Journal of the Acoustical Society of America, 2013, 134 (5): 3663-3673.

［5］ SAKAGAMI K. Sound absorption systems with the combination of a Microperforated Panel（MPP）, permeable membrane and porous material: some ideas to improve the acoustic performance of MPP sound absorbers ［J］. IJRRAS, 2015, 24（2）: 59-66.

［6］ LIU J, HERRIN D W. Enhancing micro-perforated panel attenuation by partitioning the adjoining cavity ［J］. Applied Acoustics, 2010, 71: 120-127.

［7］ FUCHS H, ZHA X. Sound-absorbing glass building component or transparent synthetic glass building component: US 5700527 ［P］. 1997-12-23.

［8］ SHRAVAGE P, DESA K V. Design of Micro-Perforated Absorbers（MPA）［EB/OL］. （2009-09-05）［2023-07-01］. http://alfaacoustics. com/downloads/Design-of-Micro-perforated-Absorbers-_ MPA _-NSA-2009. pdf.

［9］ ZHA X, FUCHS H V, DROTLEFF H. Improving the acoustic working conditions for musicians in small spaces ［J］. Applied Acoustics, 2003, 63: 203-221.

［10］ HORIUCHI T, OGINO K, YOSHIMURA T, et al. Development and practical application of a sound absorbing panel using microperforated aluminum for shinkansen tunnel entrance hoods ［J］. Kobelco Technology Review, 2016, 34: 25-31.

［11］ FUCHS H V, ZHA X, ZHOU X, et al. Creating low-noise environments in communications rooms ［J］. Applied Acostics, 2001, 62: 1375-1396.

［12］ UDDIN N, RAHMAN A, RASHID M M, et al. Reduce generators noise with better performance of a diesel generator set using modified absorption silencer ［J］. Global Journal of Researches in Engineering（A）, 2016, 16（A1）: 41-54.

［13］ PARK S H. A design method of micro-perforated panel absorber at high sound pressures environment in launcher fairings ［J］. Journal of Sound and Vibration, 2013, 332: 521-535.

［14］ KEMPTON A. Acoustic liners for modern aero-engines ［R/OL］. （2011-10-14）［2023-07-01］. https:// www. win. tue. nl/ceas-asc/Workshop15/CEAS-ASC_XNoise-EV_K1_Kempton. pdf.

［15］ ZHANG X, CHENG L. Acoustic silencing in a flow duct with micro-perforated panel liner ［J］. Applied Acoustics, 2020, 167: 107382.

［16］ WU M Q. Micro-perforated panels for duct silencing ［J］. Noise Control Engineering Journal, 1997, 45（2）: 69-77.

［17］ ALLAM S, ABOM M. A new type of muffler based on microperforated tubes ［J］. Journal of Vibration and Acoustics, 2011, 133: 031005.

［18］ HAMAKAWA H, MATSUOKA H, YAMAI T, et al. Acoustic absorption characteristics of perforated thin plate with air jets and cavity ［J］. Open Journal of Fluid Dynamics, 2015, 5: 1-9.

［19］ KANG J. An acoustic window system with optimum ventilation and daylighting performance ［J］. Noise and Vibration Worldwide, 2006, 37: 17-26.

［20］ PARRETT A V, WANG C, ZENG X, et al. Applications of micro-perforated composite acoustic materials to a vehicle dash mat ［C］//SAE 2011 Noise and Vibration Conference and Exhibition. Warrendale: Society of Automotive Engineers, 2011.

［21］ MAHESH K, MINI R S. Theoretical investigation on the acoustic performance of helmholtz resonator integrated micro-perforated panel absorber ［J］. Applied Acoustics, 2021, 178: 108012.

［22］ LI C, MECHEFSKE C K. A comprehensive experimental study of micro-perforated panel acoustic absorbers in MRI scanners ［J］. Magnetic Resonance Materials in Physics, Biology and Medicine, 2010, 23: 177-185.

［23］ YANG C, CHENG L, HU Z. Reducing interior noise in a cylinder using micro-perforated panels ［J］. Applied Acoustics, 2015, 95: 50-56.

[24]　ALLAM S. Optimal design of compact multi-partition MPP silencers for I. C. engines noise control [J].
　　　 Journal of Noise Control Engineering, 2016, 64 (5): 612-626.

[25]　TAN W H, RIPIN Z M. Analysis of exhaust muffler with micro-perforated panel [J]. Journal of VibroEngi-
　　　 neering, 2013, 15 (2): 558-573.

第6章　施罗德扩散器

6.1　问题的提出

　　欧洲有许多非常著名的歌剧院，例如维也纳音乐协会金色大厅，简称金色大厅（德文全称为 Goldener Saal Wiener Musikvereins，简称 Großer Saal）。维也纳金色大厅由西奥菲尔·汉森（Theophil Hansen）始建于 1867 年，1869 年竣工。欧洲其他著名的音乐厅还有伦敦的 Royal Festival Hall、曼彻斯特的 Bridgewater Hall、柏林的 Philharmonie Berlin 等。尽管这些古老的音乐大厅金碧辉煌，但囿于古代及近代声学知识的不完善，它们的声学效果并不尽如人意，不能与其厚重的历史和金碧辉煌的外观相匹配。1974 年，德国声学大家、哥廷根大学的施罗德（Manfred R. Schroeder）教授（图 6.1）与他的同事们组成一个团队，对欧洲 11 所音乐厅的声学特征进行科学调查，他们调查的内容对于音乐厅的声学改进是非常务实的：在不影响演出与外观的情况下，如何改进声学品质才能让听众们在现有的、古老的音乐厅中愉悦地欣赏音乐？但是判断声学品质是非常困难的，在不同音乐厅之间进行对比的任务也是非常艰巨的，因为听众的声学记忆是非常短暂的，如果让他们从一个音乐厅转换到另一个音乐厅，即使听同一个节目然后进行有实际意义的对比，这也是非常困难的。此外，听众对不同音乐表演的对比如何形成判断也是一个问题。另外，同一个节目的表演还受到交响乐队成员的座位排

图 6.1　德国声学家 施罗德教授

列或每个音乐家的表演风格的影响，而这个影响要比音乐厅本身特性的影响还大。为此，施罗德教授绞尽脑汁想出了一个解决这些问题的妙招：使用人工头的"耳膜"录音装置，在不同的音乐厅中录制音乐节目，然后在听音室中回放，这样就可以快速地从一个音乐厅转换到另一个音乐厅。为了保证同一个音乐节目在不同音乐厅表演的相同性，使用一个交响乐队的录音在舞台上播放，而不是重复音乐表演。然后，施罗德教授使用以他姓氏命名的方法向听众播放所记录的音乐节目，保证播放的录音与听众的听觉完全符合，达到与音乐厅一样的声学效果。他们还特别设计了听众的主观喜好与音乐厅的几何参数（例如音乐厅的体积、音乐厅的宽度、直接声音与达到听众耳朵的第一个反射声之间的滞后时间、混响时间、双耳

相关性，以及脉冲响应首个 50ms 的能量与总能量之比等）的相关性研究。调研的目的是得出音乐厅需要哪些建筑上的改进才能够让听众在欣赏音乐节目时获得愉悦的感受。

6.1.1　施罗德教授的发现

施罗德教授在进行欧洲音乐厅主观评价的研究中发现，人的两只耳朵接收的声信号具有双耳相异性（binaural dissimilarity）。对于那些具有高度相似的耳边信号的音乐厅与座位位置，听众的主观偏好就很低。相反，耳边信号不相似，则听众的主观偏好就大。换句话说，双耳相异性与主观偏好是正相关的。事实上，双耳相异性与其他客观参数也有非常强的相关性，包括混响时间。双耳相关性（interaural conference）定义为两耳之间脉冲响应的相关函数的最大值。"双耳相异性"是负的双耳相关性。

这样的结果意味着到达一位听众的中心平面的声音对于听众的主观偏好是有害的，因为这样的声音导致了听众两耳的声压波是完全相同的，会减少双耳相异性。换句话说，听众会感受到单频道的声音，而不是立体的声音。也就是说，主观偏好与音乐厅几何参数之间相关性最高的就是宽度。音乐厅越窄，听众对音乐的喜好就越强。窄的音乐厅自然会有更多的、更强的早期横向反射，与垂直中心平面相比，这些横向反射会到达听众耳朵的水平平面。这种早期横向反射导致更大的双耳相异性，因而能获得更好的听众偏好。数字模拟结果显示，双耳相关性为零时，主观偏好达到最大值。非常有意思的是，负相关的耳边信号对应着很低的听众偏好。双耳相关性最大时获得最低的主观偏好分数。根据这些结果，施罗德教授得出如下结论：零双耳相关性是最佳的设计标准，即便在现实中这个目标难以完全实现。施罗德教授提出了这样一个理论：在波的干涉中，确定波干涉模式的不是波的路径的差，而是被波长除后的余数。

当声波从任意一个方向碰到墙时，什么形状的墙能够最大限度地使声波向所有方向扩散，而且使每一个方向上的扩散声能量都是一样的呢？也就是究竟如何通过设计新的音乐厅建筑或改进现有的音乐厅建筑结构来获得令听众喜欢的声学特性呢？从物理上来讲就是要设计这样的天棚，它能使声波高度扩散，将一个简单的声波扩散成 10 个或更多声波，在一个很宽的角度范围中分布，每个这样的声波都带有几乎相同的能量。在墙上加装一个 1/4 波长管：设计一个井，井深为设计波长的 1/4，当井的入射波的波长为设计波长的一半时，其深度也是波长的一半，因此墙的表面就会形成镜面反射。进一步地，我们可以在墙上做出一系列的这样的不同深度的井，对所有的音乐频率的波进行反射。但是我们又不能针对每一个频率都做这样的井，那样井的数量就太多了。施罗德教授是一位知识相当丰富的学者，他借用基础数论中的最大长度序列，以及基础数论中的二次剩余序列中的项来确定反射墙上的不同的井的深度。通过这种方式确定的井的个数与深度在更大的频带宽度上具有非常高的声扩散能力。非常有趣的是，在 18 世纪发现数论中的二次剩余序列的伟大数学家卡尔·弗里德里奇·高斯，恰好与施罗德教授是同乡，他们都来自哥廷根。

6.1.2　数学家的悖论与中国余数定理

不管数学实践者们如何试图有意地忽略物理世界，他们总是为理解物理世界提供最好的工具。希腊数学家研究了椭圆，2000 年后物理学家牛顿发现星球的运行轨道就是椭圆。1845 年，伟大的数学家、高斯的学生，格奥尔格·弗雷德里希·波恩哈德·黎曼

（G. F. Bernhard Riemann）提出了著名的黎曼几何，又称球面几何，并提出了四维空间的概念。60 年后，伟大的物理学家爱因斯坦宣布这就是宇宙的时空形状。18 世纪，伟大的数学家高斯发现了二次剩余、二次互易等数论定理，但他的头脑中没有任何应用与物理的概念，这只是纯粹的数学发现。130 年后，也就是 1975 年，德国伟大的声学家施罗德教授将数论引入了室内声学领域。他发现，在波的干涉中，决定干涉路径的不是路径之差，而是除以波长后的余数。施罗德教授也明确指出，这些声学理论的数学根据就是中国余数定理（Chinese Remainder Theorem）。而中国余数定理是南北朝时期（公元 4—5 世纪）的数学著作《孙子算经》提出来的。我们的祖先做梦也不会想到，他们提出来的中国余数定理竟然在 1500 多年后被德国声学家确认是一种声学原理，可以用来改造古老的欧洲音乐厅。

中国余数定理又称孙子定理，最早见于《孙子算经》卷下第二十六题："今有物不知其数，三三数之剩二（除以 3 余 2），五五数之剩三（除以 5 余 3），七七数之剩二（除以 7 余 2），问物几何？"关于《孙子算经》这道题的解法，宋朝数学家秦九韶于 1247 年撰写的《数书九章》卷一、二《大衍类》对"物不知数"问题做出了完整系统的解答。明朝数学家程大位将解法编成朗朗上口的诗一样的《孙子歌诀》："三人同行七十稀，五树梅花廿一支，七子团圆正半月，除百零五便得知。"这首诗翻译成白话文就是：先找到 5 与 7 公倍数中余 3 为 1 的数＝70，3 与 7 公倍数中余 5 为 1 的数＝21，3 与 5 公倍数中余 7 为 1 的数＝15，然后 70×2（除以 3 余 2）+21×3（除以 5 余 3）+15×2（除以 7 余 2）＝233，最后 233/（3×5×7），它们的余数为 23，这就是余数定理所说的数。

6.2　理　论　基　础

6.2.1　简约的优雅：二次剩余序列

在数论中，特别在同余理论里，一个整数 s_n 对另一个整数 p 的二次剩余（Quadratic residue），是指 s_n 的平方除以 p 得到的余数。当存在某个 s_n，$s_n \equiv n^2$（模数 p）成立时，称 d 是模 N 的二次剩余。

$$s_n \equiv n^2 \equiv d(\mathrm{mod}\ N) \tag{6.1}$$

计算方法很简单：n 平方后用 N 除，其余数 d 即二次剩余数。如果我们选 $N=17$（N 为质数），则其二次剩余序列为

$$0,1,4,9,16,2,15,13,13,15,2,8,16,9,4,1;0,1,4,9,\cdots \tag{6.2}$$

这些序列是相对于 $n=0$ 的，与 $n=\dfrac{N-1}{2}$ 是对称的。

二次剩余序列具有令人惊讶的特性，如果我们用二次剩余序列构成一个离散的指数序列：

$$r_n = \exp(i2\pi)s_n/N \tag{6.3}$$

这个离散序列的傅里叶变换为

$$|R_m|^2 = \left| \left(\frac{1}{N}\right) \sum_{n=1}^{N} r_n \exp(-2i\pi nm/N) \right|^2 = \frac{1}{N} \tag{6.4}$$

6.2.2 二次剩余序列在扩散器设计中的实施

根据这一数论上的原理，我们可以构造一个反射墙（图6.2），它由若干个井组成。这些井的深度为二次剩余序列的各项数列。例如上面说的 $N=17$，井的宽度为 W，在一个周期内 N 个井深分别为 0，1，4，9，8，16，2，15，13，13，15，2，8，16，9，4，1。指数形式的二次剩余序列 r_n 作为正入射波的局域反射系数。

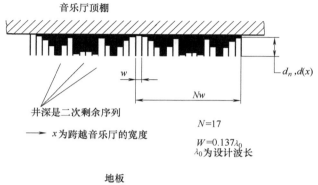

在一系列大胆的近似后，施罗德教授证明了，这样的墙的结构沿着任意一个角度的扩散波的幅值均为常数。

$$|a_s|^2 = 常数 = 1/N \quad (6.5)$$

图 6.3a、b 所示为设计频率为

图 6.2 音乐厅顶棚井的设计与扩散器的散射图示

$f_0 = 11.5\text{kHz}$ 与 $2f_0 = 22.9\text{kHz}$ 的散射情况。我们可以看到，对应于散射角度 $\alpha_s = -59°$、$-25°$、$0°$、$25°$、$59°$，散射幅值 $|\alpha_s|$ 分别为 0.69、0.49、0.30、0.49、0.69。如果我们将能量流投影到方向余弦上，则有 $|\alpha_s|^2 \cos\alpha_s = 0.24$，0.21，0.09，0.21，0.24。这些幅值几乎完全相等，达到了设计目标。

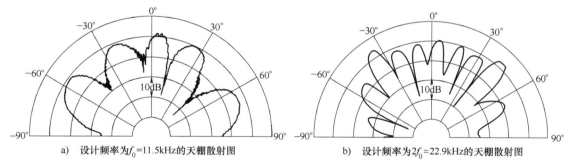

a) 设计频率为 $f_0=11.5\text{kHz}$ 的天棚散射图　　　b) 设计频率为 $2f_0=22.9\text{kHz}$ 的天棚散射图

图 6.3 扩散器的散射图

回归到音乐厅的具体设计上，我们如何设计音乐厅的顶棚才能避免声波直接反射（中间平面）到听众所在的地方？在顶棚上吸声是要被禁止的，因为我们需要来自顶棚的声能量进行混响。但是我们可以设计顶棚的形状，使其将大部分声能量先反射到侧墙上，再直接或间接地横向到达听众的耳边，这样的横向反射可以形成双耳相异性。如果我们用二次剩余序列构造音乐厅顶棚上的井深，演员发出的声波在遇到顶棚后，会以任意角度扩散到听众席上，而且每一个角度的扩散波的幅值都是无差别的相同。也就是说，使用二次剩余序列构造的音乐厅顶棚井深是一个优化的散射器。施罗德教授在寻找能够在非常宽的波长内获得非常好的声散射的音乐厅顶棚形状结构时，还发现基于 m-数组最大长度序列的表面能够在非常宽的频带内具有非常好的散射功能，主要是因为这样的平面具有不同深度的井。如果采用同样深度的井，则这些井只对某些频率有散射作用。这就为新音乐厅的声学设计，以及老音乐厅的声学改进提供了一个简单、实用的工程解决方案。

6.2.3 最大长度序列

最大长度序列是一种周期性的、伪随机的、二进制序列。为什么叫伪随机呢？假如一个序列，一方面它是可以预先确定的，并且是可以重复地生产和复制的；另一方面它又具有某种随机序列的随机特性（统计特性），我们便称这种序列为伪随机序列。它们是由最大线性反馈位移寄存器（Maximum Linear Feedback Shift Register，MLFSR）产生的，因此称为最大长度序列，而不是声学设计中的物理长度，如图 6.4 所示。

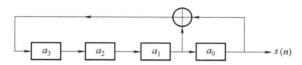

图 6.4　反馈位移寄存器以及 $m=4$ 的递推关系

生成最大长度序列的递推关系为

$$\begin{cases} a_3[n+1]=a_0[n]+a_1[n] \\ a_2[n+1]=a_3[n] \\ a_1[n+1]=a_2[n] \\ a_0[n+1]=a_1[n] \end{cases} \tag{6.6}$$

下面我们就 $m=4$ 的情况具体说明如何形成最大长度序列（图 6.5）。

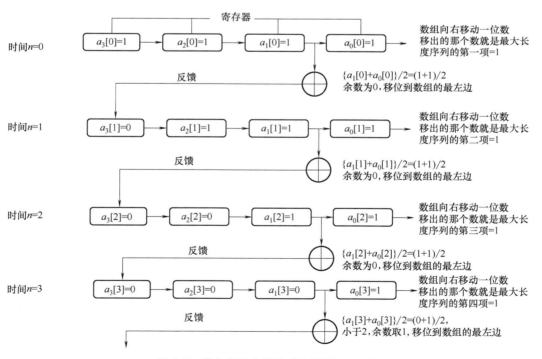

图 6.5　最大长度序列生成流程图 （$m=4$）

图 6.5 是一种简单明了的解释，其他不同指数的序列依此类推，最终结果见表 6.1。

表 6.1　$m=4$ 的最大长度序列

时间步骤	寄存器单元	最大长度序列	时间步骤	寄存器单元	最大长度序列
0	1111	1	9	0110	0
1	0111	1	10	1011	1
2	0011	1	11	0101	1
3	0001	1	12	1010	0
4	1000	0	13	1101	1
5	0100	0	14	1110	0
6	0010	0	15	1111	1
7	1001	1	16	0111	1
8	1100	0	...	...	...

施罗德教授使用最大长度序列构造成反射系数函数：

$$r(x) = \sum_{n=-\infty}^{\infty} \sigma_n \mathrm{rect}\left(\frac{x}{d} - n\right) \tag{6.7}$$

其中

$$\mathrm{rect}(y) = \begin{cases} 1, -\dfrac{1}{2} < y < \dfrac{1}{2} \\ 0, 其他 \end{cases} \tag{6.8}$$

反射系数的功率谱为

$$|R(k=2\pi l/Nd)|^2 = (N+1)/N^2 \left[\sin\left(\frac{\pi l}{N}\right) \Big/ \left(\frac{\pi l}{N}\right) \right]^2 \tag{6.9}$$

式中，l 为任何非零整数，或最大长度序列的序列长度的整数倍。当入射波为正入射时，l 与扩散角度 α_l 之间的关系为

$$l = N\sin\alpha_i d/\lambda \tag{6.10}$$

也就是说，反射能量只能沿着离散方向扩散。因此，沿着墙的方向的反射系数与它们的扩散幅值之间的基本关系为

$$|s(\alpha_l)|^2 = (N+1)/N^2 \left[\sin\left(\frac{\pi\sin\alpha_l d}{\lambda}\right) \Big/ \left(\frac{\pi\sin\alpha_l d}{\lambda}\right) \right]^2 \tag{6.11}$$

式（6.11）的物理意义是，当我们使用最大长度序列来设计墙的反射声学结构时，它在离散角度上所产生的反射系数的功率谱为常数。这正是我们所希望的：侧墙的声波反射能量沿每个角度都有相同的设计目标，因为这样的墙的反射结果与听众对音乐听觉的主观偏好相符合，同时也为我们设计音乐厅的墙壁与顶棚提供了一个工程解决方案。

要使施罗德扩散器能够最优化地工作，必须保证它是周期性的。定义最优化扩散的相同能量的波瓣是由表面的周期性产生的。周期的个数既不能很少也不能很多，最好的设计是具有少量周期来保证周期性。试验证明，4 或 5 个周期似乎是最优的。周期太多则波瓣将非常窄，周期太少则违背了使用数论序列的出发点。

6.2.4　最大长度序列在扩散器设计中的实施

使用最大长度序列的扩散器是比较简单的，因为最大长度序列是二进制数，或者为 0，或者为 1，那么相对的井深设计也就非常简单了。对应于最大长度序列中的 0 的井深为 0，即没有井深，就是墙的表面，对应于最大长度序列中的 1 的井深为 h。例如，根据我们计算的 $m=4$，序列一个周期内的长度 $N=2^m-1=15$。实际操作时，对应于 0 的地方不开槽，对应于 1 的地方开槽，如图 6.6 所示。

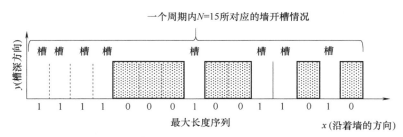

图 6.6　序列长度 $N=2^4-1=15$ 的最大长度序列所构成的施罗德扩散器

不管是最大长度序列还是二次剩余序列所定义的扩散器，对于一组离散的频率或设计频率的整数倍上都是非常好的扩散器。关键是施罗德扩散器结构简单，容易安装，非常适用于对现有结构的改进，特别是成本低，因此得到了建筑声学家的追捧，得到了非常广泛的应用。

6.2.5　施罗德扩散器声场的直观显示

日本学者为了研究施罗德扩散器的吸声效果，使用古老的测量声速的方法，测量施罗德扩散器中井内与井边缘上的声场的粒子速度。我们可以通过由粒子速度所代表的声场看一下施罗德扩散器的反射情况。

不管是哪个频率，还是哪种井深的序列，我们看到施罗德扩散器井上的粒子速度是非常均匀的。从声场的视觉效果上看，施罗德扩散器的反射效果沿着各个方向都是很均匀的，如图 6.7 所示。

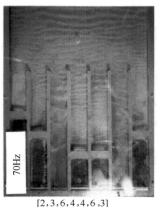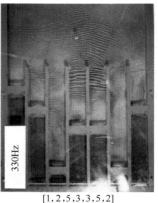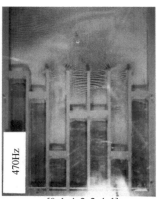

[2,3,6,4,4,6,3]　　　　[1,2,5,3,3,5,2]　　　　[0,1,4,2,2,4,1]

图 6.7　施罗德扩散器的声场直观显示

如图 6.8 所示，当入射波撞击施罗德扩散器时，可以看到反射波反射的整个时间历程。在声远场上，反射波几乎是沿着各个方向扩散的，其波前的传播也基本上是很均匀地向外传播。

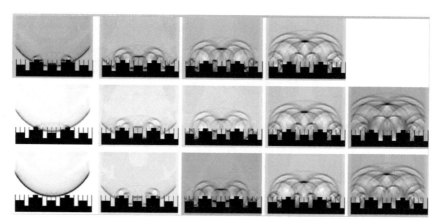

图 6.8 施罗德扩散器的扩散反射

6.2.6 二维施罗德扩散器

施罗德扩散器可以从一维扩展到二维，扩展的方法也很简单。我们把二维施罗德扩散器看成一个方形矩阵。矩阵中的二次剩余序列的井深可以由式（6.12）给出。

$$S_{n,m} = (n^2 + m^2) \bmod N \qquad\qquad (6.12)$$

式中，n、m 为整数 $1 \sim N$。

因为是二维二次剩余序列，所以这个序列是对 n 和 m 对称的，即我们可以将 n 和 m 对换，结果是一样的，这样就省去了将近 3/4 的计算工作量。

案例：$N=7$ 的二维施罗德扩散器，即 7×7 个单元组成的扩散器，每个单元的井深由式（6.12）确定。我们从 $n=m=4$ 开始计算 $S_{n,m}$。从 4 开始的目的是让零井深处于矩阵的中心。

$$n=m=4 : S_{4,4} = (4^2 + 4^2) \bmod 7 = 32 \bmod 7 = 4$$

$$n=4,\ m=5 : S_{4,5} = (4^2 + 5^2) \bmod 7 = 41 \bmod 7 = 6$$

$$n=4,\ m=6 : S_{4,6} = (4^2 + 6^2) \bmod 7 = 52 \bmod 7 = 3$$

$$n=4,\ m=7 : S_{4,7} = (4^2 + 7^2) \bmod 7 = 65 \bmod 7 = 2$$

然后根据二次剩余序列的周期为 $\dfrac{N-1}{2} = 3$

$$n=4, m=1 : S_{4,1} = 3$$

$$n=4, m=2 : S_{4,2} = 6$$

$$n=4, m=3 : S_{4,3} = 4$$

根据二维二次剩余序列的对称性质，第 1 行与第 7 行相同，第 1 列是第 1 行的转置，第 7 列与第 1 列相同。按照这些计算推广到其他行与列，我们可以获得 $N=7$ 的二维施罗德扩散器的井深，如图 6.9 所示。

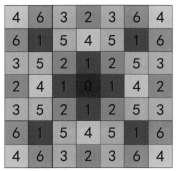 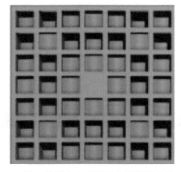

a) 二维二次剩余序列井深　　　　　b) 二维二次剩余序列施罗德扩散器实物

图 6.9　$N=7$ 时的二维施罗德扩散器井深与实物照片

使用下列方程确定实际井深：

$$h_n = \frac{S_n \lambda_0}{2N} \tag{6.13}$$

井宽度可以用式（6.14）求得。

$$w = \frac{\lambda_{\min}}{2} \tag{6.14}$$

即井宽度为设计频率最小波长的一半。$\lambda_{\min} = \dfrac{c}{f_{\max}}$。实际宽度一般至少为 25mm，通常是在 50mm 左右。

按照这样的过程，我们就完成了二维施罗德扩散器的基本声学设计。

6.3　施罗德扩散器的其他形式

如果井的深度与波长相比太浅，对入射波的反射就不会有什么影响，一个井深的近似下限就是最大井深等于波长的 1/4。对井深的设计标准会产生这样一个问题：低频时波长很长，在设计受到设计空间限制的情况下，施罗德扩散器对低频声音的反射就是一个问题。另外一个问题是，由于井深是由离散的序列确定的，它们的反射在离散的角度上是能量相等的，即形成反射能力相等的离散的波瓣（lobes），介于波瓣之间的频率是不能达到反射能量相等的。还有一个问题是这些扩散器采用的是周期结构的井深。

如果井深太窄或太深，扩散器可能出现两个问题：①在井边上的阻尼边界层损失可能太大，导致扩散器具有过度的阻尼；②扩散能力会因为没有足够的扩散波与附近井之间的路径长度差而达不到标准。序列具有由井的阶梯大小决定的最大频率。当井深等于入射波长的一半时，即 $\dfrac{\lambda}{2}$，由单个井深反射的波前的相位移动了该波长的一个整数倍，互相之间的相位也是这样反射的。但在频率大于这个频率时，波前不再在相位上叠加，因此，扩散器开始扩散了。

为了改进施罗德扩散器的功能，人们在详细研究了施罗德扩散器的理论与评价后提出了许多改进结构。

6.3.1　调制相位反射格栅扩散器

纽约大学的 James Angus 教授提出了调制相位反射格栅扩散器。这种扩散器是在施罗德扩散器的基础上进行了简单的调整而成。在基本二次剩余序列的基础上，对该序列进行倒置处理即可形成调制相位反射格栅扩散器。例如，对应一个二次剩余序列 $N=5$，有

$$0,1,4,4,1,0,1,\cdots \tag{6.15}$$

为了倒置这个数列，简单地以 -1 乘以式（6.15）的数列。

$$0,-1,-4,-4,-1,0,-1,\cdots \tag{6.16}$$

我们需要使这个数列的项都在 $0\sim4$ 之间，为了做到这一点，简单地在数列中每一个为负的项上加 5。

$$0,4,1,1,4,0,4,\cdots \tag{6.17}$$

因为 $0\equiv5 \bmod 5$，我们可以将式（6.17）写为

$$5,4,1,1,4,5,4,\cdots \tag{6.18}$$

式（6.18）即调整相位反射格栅的井深序列。

根据模拟计算的结果（图 6.10），我们可以看到调制格栅的效果与单个序列的效果非常接近。

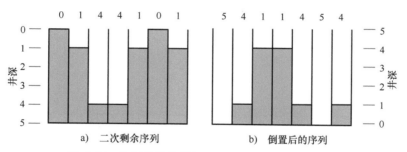

图 6.10　施罗德扩散器与倒置二次剩余序列扩散器

如图 6.11 所示，我们还可以观察到，调制相位反射格栅扩散器在所有的反射角度上的反射能量都很接近，基本实现了去掉波瓣效应的目标。

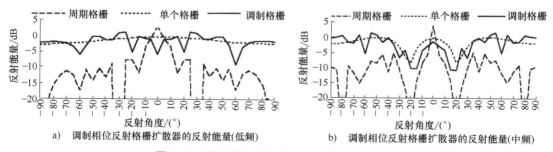

图 6.11　调制相位反射格栅扩散器的反射能量

6.3.2　原生根序列扩散器

原生根序列（Primitive Root Sequence）也可以用来生成施罗德扩散器的井深。原生根序

列定义为

$$s_n = r^n \bmod N; \quad n = 1, 2, 3, \cdots, N-1 \qquad (6.19)$$

式中，r 为 N 的原生根；N 为一个奇质数（素数）。

原生根的另一种定义是，如果 α 是 N 的原生根，则 $r \bmod N$，$r^2 \bmod N$，$\cdots$，$r^{N-1} \bmod N$ 都是不一样的。

例如，$N=7$ 的原生根是 3。我们可以根据第二个定义进行验证：

$3 \bmod 7 = 3$；$3^2 \bmod 7 = 2$；$3^3 \bmod 7 = 6$；$3^4 \bmod 7 = 4$；$3^5 \bmod 7 = 5$；$3^6 \bmod 7 = 1$。因此可以说，3 是 7 的原生根。而且原生根序列为

$$s_n = (3, 2, 6, 4, 5, 1) \qquad (6.20)$$

为了方便参考、设计与应用，表 6.2 列出直到 31 的原生根。

表 6.2　部分原生根列表

N	原生根 r	N	原生根 r
1	0	17	3,5,6,7,10,11,12,14
2	1	18	5,11
3	2	19	2,3,10,13,14,15,
4	3	20	—
5	2,3	21	—
6	5	22	7,13,17,19
7	3,5	23	5,7,10,11,14,15,17,19,20,21
8	—	24	—
9	2,5	25	2,3,8,12,13,17,22,23
10	3,7	26	7,11,15,19
11	2,6,7,8	27	2,5,11,14,20,23
12	—	28	—
13	2,6,7,11	29	2,3,8,10,11,14,15,18,19,21,26,27
14	3,5	30	—
15	—	31	3,11,12,13,17,21,22,24
16			

图 6.12 所示为原生根序列施罗德扩散器在"黑鸟工作室"中的建筑声学应用。顶棚与侧墙都采用了木制的原生根扩散器。

例如，顶棚采用了 2.1m 井深的原生根序列扩散器，12×13 原生根序列，$N=157$，一共用了 24336 个模块。

图 6.12 原生根序列施罗德扩散器在"黑鸟工作室"中的实际应用

6.3.3 折叠井式施罗德扩散器

实际施罗德扩散器的井深通常被那些非声学因素所限制，设计人员或建筑师通常限制现有的声学处理。因为可听声音的波长可以扩展到 17m，那就不可能构造一个实际的可以覆盖整个可听频段的、具有吸声性能的扩散器，并将它们应用于绝大多数的室内。因此，扩展扩散器的频带到更低的频率而不需要将扩散器做得更深引发了人们的兴趣与需求，而且施罗德扩散器的井深也浪费了许多空间。

井深折叠技术可以改变扩散器的低频响应。它有两个重要的优点：①改进施罗德扩散器的低频响应；②处理关键频率。

图 6.13a 所示为单元折叠井，图 6.13b 是将折叠井置于施罗德扩散器上，图 6.13c 所示为折叠井的参数，图 6.13d 为反射效果比较。从图 6.13 中可以看到，折叠井的反射效果与传统施罗德扩散器基本一样，但其厚度减少了，体积利用率获得了很大提高。厚度的减少会使该扩散器获得更多的实际应用。

6.3.4 分形扩散器

分形（Fractal）的发明者是波兰籍犹太人本华·曼德博（Benoit Mandelbrot）教授。他最开始是在 IBM 公司做纯科学研究，1987 年，IBM 缩编不再支持纯科学研究后，他去了耶鲁大学数学系，在 75 岁时获得耶鲁大学教授的永久教龄。

1. 分形的定义

分形是几何重复的一种形式。同一个形状的非常小的复制品互相嵌套在一起后所形成的错综复杂的形状与其微观形状相似。例如，对蜿蜒曲折的海岸线来讲，不管是从你脚下看它，还是在天空中看它，都是同样曲折而不光滑的，都具有相似的统计特性。分形在自然界

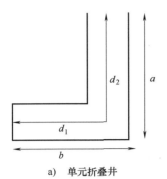

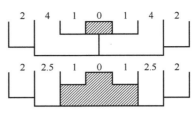

a) 单元折叠井

b) 折叠井置于施罗德扩散器上

设计频率	490Hz
单元深度	0.05m
周期宽度	0.525m
井宽	0.075m
第一临界频率	3.4kHz
井截止频率	2.26kHz

c) 折叠井的参数

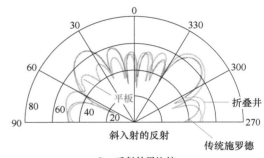

d) 反射效果比较

图6.13　折叠井形式与参数

中，在物理、化学、市场、经济等学科中无处不在。因此，分形是研究这些现象的最伟大的工具之一，被称为数学中最伟大的发现之一。

据曼德博教授自己回忆，"fractal"一词是1975年夏天的一个寂静夜晚，他在冥思苦想之余偶尔翻一下他儿子的拉丁文字典时突然想到的。此词源于拉丁文形容词"fractus"，对应的拉丁文动词是"frangere"（意为"破碎""产生无规则碎片"）。此外，与英文的"fraction"（意为"碎片""分数"）及"fragment"（意为"碎片"）具有相同的词根。其本意是不规则的、破碎的、分数的。曼德博教授是想用此词来描述自然界中传统欧几里得几何学所不能描述的一大类复杂无规的几何对象。例如，蜿蜒曲折的海岸线、逶迤起伏的山脉、粗糙不平的断面、变幻无常的浮云、九曲回肠的河流、纵横交错的血管、令人遐想无限的满天繁星、令人眼花缭乱的孔雀开屏、枝叶繁茂的树等。它们虽然不是同样的物体，但它们共同的形状特点都是极不规则或极不光滑的。我们把这些对象称为分形。分形理论就是研究分形问题的理论工具，因此也是近几十年来最热门的研究领域之一。

2. 分形扩散器

分形的一个重要的性质就是它们的自相似性，是近似的自相似或者统计的自相似。分形集都具有任意小尺度下的比例细节，或者具有精细的机构。在现实世界中分形的现象无所不在。分形的宏观形状是在渐进地以更小级别的微观形状重复。丹东尼奥首先把分形理论用于施罗德扩散器上。施罗德扩散器的带宽在高频受到井宽的限制，在低频受到最大深度的限制。为了使用一个集成的扩散器提供全谱系的声扩散，分形的自相似性可以与施罗德扩散器的相同扩散性质相组合构成一个分形扩散器。丹东尼奥使用分形理论，将施罗德扩散器按比例缩小，这种缩小版的施罗德扩散器安装到井的底部，其井深与波长相比是可以忽略的，因此仅仅需要考虑低音部分。在高音部分，小的施罗德扩散器的井深比较深，因此作为具有相位调制的调制矩阵。在小扩散器上的大扩散器引入的相位也可以是二次剩余序列，当它们在小扩散器上相加时，结果还是一个二次剩余序列，因此可以将具有重叠频率带宽的这些扩散器嵌套在一起。

3. 分形扩散器的构造

由图 6.14a 可以看到分形扩散器的构造。根据分形原理，我们把传统施罗德扩散器按比例缩小，做出微型施罗德扩散器，然后将微型施罗德扩散器安装到大的施罗德扩散器的一个井的底部，形成施罗德扩散器的微缩扩散器嵌套在井中的分形扩散器。

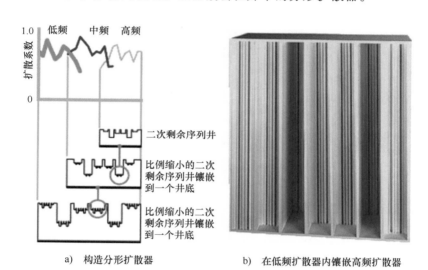

a) 构造分形扩散器　　　　　b) 在低频扩散器内镶嵌高频扩散器

图 6.14　分形扩散器的构造

4. 分形扩散器的扩散视觉效果

图 6.15 所示为垂直入射波遇到分形扩散器后波的扩散过程。我们可以看到，当入射波遇到分形扩散器后，波开始反射，反射的整个时间历程展示了各个角度的扩散是相对均匀的，这就在视觉上使我们看到了扩散器均具有扩散入射波的功能，对施罗德扩散器的物理解释有了视觉上的感受。

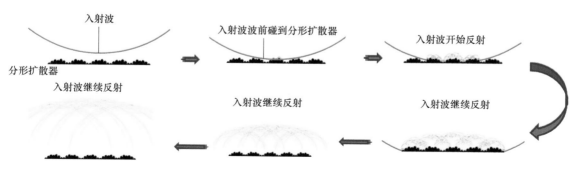

图 6.15　分形扩散器对于入射波的扩散过程

5. 分形扩散器的应用

分形扩散器由于具有全频域的声扩散性能而获得的广泛的应用，大到音乐厅、多媒体会议室、音乐排练厅，小到家庭影院都有它的应用，如图 6.16 所示。

图 6.16 分形扩散器的实际应用

6.3.5 二维二进制幅值扩散器

二进制幅值扩散器（Binary Amplitude Diffuser，BAD™）是安东尼奥博士的一个发明。这种装置提供中频的吸声与高频的扩散。它是由一个平板组成，平板上面具有一系列反射性与吸声性交替布置的区域。这些区域是由二进制的 0 或 1 代表，例如，0 代表吸声性区域，1 代表反射性区域，反之亦然，即 0 代表孔，1 代表非孔。这些 0 与 1 可以由数论中的最大长度序列来定义。德国的施罗德教授用中国余数定律将一维最大长度序列转变成二维的最大长度序列，这个二维的序列矩阵就是形成扩散器的模板。扩散器通过这些吸声与反射的组合提供一个有效的吸声与扩散组合功能。

1. 用中国余数定理的折叠法确定二维二进制矩阵

为了让读者能够自己制作二进制幅值扩散器，我们将详细介绍如何生成二进制幅值扩散器的模板。

对于 $m=4$，序列的总长度为 $N=2^4-1=15$，根据线性位移寄存器方法，一维的最大长度序列为

$$(0,1,0,1,1,0,0,1,0,0,0,1,1,1,1)$$

因为序列的顺序与扩散器的物理性质无关，我们可以重新组合成

$$(0,0,0,1,0,0,1,1,0,1,0,1,1,1,1) \qquad (6.21)$$

根据这个一维最大长度序列，我们可以将其变成二维的最大长度序列，方法就是根据中国余数定理的折叠法。施罗德教授发明的中国余数定理折叠法是根据序列的总长度确定二维矩阵的维度。将序列总长度进行因子分解，分解成两个质数之积，这两个质数就是二维矩阵的维度。例如 $N=15=3\times5$，那么二维最大长度序列的矩阵维度为 3×5。一般选择的二维矩

阵列数大于行数，如图 6.17 所示。

然后使用施罗德教授的中国余数定理的折叠法将一维最大长度序列变成二维最大长度序列矩阵。方法的规则如下。

1）从序列的第一个单元开始，沿着矩阵的主对角线向下排列，直到遇到矩阵的下边界。

2）遇到矩阵的下边界单元后，向上跳到下一列的最上面的那个单元，然后沿着这个单元的对角线向下排列。

3）遇到矩阵的右边界单元后，向下跳到下一行的最左边的那个单元，然后沿着这个单元的对角线向下排列。

4）遇到矩阵的左边界单元后，向上跳到下一列的最上边的那个单元，然后沿着这个单元的对角线向上排列。

5）遇到矩阵的上边界单元后，沿着这个单元对角线向下排列。

例如，如果我们有一个 $N=15$ 的一维最大长度序列，可以按上面的折叠规则将一维最大长度序列变成二维矩阵（图 6.18）。

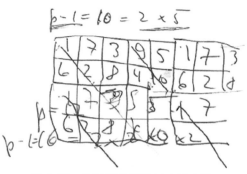

图 6.17　施罗德教授使用中国余数定理构成二维矩阵的手稿

a1	a7	a13	a4	a10	
a11	a2	a8	a14	a5	a11
a6	a12	a3	a9	a15	a6
	a7	a13	a4	a10	
				a5	
					etc.

a)　$m=4(N=15)$ 最大长度序列转变成二维矩阵的规则说明

0	1	1	1	1
0	0	1	0	1
0	0	0	1	1

b)　式(6.21)转变成二维矩阵的案例

图 6.18　一维最大长度序列转变成二维矩阵

2. 二维二进制幅值扩散器制作模板

当 $m=10$，$N=2^{10}-1=1023$，即在序列中有 1023 项时，1023 可以写成两个质数的积：$1023=31\times33$。根据我们前面讲的中国余数定理的折叠法，我们可以将 1023 项的序列变成一个二维的 31×33 的二进制矩阵（图 6.19a）。

根据这个矩阵，0 代表钻孔，1 代表不钻孔，我们可以自己动手做出二进制幅值扩散器。材料可以是木板，也可以是金属板，还可以是其他材料。

3. 二维二进制幅值扩散器的功能

声学的设计要求吸声性能、反射性能与扩散性能的组合合适，不能厚此薄彼。在许多应用中，有限的预算或有限的表面深度限制了声学扩散产品的使用。如果使用太多的在高频上吸声特别有效的吸声材料，例如泡沫、玻璃纤维等，会得到声学上的没有周边的"死亡"气氛。二维二进制幅值扩散器就为解决吸声与反射的矛盾以及外表的建筑美学提供了一个工程解决方案。

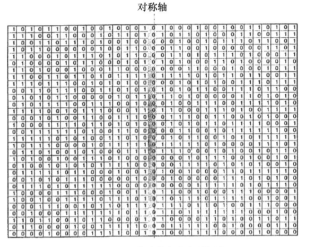

a) $m=10$，二维最大长度序列矩阵   b) 二维二进制幅值扩散器板

图 6.19 二维二进制幅值扩散器板的矩阵与模板

从图 6.20a 可以看到，二维二进制幅值扩散器因为孔的特殊排列形成了一个二进制的反射幅值格栅，具有各个角度的能量（即幅值）相同的特性，提供声的扩散。它提供的扩散频率比二进制单元尺寸的 2 倍所对应的波长的频率还要高出一个倍频程。例如，25mm×25mm 的二进制扩散器可以提供高于 1000Hz 的声波扩散。而其他高频发射仍然会破坏讲演与音乐品质。从图 6.20b 中可以看到，二维二进制幅值扩散器的吸声系数大于 1000Hz 时，吸声系数减少，因此可以提供发射控制而不会破坏房间的格调。它也可以是一个很好的吸声器，特别是当厚度为 102mm 时，100～1000Hz 的吸声系数达到 90%，在低频时的高吸声系数对吸声器来讲更是难能可贵的。

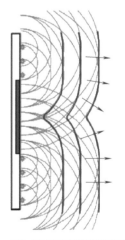

a) 二维二进制幅值扩散器的反射   b) 二维二进制幅值扩散器的吸声系数

图 6.20 二维二进制幅值扩散器的反射方式与不同构造的吸声系数

4. 二维二进制幅值扩散器的美学设计

扩散器可以采用在木板上穿孔的方式，改变这些孔的大小与密度可以形成一幅图画。

图 6.21 中的左图是一位妇女的照片，右图是在板上不同密度与直径的孔，粗略地勾勒出这位妇女的画像。还有一种方法是在二维二进制幅值扩散器的背面衬上一幅图画，通过孔可以隐约看出那幅图画的轮廓。这样的美学设计可以为客户提供更好的视觉效果，满足不同客户的不同偏好。

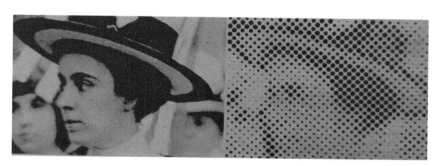

图 6.21　扩散器的美学设计

5. 二维二进制幅值扩散器的应用

二维二进制幅值扩散器可以应用到音乐厅，可以应用到录音室，也可以应用到个人的家庭音乐厅。图 6.22d 是美国著名伯克利音乐学院的教授 Rob Jaczko 的家庭音乐厅。在新冠肺炎疫情前，伯克利音乐学院有 20 多个专业工作室，个人基本不需要自己的音乐工作室。疫情期间，由于保持社交距离及防疫的要求，音乐厅不是随便能找得到的。Jaczko 教授有许多录音、电影混音、广告歌曲制作以及电视项目等，他就想把自己家的一个房间改成音乐工作室。他家在波士顿郊外的房子是他夫人家的财产，已经有 120 年的历史了，开始建造时根本不会考虑声学特性，其混响时间、反射与时间延长都是非常差的。

a)　华盛顿特区的NERWSEUM视频室后墙

b)　罗切斯特技术学院的数字媒体室

c)　哈弗大学一餐厅

d)　伯克利音乐学院教授Rob Jaczko的家庭音乐厅

图 6.22　二维二进制幅值扩散器的实际应用案例

对现有房间的声学改造首先要进行声学测量。因为 Jaczko 教授是音乐学院的院长，对声学测量并不陌生。

根据测量结果（图 6.23），再对可以优化与改进的地方以及具体的频率相关阻尼器的位置进行分析。因为房间相对小，需要专门设计的薄的低频控制板，还需要找到处理问题频率的精确安装位置。另外，声学部件的选择还取决于主人的喜好以及美学偏好。经过声学改造后的家庭音乐工作室的混响时间几乎提高了一倍，从 0.3s 提高到了近 0.6s。频率响应函数在所有的可听频率上几乎都是一样的，使得 Jaczko 教授在家里就可以进行声学方面的工作，家庭、工作、生活三不误。

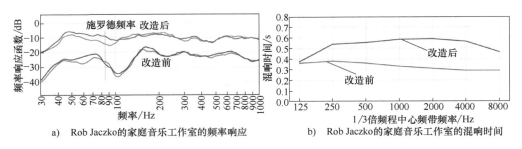

a) Rob Jaczko的家庭音乐工作室的频率响应   b) Rob Jaczko的家庭音乐工作室的混响时间

图 6.23　家庭音乐工作室改造前后声学特性对比

6.3.6　三进制序列扩散器

二进制序列扩散器的缺点是有反射波瓣，也就是对垂直入射的波，在反射图的 0 度上有一个主瓣，即镜面反射，这是我们不希望的。为了改进这个问题，Cox 教授提出三进制序列扩散器。这种扩散器是在二进制扩散器的基础上进行的改进，如图 6.24 所示。方法是重新组合二进制扩散器的井的排列，将其中的一个井深改成设计频率的 1/4 波长。

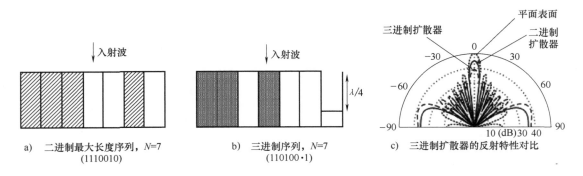

a) 二进制最大长度序列，N=7   b) 三进制序列，N=7   c) 三进制扩散器的反射特性对比
    (1110010)   (110100·1)

图 6.24　基于二进制扩散器改进的三进制扩散器

最后一个井深是 1/4 设计频率的波长，代表了一个在那个频率上（井深为-1 对应的频率）的对于入射波的反射系数。因此，在某些频率上，表面的反射系数分布是一组井深：-1、0、1。井深为-1 反射系数代表了一个波是反相的，产生了一个反向镜面波瓣，因此可以减少镜面波瓣。从图 6.24c 中我们可以清楚地看到，三进制扩散器在 0°的反射上相比二进制扩散器改进了许多。

6.4　施罗德扩散器的优化

　　既然扩散器是通过结构或表面对入射波进行反射的，施罗德扩散器本身是最优化的结论建立在一定的近似假设之上：二次剩余序列是无限重复的；计算扩散系数的方程是近似的。因此，我们就肯定可以对这些结构的形状与井深进行优化，以便获得最优化的反射结果。也就是说，传统的施罗德扩散器的反射井的井深不一定是最优的，而且施罗德扩散器只是给出在若干个井深的方向上的反射能量。

6.4.1　井深优化

　　施罗德扩散器的优化原理就是通过试错法去寻找最好的井深序列。首先是选取随机井深序列，然后计算该序列表面的散射以及使用的散射系数来评价散射质量，然后调整井深序列改进散射系数。优化过程在找到最大的散射系数时停止。

$$d_{\Psi} = \frac{\left(\sum_{i=1}^{n} 10^{L_i/10}\right)^2 - \sum_{i=1}^{n}(10^{L_i/10})^2}{(n-1)\sum_{i=1}^{n}(10^{L_i/10})^2} \tag{6.22}$$

　　这还不够衡量一个扩散器的品质的好坏，因为某些频率反射系数会很好，某些频率则不会，用这个平均值来评价会失之偏颇。可以使用标准误差来衡量两个扩散器的扩散品质。

$$\varepsilon = \frac{20}{\ln(10)\bar{I}_{\theta}}\sqrt{\sum_{\theta=-90}^{90}(I_{\theta} - \bar{I}_{\theta})^2/[n(n-1)]} \tag{6.23}$$

式中，I_{θ} 为某个反射角度的强度；$\bar{I}_{\theta}$ 为在 180° 内的平均值；n 为采样个数。

　　从图 6.25 中可以观察到，当对施罗德扩散器的井深进行优化后，几乎在所有的频带中，优化后的扩散器都优于原施罗德扩散器，优化后的阶梯形扩散器好于带有隔断的扩散器。这样是一个完美的结局，因为带有隔断的扩散器在实际生产中成本高，而阶梯形扩散器的生产成本低，而且扩散效果更好。

新优化的扩散器	井宽/mm	井深/mm	施罗德扩散器	井宽/mm	井深/mm
N=7 带有隔断	61	34, 154, 0, 101, 0, 154, 34	N=7	61	0, 50, 200, 100, 100, 200, 50
N=7 阶梯形	61	168, 20, 55, 48, 55, 20, 168	N=17	63	0, 13, 50, 113, 200, 100, 25, 188, 163, 163, 188, 25, 100, 200, 113, 50, 13
N=36 带有隔断	59	88, 188, 200, 111, 96, 151, 127, 33, 56, 133, 108, 38, 23, 80, 152, 126, 170, 5, 170, 126, 152, 80, 23, 38, 108, 133, 56, 33, 127, 151, 96, 111, 200, 188, 88	N=37	58	0, 6, 22, 50, 89, 139, 200, 67, 150, 39, 144, 56, 183, 117, 61, 17, 189, 167, 156, 156, 167, 189, 17, 61, 117, 183, 56, 144, 39, 150, 67, 200, 139, 89, 50, 22, 6
N=36 阶梯形	59	44, 100, 1, 199, 199, 184, 69, 128, 113, 97, 173, 142, 87, 13, 1, 42, 50, 39, 50, 42, 1, 13, 87, 142, 173, 97, 113, 128, 69, 184, 199, 199, 1, 100, 44			

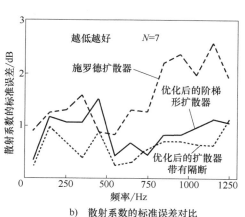

a) 优化前后的扩散器参数　　　　　　　　　b) 散射系数的标准误差对比

图 6.25　优化前后的扩散器对比

6.4.2 基本形状优化

一种优化方式是生成一种在任何方向都可以无缝对接的扩散器。这种不对称的基础形状必须是方形的，具有对称的、相同的边，而且周长的梯度必须是零。这样才能把它们与相邻的基础形状无缝地对接起来。根据这些要求，这个优化的基础形状由式（6.24）表达。

$$\begin{cases} z(0,y)=z(L,y) \\ z(x,0)=z(x,L) \\ z(x,0)=z(L-x,0) \\ z(x,0)=z(0,x) \\ \dfrac{\partial z}{\partial x}=0 \quad x=0 \vee L \\ \dfrac{\partial z}{\partial y}=0 \quad y=0 \vee L \end{cases} \tag{6.24}$$

式中，L 为扩散器的宽度（或长度）。

图 6.26a 所示为生成的基础优化形状单元，图 6.26b 为旋转 0°、90°、180°、270°的基础优化形状单元，图 6.26c 所示为 4×4 拼接单元，图 6.26d 所示为基础优化形状单元的扩散极响应 3D 图。我们可以从图 6.26d 中观察到，这种优化的基础形状扩散器沿着几乎所有角度的扩散都非常均匀，要比传统的施罗德扩散器的扩散效果好得多。

a) 基础优化形状单元

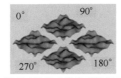

b) 旋转后的基础优化形状单元

c) 4×4拼接单元

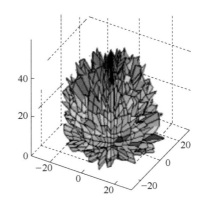

d) 基础优化形状单元的扩散极响应3D图

图 6.26 非对称基础优化形状及其扩散极响应 3D 图

以上的形状不是唯一的，不同的方法可以生产不同的满足式（6.24）的基础优化形状。

该基础优化形状的深度仅为 100mm，占用垂直空间很小，基础优化形状单元本身就带有建筑学的美观，因为它的外表是半浮雕（bas-relief sculpture）式的，具有现代波状表面，所以特别适合家庭房间的声学改造，为创造无限的表面选择提供了一个极好的机会。

6.5　超级扩散器

6.5.1　超薄型超结构施罗德扩散器

施罗德扩散器在严格意义上来讲也是一个超结构。因为扩散器通过结构的设计改变了波的反射路径，达到了各方向等能量的反射效果。南京大学声科学与工程系近代声学教育部重点实验室的程建春领导的团队仔细研究了施罗德扩散器以及其基本局限性，以前对声学超材料或超表面的研究展示了许多有趣的物理现象，但在超材料理论与现实世界的应用之间有着很大的差距，因此也阻碍了超材料的进一步发展。他们通过研究出一组在现实设置上新的超材料，并将其与现存的商业用产品相比较，以减少这个差距。更重要的是，超结构施罗德扩散器厚度仅仅是同样效果的传统施罗德扩散器的厚度的 1/10，薄了一个数量级别，因此更适合于建筑声学或其他领域中的低频应用。

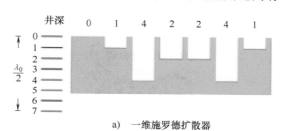

a)　一维施罗德扩散器

从图 6.27 可以看到，超结构施罗德扩散器与传统施罗德扩散器的井排列是一样的，都是采用二次剩余序列，但差别在井的结构与设计方式上。超结构施罗德扩散器的井不再是一个具有不同深度的井，代替之的是一个很薄的空腔，有点儿像亥姆霍兹共振腔一样的结构形式。图 6.27b 看起来像一个打开的盒子，其实不是，上面的是俯视图，下面是 45° 的视图。超结构

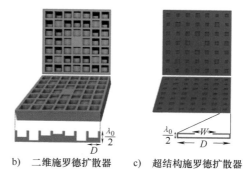

b)　二维施罗德扩散器　　c)　超结构施罗德扩散器

图 6.27　超薄型超结构施罗德扩散器

施罗德扩散器的井深是一样的，都是 $\dfrac{\lambda_0}{2}$，但正方形的开口的边长是根据二次剩余序列确定的。

这种超薄型超结构施罗德扩散器的性能与传统的施罗德扩散器性能没有什么差别。从图 6.28 中可以观察到，超结构施罗德扩散器与传统施罗德扩散器中反射角、反射能量以及反射波瓣上的性能几乎是一样的。但超结构施罗德扩散器的厚度却是传统施罗德扩散器厚度的 1/10，而且在低频上要好于传统施罗德扩散器。因此，这种超结构施罗德扩散器在制造成本上、设计安装空间上有着极大的优势。特别适用于那些设计安装空间比较小的应用场合，例如家庭影院。但该扩散器的高频扩散功能相对比较差，不能完全使用它，需要与传统施罗德扩散器组合使用。

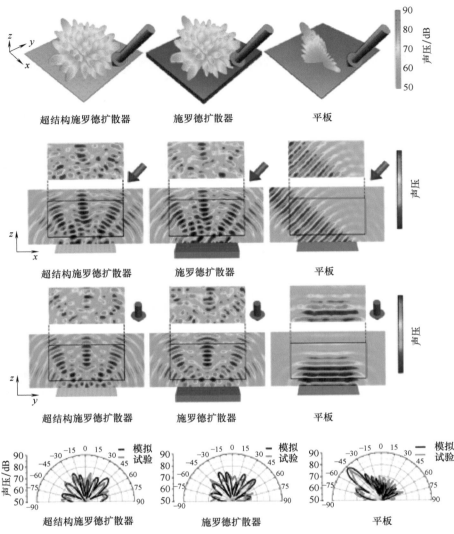

图 6.28 超结构施罗德扩散器与传统施罗德扩散器的性能比较

6.5.2 超级施罗德扩散器

英国索尔福德大学的 Trevor Cox 教授（图 6.29）与美国的安东尼奥博士是好朋友，他们一起合作发表了许多关于施罗德扩散器的学术文章，是施罗德扩散器的大咖之一。Cox 教授的博士论文就是研究扩散器的。他多才多艺，从小就热爱音乐，与声学有着不解之缘，经常向少儿传播科学知识。在研究扩散器时，他认识到他可以使用数学优化设计任何形状。这样的方法可以使扩散器与建筑家的视觉要求相匹配，这样将美学与声学融合在一起的设计在世界范围内都受到客户的喜欢。作为一名工程师，当他看到自己的研究如此受到大家的喜欢时，他心里获得了巨大的满足感。

如图 6.30 所示，Cox 教授与他的同事们将超结构的理念用到施罗德扩散器上构造出了超级扩散器（metadiffuser）。他们构造的扩散器使用开口的刚性板，每一个开口都有一组亥

图 6.29　英国索尔福德大学声学研究所所长 Trevor Cox 教授

姆霍兹共振器。这样的结构在其表面上产生声学色散并引起慢声条件。因此，板的有效厚度加长，在深次波长区域引起了 1/4 波长的共振。通过调制该结构的设计参数可以调制这个板的反射系数，或者是用来构造反射相位，或者是产生中等甚至完美的吸声系数。该结构的几何参数可以调制获得表面的空间相关的具有与施罗德扩散器一样的均匀的反射能量。但这种超级扩散器的厚度仅仅是设计波长的 1/47～1/20，而且频率范围可以从 250Hz 到 2kHz。

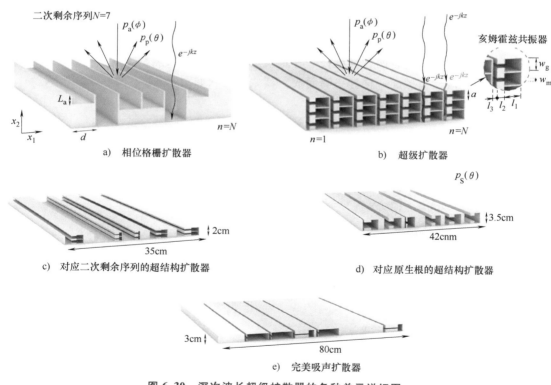

图 6.30　深次波长超级扩散器的各种单元详细图

6.5.3　超薄平面施罗德扩散器

南京大学程建春教授的团队提出了一种超薄平面施罗德扩散器，这种超薄平面扩散器具有高反射均匀性。

该扩散器的单元形状有点像亥姆霍兹共振器，但实际上不是。其中 $h = \dfrac{\lambda_0}{20}$，$D = \dfrac{\lambda_0}{4}$。只有 w 是可以调制的参数，w 是由二次剩余序列确定的。从图 6.31c 可以观察到，该超薄平面扩散器的极响应没有施罗德扩散器那样的主瓣，它的极响应基本上沿着各个角度都是非常均匀，因此是一种非常好的扩散器。

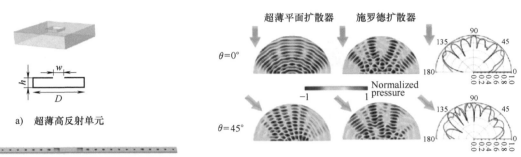

a) 超薄高反射单元

b) 超薄高反射扩散器

c) 扩散效果比较

图 6.31 组成单元与超薄平面施罗德扩散器及其与施罗德扩散器的扩散比较

6.5.4 全息漩涡螺旋扩散器

全息漩涡螺旋扩散器有两种类型，一种是聚焦型，一种是散焦型。它的构造就好像将直线型的施罗德扩散器像揉面一样拧一圈而成。其截面形状如图 6.32c、图 6.32d 所示。

对于聚焦型扩散器第 n 个井的井深：

$$d_n = \frac{n\lambda_0}{2N} \tag{6.25}$$

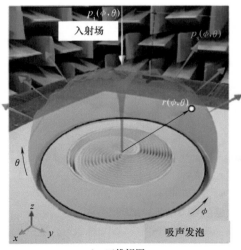

a) 三维视图

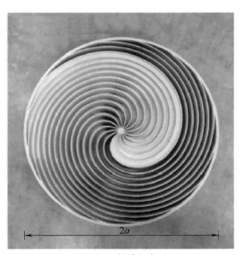

b) 螺旋超表面

图 6.32 全息漩涡螺旋扩散器

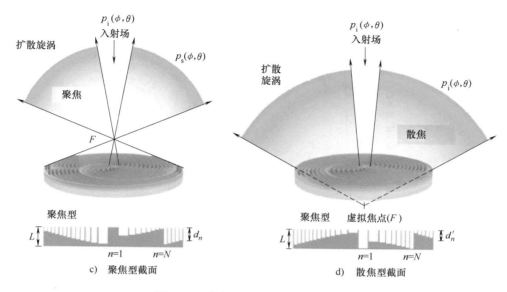

c) 聚焦型截面　　　　　　　　　d) 散焦型截面

图 6.32　全息漩涡螺旋扩散器（续）

对于散焦型扩散器第 n 个井的井深：

$$d_n' = \frac{(N-n+1)\lambda_0}{2N} \tag{6.26}$$

设计波长为

$$\lambda_0 = 2L \tag{6.27}$$

即该结构的厚度是设计波长的一半，这跟施罗德扩散器的设计原则是一样的。

截断频率为

$$f_0 = c_0/2L \tag{6.28}$$

试验结果（图 6.33）说明，这种扩散器的扩散效果在各个方向上都很均匀，没有明显的主瓣。扩散系数在设计频率（2000Hz）以上都在 0.8 左右，而低于设计频率的扩散系数比较小，就是说这种扩散器对高频是非常有效的。这种扩散器造型比较复杂，加工的成本会高一些。

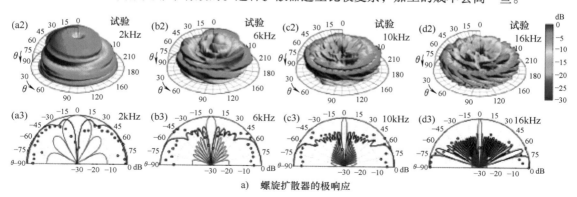

a) 螺旋扩散器的极响应

图 6.33　全息漩涡螺旋扩散器的扩散性能

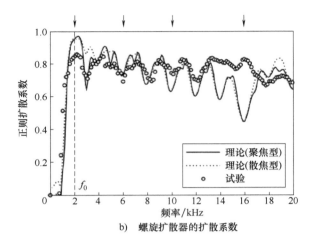

b) 螺旋扩散器的扩散系数

图 6.33　全息漩涡螺旋扩散器的扩散性能（续）

6.5.5　二次剩余序列井深散射型微穿孔板吸声器

　　日本九州设计学院的学者藤原教授与宫岛教授首先研究了施罗德教授的数论井深理论，他们认为施罗德教授的音乐厅顶棚设计不仅有散射功能，而且也有吸声作用。他们实际构造了具有吸声功能的二次剩余井深散射型吸声器，如图 6.34a、图 6.34b 所示。

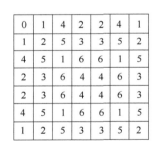
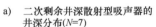

a)　二次剩余井深散射型吸声器的井深分布(N=7)

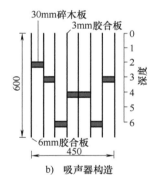

b)　吸声器构造

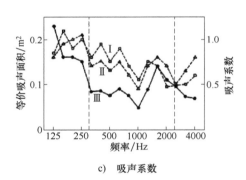

c)　吸声系数

图 6.34　二次剩余井深散射型吸声器的构造与吸声系数 1

　　他们曾以模为 7 的二次剩余序列为井深，用胶合板在空腔中隔离出井，使用碎木板在井中的位置构成井深。实测该散射器确实具有吸声功能，而且在低频的吸声功能特别好，这相对于传统吸声材料的低频吸声效果不好来讲是一个很大的进步。

　　南京大学的郭文程等将施罗德教授与藤原教授的音乐厅顶棚设计理念进一步扩展到微穿孔板吸声器的设计上。他们在藤原教授的设计基础上加上微穿孔板，如图 6.35 所示，然后针对不同井深的吸声器进行测量，他们发现这种二次剩余序列井深+微穿孔板类型的吸声器在 400~1000Hz 频带的吸声效果几乎是完美的。

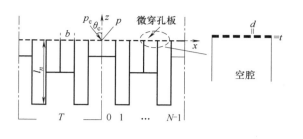
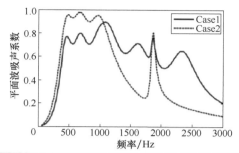

	孔直径/mm	板厚/mm	穿孔比	空腔深度/mm
Case1	0.5	0.5	1%	5, 20, 10, 50, 100, 25
Case2	0.5	0.5	1%	25, 100, 50, 50, 100, 25

图 6.35　二次剩余井深散射型吸声器的构造与吸声系数 2

6.6　施罗德扩散器的应用实例

6.6.1　施罗德扩散器在音乐厅中的应用

中国国家大剧院是由法国建筑师保罗·安德鲁主持设计的，清华大学建筑学院作为国内声学配合单位，协助法国 CSTB 研究所完成深化设计、理论计算、试验研究等工作。其声学设计采用了许多建筑声学新方法与新手段，如图 6.36 所示。

国家大剧院音乐厅舞台的施罗德声扩散墙面

国家大剧院戏剧场的施罗德声扩散墙面

清华大学建筑物理实验室声扩散测试

国家大剧院施罗德扩散体示意图

图 6.36　国家大剧院中的建筑声学设计与应用

音乐厅与戏剧场观众厅的墙面采用了施罗德教授提出的二次剩余序列设计声扩散墙面，看上去好像是凸凹不平的、不规则排列的竖条，目的是让演员的发声或表演艺术家的音乐演奏的声音得以扩散。当声波到达墙面的凹槽后，一部分入射到深槽内产生反射，另一部分在槽表面反射，两者接触界面的时间有先有后，反射声就会出现相位的不同，叠加起来成为局部非典型反射，保证室内声场的均匀性，让听众听到的声音艺术表现能够更加美妙动听。

音乐厅舞台的声学设计还要考虑乐队演奏员与乐队指挥之间的声音联系，乐队指挥必须能够清楚地听到乐队演奏员所演奏的声音，演奏员之间也要互相听到他们彼此演奏的声音。

如果声音的早期反射非常强，就会使得演奏员与指挥的注意力分散。所以需要施罗德二次剩余序列扩散墙面在舞台的周边产生正面的影响，帮助演奏的声音更加清晰。这些施罗德扩散器还可以将弦乐与木管乐器的声音混合在一起，减少铜管乐器的刺耳声音，加强弦乐的丰满性与热情性，控制强烈反射以便加强音乐家们的整体与节奏的感觉。

国家大剧院的歌剧院为了配合观众厅的声学环境，使舞台空间混响时间与观众厅尽量保持一致，需要在舞台侧墙上做强吸声处理。但为了保证舞台上的演员能够很好地听到演出时的正常声音，又不能完全吸声。优化设计的结果是在舞台距离地面 6m 以上采用 13.6% 穿孔率的水泥微穿孔板后填吸声棉的吸声构造，最终使得主舞台全频带总吸声量（吸声材料面积）大于 $1000m^2$。在放下防火幕的情况下，歌剧院左舞台、右舞台的混响时间 <3s。图 6.37 为歌剧院的强吸声墙示意图。

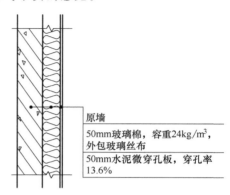

原墙
50mm玻璃棉，容重24kg/m³，外包玻璃丝布
50mm水泥微穿孔板，穿孔率13.6%

图 6.37 国家大剧院歌剧院舞台侧墙水泥微穿孔板

6.6.2 施罗德扩散器在舞台中的应用

舞台的天棚的主要声学作用是为演员的语言与音乐提供反射给演员或音乐家，让她们听到自己或同伴表演的声音，也可以用来将舞台上的声音的一部分能量反射到听众席上。在听众席上，直接声源与天棚反射之间会有很短的时间滞后。如果天棚反射能量太大，会引起音色变化。通常，舞台的天棚需要进行形状设计以便产生时间上的扩散来减少音色变化。天棚通常分两类，一类是完全覆盖舞台的，这种是最通用的设计；另一类是很分散地使用声学单元，大部分天棚的面积是开放的。如果天棚与墙壁能提供合适的舞台上的空间以及高度的话，就有机会安装天棚扩散器。如果没有这样的设计与安装空间，天棚扩散器也不是必须安装的。天棚扩散器可以提供早期声能量控制，控制早期到听众的声能量、声扩散，以及声在各个位置上的均衡性。

图 6.38 所示为部分天棚扩散器所用的单元，图 6.39 所示为部分音乐厅的天棚扩散器的应用。

   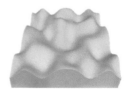

a) 平面皱纹性单元　　b) 二维二进制单元　　c) 波纹单元　　d) 双立方单元

图 6.38 RPG 公司的部分天棚扩散器单元

6.6.3 施罗德扩散器在小提琴练琴房中的应用

不同于其他大型音乐厅，一般的练习室要面对小房间的挑战，例如房间的共振频率与不想要的反射。在很小的房间内，丰富的混响是很不容易获得的。以小提琴为例，跟所有拉奏

爱得维纳帕尔玛音乐厅

中国国家大剧院音尔厅天棚

奥地利philharmonic音乐厅天棚

纽约曼哈顿Alice Tully音乐厅天棚

图 6.39　部分著名音乐厅的天棚设计

弦乐器一样，它是使用声学振动产生声音。当小提琴手在很小的房间内练琴时，小提琴的共振频率与小房间的声学共振频率的耦合就是设计小提琴练琴房首先要考虑的声学问题。如果在墙上安装传统的吸声材料，在高频（>1000Hz）的吸声效果太强，使得练琴房的声音太沉闷，而低频（<500Hz）则基本没有什么吸声能力。

根据巴赫 Partita No.2 in D Minor 的录音频率谱（图 6.40a）可以看到，550Hz 的弯曲模态与 2~3kHz 的琴共振模态是频率谱占主导地位的区域，这两个频率域非常容易与房间的声学空腔模态与共振频率耦合。这两个频率域可以作为施罗德扩散器的设计频率，施罗德扩散

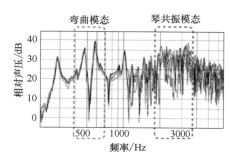
a)　巴赫小提琴曲Partita No.2 in D Minor频率谱

b)　正面是施罗德扩散器，背面是聚氨酯吸声材料

c)　录制巴赫小提琴曲

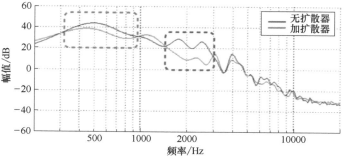
d)　改造前后对比结果

图 6.40　小提琴练琴房的声学改进

器的有效频率范围应该与小提琴的频率响应函数的特征频率重合。根据这些基本原理设计出正面为施罗德扩散器，背面为聚氨酯吸声材料的框架（图6.40b）。在这样的改造后的声学环境下进行录音（图6.40c），对比结果如图6.40d所示。从图6.40d可以看到，550Hz以及2500Hz的小提琴频率谱通过施罗德扩散器与吸声器都获得了衰减。

实际上，如果将微穿孔板放到施罗德扩散器前面，设计微穿孔板的频率为小提琴的弯曲模态与琴共振模态频率，效果会更好。

6.6.4 施罗德扩散器在录音棚中的应用

为娱乐工业与音乐厅创造性地设计高质量的录音、广播或编辑空间意味着三个基本设计概念的集成：视觉、功能与声学。使用创造性的技术对设计空间的处理要有两个理念：防止不想要的声音进入或逃出设计空间，以及要在房间之内以精确的、需要的方式去重塑声音，以便获得最优化的记录。在录音棚中创造一个无瑕疵的声音不是一件容易的事情，需要科学地设计每一个声学单元。

录音室建筑结构的尺寸大小、形状是在进行声学设计时首先要考虑的事情。墙与顶棚的构建的方法需要处理那些不想要的、进入与离开录音棚空间的声音。声学设计的首要问题是了解各种空腔的尺寸与形状。设计人员可以考虑使用希腊黄金比例（高：宽：长 = 1：1.6：2.6）。录音棚的声学性能要求是非常高的，施罗德扩散器为满足这些声学性能提供了一个非常好的工程解决方案。施罗德扩散器可以安装到天棚上，也可以安装到侧墙上。因为施罗德扩散器可以控制吸声与扩散，所以我们能够将声音揉碎，然后让它们以一种科学的、验证过的方式扩散到录音空间中。设计人员还要平衡扩散与吸声之间的平衡。

图6.41所示为一部分录音棚中的扩散器安装情况，可以作为一个参考。

图 6.41　施罗德扩散器在录音棚中的应用

6.7 施罗德扩散器的商业化应用

6.7.1 施罗德扩散器商业化推动者——彼得·丹东尼奥博士

说起施罗德扩散器的商业化应用，一位不得不提及的声学大咖就是彼得·丹东尼奥（Peter D'Antonio）博士（图 6.42）。他是美国纽约的 RPG Acoustics System, LLC. 公司的创始人。彼得 1967 年毕业于纽约的布鲁克林技术学院，他的专业是红外频谱学。而他毕业后第一份工作却是在华盛顿特区的海军研究所任衍射物理学家。彼得本人是一位音乐爱好者，正在自己建设一个音乐录音室，一天他在吃午饭的时候随手翻了一下《今日物理》杂志，该杂志的封面就是施罗德教授在他建造的录音室中的照片，杂志介绍了施罗德扩散器的发明过程。施罗德扩散器的神奇深深吸引了他，这个发现改变了他的生活方向，开始了他在声学中的职业生涯。他从海军研究所辞职，并开了 RPG Acoustics System, LLC. 当上了老板，开始做他自己想做的事情：音乐家的工作室与音乐厅的设计与建造。正像他所说的那样："生活有许多不可预见的千回百转与跌宕起伏"。而且他与施罗德教授还成了忘年之交。

图 6.42 施罗德教授与丹东尼奥博士

丹东尼奥博士是学术型企业家。在施罗德扩散器领域的研究造诣匪浅，发明了许多施罗德扩散器的改进技术，发表了许多关于施罗德扩散器方面的学术论文，有多个施罗德扩散器专利。最重要的是，他将这些学术成果直接通过他的公司转化为声学产品，实现了学术成果的商业化，做得风生水起，赚得钵满盆满（公司网址：https：//www.rpgacoustic.com/）。丹东尼奥的公司提供各种扩散器产品与建筑声学产品，如图 6.43 所示。

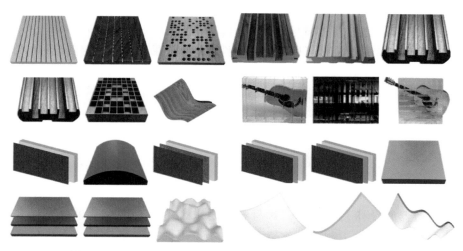

图 6.43 RPG Acoustics System, LLC. 的部分声学扩散器产品

他的公司也参与了一些音乐厅的设计与改造，硕果累累，如图 6.44 所示。

图 6.44　丹东尼奥博士的公司参与的部分音乐厅的设计与改造

丹东尼奥博士的生活经历向我们证明了，一个人的专业知识、爱好、热情与激情可以为自己创造一个新的生活，可以去做并做好自己喜欢做的事，最重要的一点是，所有这些结果为听众带来了音乐欣赏的快乐与愉悦，同时也为社会做出了贡献。

在施罗德扩散器的搜索结果中，也可以看到中国公司的身影。例如总部设在广东番禺的soundbox（公司网址：https://www.soundboxacoustic.com/）。该公司提供声学门、小型静音室、各种吸声材料的声学产品，以及提供声学解决方案。还有总部在广州的绘声公司（公司网址：https://www.huiacoustics.com/）。

笔者在美国的第一份正式工作就是为一位美国密歇根大学航空航天系教授开办的公司服务。在美国的大学里，教授在教书与研究的同时，在自己的研究领域开办自己的公司已经是非常普遍的现象了。这样的公司可以将最新的科学研究成果及时地应用到设计与制造中，生产出高科技的产品服务于社会，这是对社会的贡献。伟人邓小平曾经说过："科学技术是第一生产力"。科学技术掌握在科学家手中，创造生产力的最直接、最快速的群体就是科学技术的发明者，即科学家们，应该站在科学技术是第一生产力的第一线上。在新的科学领域内，学者应该身先士卒，勇敢地将自己的科研成果转化成社会需要的产品与服务，为民造福，推动科学向生产力的加速转变。

6.7.2　制作施罗德扩散器

施罗德扩散器的设计相对简单，对材料的要求也不高，声学效果好，许多情况下使用木头为原材料，这样加工制作起来就更简单了，因此，许多动手能力强的人都自己动手制作。

6.7.3　制作二维二进制幅值扩散器

自己动手制作二维二进制幅值扩散器，可以使用图 6.19a 作为模板，将木板等距离画出 31 条水平线，33 条垂直线，这些线的交点上，按图 6.19a 标记的，0 点就是要钻孔，1 点就是不钻孔。

画完模板后，就可以使用钻头进行钻孔了（图 6.45a），扩散器安装后的情况如图 6.45b 所示。

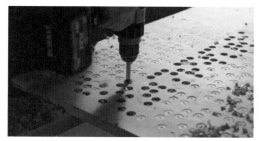

a)　扩散器制作

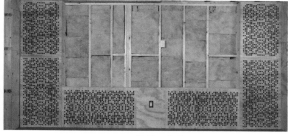

b)　扩散器安装

图 6.45　自己动手制作二维二进制幅值扩散器

6.7.4　制作二维原生根施罗德扩散器

二维原生根施罗德扩散器在音乐厅、剧场等场合有许多应用。它的制作并不复杂，完全可以自己动手制作。制作模板的生成也相对简单。

制作的模板的井深数据可以使用图 6.46a 中的表的设计，$m = 5$。这是一个 12×13 的矩阵，总数 = 156，即一个二维原生根扩散器总共由 156 个截面为正方形的长方体木块组成，其尺寸为 610mm×610mm。井深的计算方法如下：选择一个质数 157（156+1），将井深的个

5	151	70	73	38	80	61	29	137	24	34	22
110	25	127	36	51	33	86	148	105	31	57	120	13
65	79	125	7	23	98	8	116	112	54	155	128	129
17	11	81	154	35	115	19	40	109	89	113	147	12
60	85	55	91	142	18	104	95	43	74	131	94	107
64	143	111	118	141	82	90	49	4	58	56	27	156
152	6	87	84	119	77	96	136	88	20	133	123	135
47	132	30	121	106	124	71	9	52	126	100	37	144
92	78	32	150	134	59	149	41	45	103	2	29	28
140	146	76	3	122	42	138	117	48	68	44	10	145
97	72	102	66	15	139	53	62	114	83	26	63	50
93	14	46	39	16	75	67	108	153	99	101	130	1

a)　原生根施罗德扩散器模板井深

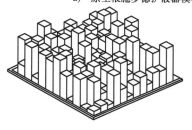

b)　无透视三维图

c)　实物照片

图 6.46　二维原生根施罗德扩散器制作模板与实体图

数进行立方运算。例如第 3 号井，即矩阵中的（3，3）号元素，$5^3 = 125$，125 除以 157，得 0.796178，将这个数乘以我们选的质数 157，得 125。因此，矩阵中的（3，3）单元就是 125。对于主对角线上的第 6 个元素，即（6，6），有 $5^6 = 15625$，$15625/157 \approx 99.52229299$。只取小数点后的数字有 0.52229299。这个小数乘以 157 得 82。因此，主对角线上第 6 个单元是 82，其他元素以此类推。以上方法我们是按照一维原生根序列进行计算的。将一维原生根序列转变成二维原生根序列的方法还是我们以前讲述过的施罗德教授发明的中国余数定理的折叠法。为了方便大家的理解，我们列出如何将一维序列按中国余数定理折叠成 12×13 的二维矩阵，见表 6.3。

表 6.3　一维原生根序 $m = 5$ 转变成二维序列：中国余数定理折叠法

1	145	133	121	109	97	85	73	61	49	37	25	13
14	2	146	134	122	110	98	86	74	62	50	38	26
27	15	3	147	135	123	111	99	87	75	63	51	39
40	28	16	4	148	136	124	112	100	88	76	64	52
53	41	29	17	5	149	137	125	113	101	89	77	65
66	54	42	30	18	6	150	138	126	114	102	90	78
79	67	55	43	31	19	7	151	139	127	115	103	91
92	80	68	56	44	32	20	8	152	140	128	116	104
105	93	81	69	57	45	33	21	9	153	141	129	117
118	106	94	82	70	58	46	34	22	10	154	142	130
131	119	107	95	83	71	59	47	35	23	11	155	143
144	132	120	108	96	84	72	60	48	36	24	12	156

6.7.5　二维原生根施罗德扩散器的应用

二维原生根施罗德扩散器可以用于练琴房、声学工作室、音乐厅等大型音乐场所，也可以用于像家庭音乐室这样的小型房间中，它集声学与建筑美学于一体，既可以改善声学环境，也可以作为家庭房间的美学装饰，如图 6.47 所示。

图 6.47　部分二维原生根施罗德扩散器的应用

6.7.6 其他施罗德扩散器的制作

最简单的施罗德扩散器使用最大长度序列作为井深，只要按照这个井深去制作就可以了。我们给出扩散器蓝图以及制作后的照片，供自己动手制作扩散器的读者参考，如图 6.48 所示。

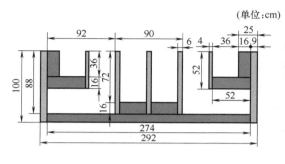

（单位：cm）

图 6.48 传统施罗德扩散器的制作

分形施罗德扩散器制作起来会复杂一些，因为在井底还要有缩小尺寸的一个周期的井，也就是井中井，如图 6.49 所示。

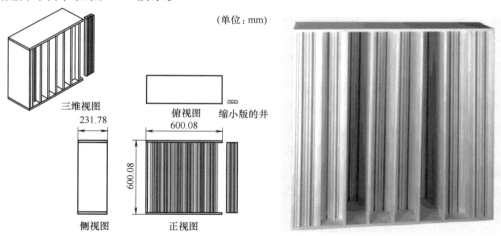

（单位：mm）

三维视图　俯视图　缩小版的井　侧视图　正视图

图 6.49 分形施罗德扩散器的制作

6.8 施罗德扩散器的潜在应用

6.8.1 超薄结构扩散器

施罗德扩散器及其各种设计变化，比较适合大型音乐厅、剧院，因为施罗德扩散器有一定的厚度，对剧院与音乐厅的改造可以容忍一定的扩散器结构厚度。家庭影院或其他小型声乐工作室等对安装空间有一定的要求，这在某种程度上限制了施罗德扩散器的使用。超结构施罗德扩散器的优势是它的厚度要比施罗德扩散器要小得多，为施罗德扩散器的十分之一，而且它的低频性能要优于施罗德扩散器，这就使得超结构施罗德扩散器在实际应用中相比传统施罗德扩散器有它的优势。还有一个外形上的优势是超结构扩散器的井是横向的，相对外表来讲是隐藏式的，这样在外观设计上就不会像施罗德扩散器那样多个井暴露在外表上，这在建筑外观的美学上是一个优势。超结构施罗德扩散器的外表几乎是一张白纸，可以画美观的图画。因此，超结构扩散器未来将是施罗德扩散器发展方向的一个很有前途的分支，尤其在小型音乐厅或家庭影院方面的应用。对于音乐的低频部分，例如 85Hz，其波长为4000mm，如果使用施罗德扩散器，井深应该为波长的一半，那么施罗德扩散器对应于 85Hz 的井深就是 2000mm，这对于大型音乐厅或许是可以接受的，但对于家庭影院或小型音乐厅是难以接受的。如果使用超薄施罗德扩散器，它的厚度只有 200mm。而且超薄施罗德扩散器还可以使其质量大幅减少，成本自然会降低。

Cox 教授认为这是很聪明的想法，但不是一个新的方法。他与安东尼奥博士在他们的书中阐述过施罗德扩散器处理低声的方法。获得更多低声性能的方式是使用穿孔板在井的阻抗上加质量来降低井的共振频率，因此可以降低设计频率，而且使用穿孔板可以使最深的井变得浅一些（图 6.50a）。

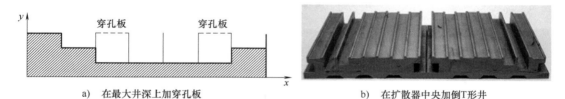

| a) 在最大井深上加穿孔板 | b) 在扩散器中央加倒T形井 |

图 6.50 施罗德扩散器的低声处理措施

在井上面加穿孔板实际是将井变成了一个亥姆霍兹共振器，这与超薄超级扩散器是一样的，另外，图 6.50b 中间的倒 T 形结构本身就是一个亥姆霍兹共振器。实际问题是，如果每一个井都用亥姆霍兹共振器替代的话，高频性能就会受到损失。对于超薄超级扩散器来讲，当波长与孔的间距相比很小的话，那么来自平坦的前表面就会有非常强的反射，超薄型扩散器在最高频率上性能大大降低。如果一个扩散器在高频不工作，那就没有什么应用价值，因为高频频带对于声感觉差来讲是最突出的部分。比如，对于声乐来说有女高音，对于乐器来说有高音阶，这都是音乐欣赏的一部分。这些问题说明，仅仅使用超薄型超级扩散器是不完美的，需要对损失掉的高频频带进行适当的补偿。

6.8.2 高速公路及高铁声障

高速公路或高铁边上的声障最简单的就是一堵直立的墙。其他形式还有在墙顶上加一个横墙，形成 T 形声障，效果比直墙要好。人们还用施罗德扩散器替代墙上的横墙，形成响应式声障。这是一种新型的、更加有效的声障。

伊朗学者提出在地面上、地下以及声障顶端都安装施罗德扩散器（图 6.51a）。有学者对装有不同的施罗德扩散器的声障进行了测试。结果是，施罗德扩散器在低于 500Hz 时好于其他两种声障（图 6.51b）。而在 500~1700Hz，无间隔的施罗德扩散器与 T 形扩散器好于施罗德扩散器，高于 1700Hz，三者没有区别。

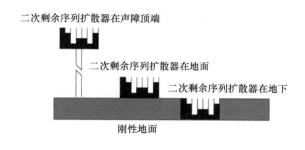

a)　在地面上、地下及声障顶端安装扩散器　　　　b)　对不同的声障进行测试

图 6.51　施罗德扩散器型声障

6.8.3　施罗德扩散器作为吸声器

英国索尔福德大学的 Cox 教授与他的中国学生吴涛研究了施罗德扩散器的吸声功能。为了增加吸声系数，他们在施罗德扩散器的表面增加了声阻抗为 550 rayl 的金属丝网。

经过优化后，施罗德扩散器的吸声系数值在 750Hz 以上接近 100%，在 500Hz 达到了 40%，吸声效果还是不错的，如图 6.52 所示。

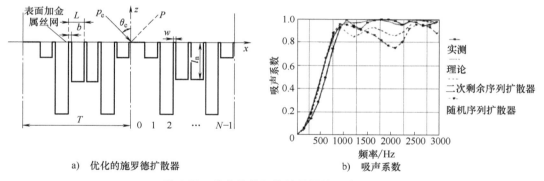

a)　优化的施罗德扩散器　　　　　　　b)　吸声系数

图 6.52　优化的施罗德扩散器的吸声系数

6.9　旧时王谢堂前燕，飞入寻常百姓家

音乐厅是人们欣赏音乐的地方，好像有些高端的感觉，并不是所有的老百姓都愿意或能去的地方。在中国的音乐爱好者，以及"追星族"群体的数量大概率是世界最多的，代表着世界最大的听众市场，这个市场之大是难以想象的。欣赏音乐可以去音乐厅欣赏，也可以在家中独自欣赏。高级昂贵的音乐厅的环境不一定只属于那些公共设施，也可以成为老百姓居家的选项。在自己的家中打造一个高级的音乐欣赏空间，既可以对居家环境进行美学装饰，同时这些装饰也能打造居家声学环境。高级音乐厅不能成为音乐艺术家或富人的专属，而应该成为普通百姓欣赏音乐的日常空间。古典与现代交融的金碧辉煌的音乐厅也可以进入普通百姓之家，古典与现代音乐欣赏的愉悦也可以在普通百姓家中实现，在家也不需要西服

领带，可以非常随意，怎么舒服就怎么坐。在正式音乐厅有正式音乐厅的优雅，在家中则有家中的随意。正如唐朝大诗人刘禹锡的著名诗篇所说的："旧时王谢堂前燕，飞入寻常百姓家。"

中国的住房是公寓式的，一个家庭的房间可能有楼上楼下及左右的邻居，个人音乐厅、录音房或练琴房等的声音，隔壁邻居都可以听得到，如果隔声处理不好会影响邻里关系。根据这种特点，我们在设计家庭音乐厅等空间时可能首先需要考虑如何隔声，然后再考虑如何设计与布置施罗德扩散器。

对于家庭音乐厅的设计，不是做几个现成的扩散器板，网上购买，回家装上就可以的，事情没有那么简单。家庭音乐厅需要根据房间的具体情况、楼层、邻居等周边环境，还有家庭主人的美学喜好、对家庭装饰的要求等客观情况，再针对家庭音乐厅声学的要求等各个方面进行综合考虑与设计，而且设计方案需要根据主人的要求进行反复修改，才能确定。家庭音乐厅样板如图6.53所示。

图6.53　家庭音乐厅样板

参 考 文 献

[1] SCHROEDER M R, GOTTLOB D, SIEBRASSE, K F. Comparative study of european concert halls [J]. The Journal of the Acoustical Society of America, 1974, 56: 1195-1201.

[2] SCHROEDER M R. Binaural dissimilarity and optimum ceilings for concert halls: more lateral sound diffusion [J]. The Journal of the Acoustical Society of America, 1979, 65 (94): 958-693.

[3] SCHROEDER M R. Diffuse sound reflection by maximum-length sequence [J]. The Journal of the Acoustical Society of America, 1975, 57 (1): 149-150.

[4] COX T J, D'ANTONIO P. Thirty years since "Diffuse Sound Reflection by Maximum-Length Sequence": Where are we now? [C] //Forum Acusticum. Torino: The Italian Acoustical Association, 2005.

[5] ANGUS J A S. Using grating modulation to achieve wideband large area diffusers [J]. Applied Acoustics, 2000, 60: 143-165.

[6] ZHU Y, FAN X, LIANG B, et al. Ultrathin acoustic metasurface based schroeder diffuser [J]. Physical Review X, 2017, 7 (2): 021034.

[7] Cox T, D'ANTONIO P. Schroeder diffusers: a review [J]. Building Acoustics, 2003, 10 (1): 1-32.

［8］　JIMENEZ N, COX T J, ROMERO-GARCIA V, et al. Metadiffusers：deep-subwavelength sound diffusers ［J］. Scientific Reports, 2017, 7：5389.

［9］　FUJIWARA K, NAKAI, K, TORUHARA H. Visualization of the sound field around the schroeder diffuser ［J］. Applied Acoustics, 2000, 60：225-235.

［10］　HARGREAVES J, COX T J. Improving the bass response of schroeder diffusers ［J］. Proceedings of the Institute of Acoustics, 2003, 25（5）：1-10.

［11］　JÄRVINEN A, SAVIOJA L, MELKAS K. Numerical simulations of the modified schroeder diffuser structure ［J］. The Journal of the Acoustical Society of America, 1998, 103（5）：3065.

［12］　沈勇，江超，徐小兵，等. 利用二次剩余序列设置扬声器阵列的方法及装置：200410044849.5 ［P］. 2005-02-23.

［13］　BALLESTERO E, JIMENEZ N, GROBY J-P, et al. Experimental validation of deep-subwavelength diffusion by acoustic metadiffusers ［J］. Applied Physics Letters, 2019, 115：081901.

［14］　MONAZZAM M R. Sound field diffusivity at the top surface of schroeder diffuser barriers ［J］. Iron J, Environment Health Science and Engineering, 2006, 3（4）：229-238.

［15］　PRIYADARSHINEE P, LIM K M, LEE H P. Fractal diffusers as noise barrier top-edge devices ［C］// Proceedings of Regional Conference on Acoustics and Vibration. New York：Curran Associates, 2017.

［16］　WU T, COX T J, LAM Y W. From a profiled diffuser to an optimized absorber ［J］. The Journal of the Acoustical Society of America, 2000, 108（2）：643-650.

［17］　COX T J. Acoustic diffusers：the good, the bad and the ugly ［C］//Proceedings of the Institute of Acoustics. New York：Curran Associates, 2006.

［18］　D'ANTONIO P. Planar binary amplitude diffusor：US 5817992 ［P］. 1998-10-06.

［19］　COX T J, ANGUS J A S. Ternary sequence diffusers ［C］//Forum Acusticum. Torino：The Italian Acoustical Association, 2005.

［20］　COX T J, ANGUS J A S. Ternary and quadriphase sequences diffusers ［J］. The Journal of the Acoustical Society of America, 2006, 119（1）：310-319.

［21］　COX T J, D'ANTONIO P. Acoustic absorbers and diffusers ［M］. 3rd ed. Boca Raton：CRC Press, 2017.

［22］　DE JONG B A, VAN DEN BERG P M. Theoretical design of optimum planar sound diffusers ［J］. The Journal of the Acoustical Society of America, 1979, 68（4）：1154-1159.

［23］　COX T J. The optimization of profiled diffusers ［J］. The Journal of the Acoustical Society of America, 1995, 97（5）：2928-2936.

［24］　D'ANTONIO P. Performance evaluation of optimized diffusors ［J］. The Journal of the Acoustical Society of America, 1995, 97（5）：2937-2941.

［25］　COX T J, LAM YW. The performance of realisable Quadratic Residue Diffusers（QRDs）［J］. The Journal of the Acoustical Society of America, 1994, 41（5）：2928-2936.

［26］　PERRY T. The lean optimization of acoustic diffusers：design by artificial evolution, time, domain simulation and fractals ［D］. British Columbia：University of Victoria, 2021.

［27］　D'ANTONIO P, COX T J. Aperiodic tiling of diffusers using a single asymmetric base shape ［C］//ICA 2004. Berlin：Springer, 2004.

［28］　燕翔，周庆琳. 国家大剧院建筑声学的创新应用 ［J］. 建筑学报, 2018（2）：68-71.

［29］　叶欣，李国棋. 国家大剧院歌剧院的建声环境 ［J］. 电声技术, 2009, 33（3）：4-9.

［30］　GUO W, MIN H. A compound micro-perforated panel sound absorber with partitioned cavities of difference depths ［C］//Proceeding of 6th International Building Physics Conference. New York：Curran Associates, 2015.

[31] FUJIWARA K, MIYAJIMA T. Absorption characteristics of a practically constructed schroeder diffuser of quadratic-residue diffuser [J]. Acustica, 1995, 81: 370-378.

[32] HERRIN D W, LIU W, HUA X, et al. A guide to the application of microperforated panel absorbers [J]. Sound and Vibration, 2017, 45 (7): 6-9.

[33] D'ANTONIO P. Two-dimensional primitive root diffusor: US 5401921 [P]. 1995-03-28.

[34] NAM M W, LEE K, CASE A U. Designing a quadratic residue diffusor tailored to a violin practice room [C] //Proceedings of Meetings on Acoustics. New York: Acoustical Society of America, 2013.

[35] D'ANTONIO P, COX T J. Diffusor applications in rooms [J]. Applied Acoustics, 2000, 60: 113-142.

[36] ZHA X, FUCHS H V, DROTLEFF H. Improving the acoustic working conditions for musicians in small spaces [J]. Applied Acoustics, 2003, 63: 203-221.

[37] ZHAO Y, LIU J, LIANG B, et al. An ultrathin planar acoustic metasurface diffuser with narrowband uniform reflection [J]. AIP Advances, 2020, 10: 085122.

[38] COX T J. Schroeder diffuser using a metasurface: new idea? [EB/OL]. (2017-06-01) [2023-07-01]. http: //trevorcox. me/schroeder-diffuser-using-a-metasurface-new-idea.

[39] COX T J, D'ANTONIO P. Acoustic absorbers and diffusers: theory, design and applications [M]. 3rd ed. Boca Raton: CRP Press, 2017.

[40] NIMÉNEZ, N, COX T J, REQUENA-PLENS J M, et al. Beyond schroeder diffusers using acoustic metasurfaces [C] //Acustica 2020. Madrid: Sociedad Española de Acústica, 2020.

[41] NIMÉNEZ N, GROBY J-P, ROMERO-GARCIA V. Spiral sound-diffusing metasurfaces based on holographic vertices [J]. Scientific Reports, 2021, 11 (1): 10217.

[42] KAMISINSKI T, SZELAG A. Sound reflection from overhead stage canopies depending on ceiling modification [J]. Crchives of Acostics, 2012, 37 (2): 213-218.

[43] KLEPPER D L, DOUGLAS W S. Constant directional characteristics from a line source array [J]. Journal of The Audio Engineering Society 1962, 11: 198-202.

[44] RATHSAM J, WANG L M. A review of diffuse reflections in architecture acoustics [J]. Building Integration Solutions, 2006, 3: 1-7.

第7章 仿生声学超材料

7.1 问题的提出

7.1.1 墨子的木鸢

几千年来，人类一直在不懈地努力克服地球的引力，尝试飞向天空。春秋战国时期，墨子曾经带领 300 多名弟子，花了 3 年时间，制造了一个"木鸢"。《韩非子：外储说左上》记载："墨子为木鸢，三年而成，蜚一日而败。"蜚一日而败，说明这个木鸢是可以飞行的，而且飞行时间还很长。目前还没有关于这个木鸢究竟是什么样子的图片。根据这些描述，在无人、无机械动力推动的情况下可以飞行一天，说明这个木鸢极有可能是一个庞大复杂的鸟状风筝或滑翔机。

7.1.2 达·芬奇的仿生飞行器

意大利的达·芬奇（图 7.1a）也研究过鸟的飞行原理。他从 1490 年起，花费 20 多年的时间，潜心研究鸟类如何飞行并设计飞行器（图 7.1b）。他为此画了超过 500 幅画，写下 3.5 万字的笔记，分别散布在十几部手稿中。

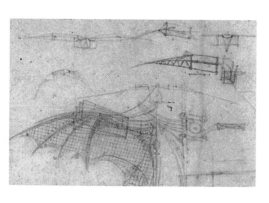

a) 达·芬奇(1452—1519 年)　　　　　b) 达·芬奇模仿鸟翅膀的人造翅膀设计图

图 7.1 达·芬奇与他根据鸟类飞行原理设计的飞行器

7.1.3　从仿生飞行到仿生安静飞行

当我们把历史记录快速播放到近代时，航空工业飞速发展，机票成本大幅降低，乘坐飞行器成为普通百姓出行的一种寻常方式。飞行器与机场的噪声环境恶化越来越引起人们的关注。飞行器起飞与降落的噪声控制标准越来越严格。许多飞行器制造公司都将降低空气动力学噪声作为现代飞行器设计的基本要求之一，花大量的资金与人力物力开发安静的飞行器。当下，人们开始从安静飞行的鸟类身上寻求安静飞行器的设计灵感与实际工程解决方案。

捕食者与猎物之间在适者生存的历史长河中不断演变，猫头鹰、金雕、隼等猛禽进化出静音飞行的生存绝技。科学家通过对鹰属的观察与研究惊讶地发现：它们能够在接近猎物时非常安静地飞行，以至于猎物很难通过声音察觉到它们。

早在 1934 年，英国皇家海军少校 Graham 就试图通过对猫头鹰的安静飞行研究来设计安静飞行器。他对安静飞行的猫头鹰与其他非安静飞行的鸟类进行了对比。研究中，他发现了猫头鹰能够安静飞行的显著的、结构上的特性，主要有三个方面（图 7.2）：猫头鹰翅膀前

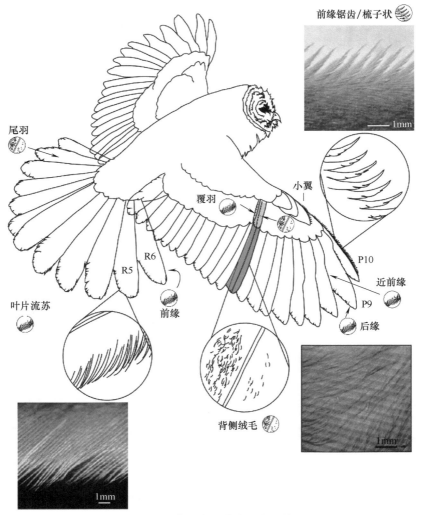

图 7.2　猫头鹰翅膀的结构特性

缘有梳子状的羽毛，这些羽毛分离形成许多槽状或锯齿形；在翅膀的后缘与腿上有像流苏、穗一样的羽毛；在翅膀表面有像天鹅绒一样柔软的绒毛。这样的结构特性决定了猫头鹰安静飞行的声学特性，人们把这三样安静飞行特性统称为"消声组件"。

按照 Graham 的观点，正是这三个特性使得猫头鹰可以安静地飞行。Graham 特别强调，前缘锯齿形是减少噪声辐射的主要结构。这个结构通过与翅膀上表面作用逐渐降低了进入气流的流速，平滑了局部压力的梯度，因此减少了任何与之相关的噪声辐射。后缘流苏允许翅膀上、下气流的部分混合，防止产生噪声的漩涡形成。柔软的绒毛结构通过减少相互连接的羽毛之间的摩擦并且吸收飞行噪声来发挥噪声衰减作用。试验证明，如果将前缘的锯齿形结构去掉，则层流会变成紊流，导致接近前缘的早期的流动分离，进而使噪声衰减的作用消失。因此得出结论：前缘的锯齿形结构通过控制气流的模式减少了噪声的生成。

7.1.4　猫头鹰捕捉猎物的声学原理

猫头鹰除了眼睛可以在黑暗中看得更远之外，它捕捉猎物的另一个主要手段是通过声音判断猎物的存在与位置，猎物也对猫头鹰飞行的声音很敏感，特别是当猫头鹰飞行接近猎物时尤其如此。根据这些关系，人们提出了两种假说，即自我覆盖假说和隐身假说（图7.3）。

根据自我覆盖假说，所谓的噪声覆盖是指一种声音的存在使得另一种声音听不到了。

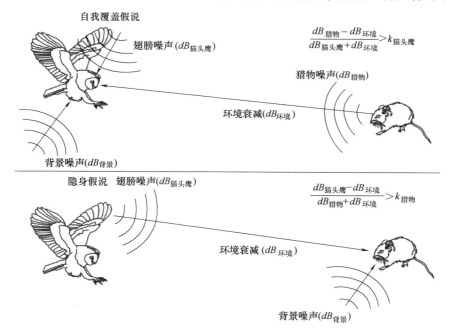

图7.3　声学在猫头鹰与猎物之间的生死之战所起的作用（自我覆盖假说与隐身假说）

猫头鹰的猎物是高度警觉的动物，对生死攸关的声音是非常敏感的，任何一个微弱的信号都可以使它们感觉到潜在的危险并立刻做出规避动作，快速避免被逮住的悲惨命运。作为以捕食夜行动物为生的捕猎者，猫头鹰需要依赖非常弱小的音频信号确定并跟踪潜在的猎物，这就迫使猫头鹰进化出安静飞行的能力，避免他们飞行的声音覆盖住他们猎物所发出的声音。这种猎物与捕食者之间的自然生存法则促使猫头鹰进化出安静飞行的能力。

根据自我覆盖假说，所谓的噪声覆盖是指一种声音的存在使得另一种声音听不到了，这是强调猫头鹰的听力。猫头鹰的安静飞行允许它更好地听到以及确定猎物的位置。影响自我覆盖的因素有五个：由猫头鹰翅膀或身体在飞行中产生的噪声 $dB_{猫头鹰}$，猎物产生的噪声 $dB_{猎物}$，环境的背景噪声 $dB_{背景}$，猎物发出的噪声传递给猫头鹰的声传递损失 $dB_{环境}$，猫头鹰在覆盖噪声存在的情况下确定猎物位置的听力 $k_{猫头鹰}$，这五个因素满足以下条件：

$$\frac{dB_{猎物}-dB_{环境}}{dB_{猫头鹰}+dB_{环境}}>k_{猫头鹰} \tag{7.1}$$

这种自我覆盖假说预言，猫头鹰翅膀的安静特性将会使其自我产生的噪声减少到一个频率范围内，这个频率范围能够最好地覆盖猫头鹰所最依赖的确定猎物位置的声音。

隐身假说：这里的隐身假说是指保持不被目标发现直到太接近目标以至于目标没有时间做出非常规的逃跑动作。这是强调老鼠的听力，也就是说猫头鹰安静地飞行允许它悄悄地接近猎物，然后偷袭猎物。有五个因素影响猎物听到猫头鹰接近它的声音：环境的背景噪声 $dB_{背景}$，猎物吃食、运动或发声所产生的噪声 $dB_{猎物}$，由猫头鹰翅膀或身体在飞行中产生的噪声 $dB_{猫头鹰}$，猫头鹰的翅膀噪声通过环境传递给猎物的声传递损失 $dB_{环境}$，猎物听到猫头鹰声音的能力 $k_{猎物}$，就是到猎物的音频信号与覆盖噪声之比：

$$\frac{dB_{猫头鹰}-dB_{环境}}{dB_{猎物}+dB_{环境}}>k_{猎物} \tag{7.2}$$

根据这个假说，猫头鹰具有的安静性特性是被迫选择减少所有频率的、猎物可能非常敏感的噪声（$k_{猎物}$）。

经过长期的"猫捉老鼠"的演化与进化，猫头鹰进化出来了安静飞行的特性。研究猫头鹰安静飞行的几何、物理、生物、声学特征对我们现代航空业设计安静飞行的飞行器以及工业中安静的民用产品有着非常重要的现实指导意义。

7.2　猫头鹰翅膀的声学特性

猫头鹰这些令人惊讶的安静飞行能力是非常神奇的，为人类设计更加安静飞机与其他空气动力结构找到了工程解决方案的生物线索。猫头鹰这种安静飞行的奇特能力启发了人们在飞行器中设计可以减少气流在机翼上产生的噪声的灵感。猫头鹰的超安静性飞行为旋转驱动机器以及飞行器的低噪声运转提供了无限的启发与遐想。模仿猫头鹰的翅膀声学结构制造安静的飞行器机翼、风扇叶片等成为许多科学家与工程师的研究课题与设计开发应用的方向。有人甚至断言，如果我们忽略与猫头鹰安静飞行相关的消声系统的机制与技术研究，我们就可能失去在未来设计安静飞机的黄金机会。

Geyer 在研究实际猫头鹰翅膀的空气声学特性时发现，基于猫头鹰翅膀前缘的安静飞行对于新的减少噪声技术具有极大的潜力。科学家们试图基于这些猫头鹰的衰减噪声的特性，从不同角度开发出一系列创新型的噪声衰减解决方案，包括锯齿型噪声衰减技术，流苏型噪声衰减技术以及孔隙型噪声衰减材料。

7.2.1　猫头鹰翅膀的形态学特征

人们对猫头鹰的安静飞行特性进行了深入的、全方位的研究。猫头鹰翅膀的形态学是人们关注的重点之一，因为人们很自然地相信猫头鹰的安静飞行得益于其翅膀的特殊形态学。

图 7.4a 所示为猫头鹰在滑翔时的状态，图 7.4b 所示为猫头鹰在接近猎物时翅膀张开、双腿利爪伸出的状态，图 7.4c 所示为猫头鹰翅膀的特征。猫头鹰翅膀有 10 个主羽，9 个次羽，前缘有梳子状的羽毛，后缘有流苏形的软羽毛。在柔软的翅膀表面上的倒钩轴上有羽翅与钩状的辐射羽。在主羽的内尾翼的边缘上有像女孩刘海一样松软的流苏。

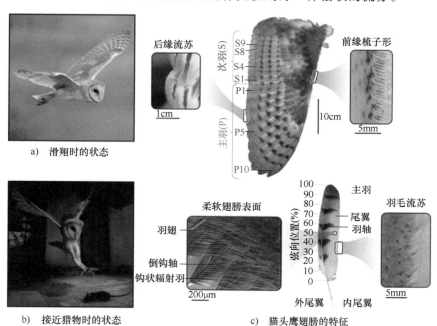

a) 滑翔时的状态
b) 接近猎物时的状态
c) 猫头鹰翅膀的特征

图 7.4 猫头鹰翅膀的详细形态学结构

鸟类翅膀的形态学特征定义如图 7.5 所示，图中，t_{max} 为最大厚度点；C_{max} 为最大拱度点；mcl 为平均拱度线；S_U 为上表面，S_1 为下表面。

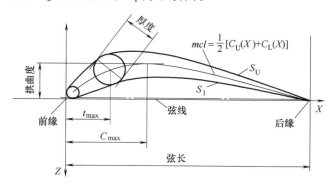

图 7.5 鸟类翅膀的形态学特征定义

猫头鹰翅膀的形态学特征对于其安静飞行有着很重要的意义。拱曲度、外形、厚度、最大拱度点等都是猫头鹰翅膀空气动力学的重要参数。

猫头鹰翅膀与鸽子翅膀的形态学测量的平均值与标准方差的对比结果见表 7.1。

表 7.1　猫头鹰与鸽子翅膀的形态学特征对比

	谷仓猫头鹰	鸽子
	平均±标准方差	平均±标准方差
翼展/cm	101±3	68±2
翼长/cm	45.3±1.9	29.2±1.1
平均翼弦/cm	17.1±3.0	9.8±3.5
单翼面积/cm²	705.7±78.9	279.0±20.4
体重/g	464.8±15.2	549.8±0.09
翼荷载/(N/m²)	33.0±2.3	96.8±4.6
长宽比	6.89±0.18	8.27±0.06
尺骨长度/mm	106.6±1.0	62.4±1.9
尺骨厚度/mm	4.7±0.1	5.4±0.3
桡骨长度/mm	102.3±1.1	55.8±1.6
桡骨厚度/mm	2.9±0	3.0±0.1

　　无论是翼展、翼长、单翼面积还是尺骨长度等尺寸，猫头鹰翅膀都大于鸽子。翼所承受的荷载、体重等指标，猫头鹰都小于鸽子。翅膀承受的荷载小，那么气流在翅膀上形成涡流就会小，在飞行中产生噪声就小。猫头鹰翅膀的尺骨与桡骨的厚度都比鸽子小，飞行时产生的流体阻力就会小，飞行引起的湍流也会小。从形态学的角度来讲，猫头鹰的翅膀构造明显地比鸽子更有利于安静飞行。

7.2.2　猫头鹰翅膀前缘梳子状结构的研究

　　谷仓猫头鹰翅膀的第 10 个主羽结构如图 7.6 所示。图 7.6b 是图 7.6a 中局部位置的放大，图 7.6c 是图 7.6b 中的方框的局部放大。

　　对猫头鹰翅膀前缘的空气动力学噪声的抑制主要取决于锯齿形几何形状中有没有静点。

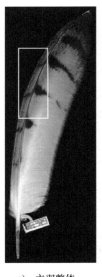  

a)　主羽整体　　　　　　b)　主羽放大　　　　　　c)　局部放大

图 7.6　谷仓猫头鹰第 10 个主羽结构

锯齿形的尖锐度的参数为高度 b 与波长 λ。我们可以看到，当尖锐度 $b=1.5\pi$ 时，翅膀引起的噪声最小，如图 7.7 所示。

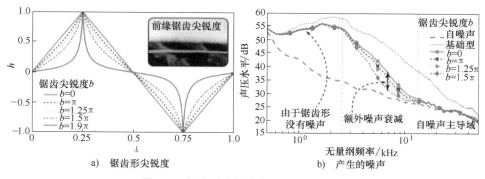

a) 锯齿形尖锐度　　　　　　b) 产生的噪声

图 7.7　锯齿形尖锐度与所产生的噪声

7.2.3　猫头鹰翅膀后缘流苏状结构的研究

人们注意到，猫头鹰翅膀后缘的流苏（或梳子）形结构的一种可能的目的就是将翅膀后缘上游的吸力侧与压力侧的空气流混合在一起，这种混合使得产生噪声的湍流无法形成，此外，流苏作为一种阻尼器，将边界层的噪声吸收掉了。另外，猫头鹰翅膀的后缘流苏与猫头鹰柔软的羽毛相组合导致在后缘的流速梯度减少，从而减少了飞行噪声。

猫头鹰翅膀后缘流苏状结构启发了人们对飞机尾翼的设计灵感，开发出不一样的飞机机翼后缘形状，试图降低飞机机翼的噪声，如图 7.8 所示。

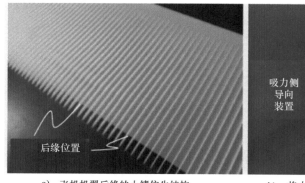
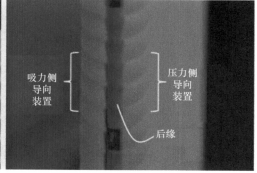

a) 飞机机翼后缘的小鳍仿生结构　　　　b) 将小鳍结构安装在机翼后缘两侧的情况

图 7.8　飞机机翼后缘的仿生结构

在飞机机翼上模仿猫头鹰翅膀后缘的流苏结构，在机翼的后缘上加上小鳍（finlet）结构形式的导流器，然后将该结构放到风洞中进行试验。

从图 7.9 可以看到，当仰角为负数时，猫头鹰流苏仿生结构的噪声衰减功能主要在高频上，在 1500Hz 以上具有最高 10dB 的噪声衰减。这种性能来自大自然生物的进化，因为老鼠对低频噪声是非常不敏感的，老鼠听力的敏感区域大部分在高频上。

德国工程师 Geyer 等在机翼后缘上加上不同的孔隙材料，如图 7.10 所示，这些不同的孔隙材料具有不同的流阻率，然后进行一系列声学测量。流体速度从 20m/s 到 50m/s，几何攻角从 $-16°$ 开始，每 $4°$ 测一次，直到 $20°$。

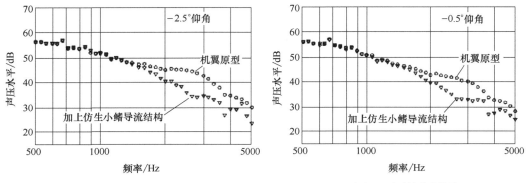

a) 仰角为−2.5°时的减噪效果   b) 仰角为−0.5°时的减噪效果

图 7.9   小鳍结构的减噪效果

图 7.10   带有孔隙材料的机翼后缘

这些不同材料不同流阻率的机翼后缘的噪声测量情况如图 7.11 所示。

流阻率 r: — ∞, — 4400 Pa·s/m², — 4000 Pa·s/m², — 3600 Pa·s/m²,
— 1500 Pa·s/m², — 1000 Pa·s/m², — 700 Pa·s/m²

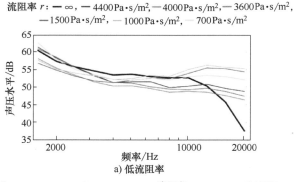

a) 低流阻率

流阻率 r: — ∞, — 40100 Pa·s/m², — 23100 Pa·s/m²,
— 16500 Pa·s/m², — 9800 Pa·s/m², — 8200 Pa·s/m²

流阻率 r: — ∞, — 506400 Pa·s/m², — 316500 Pa·s/m²,
— 164800 Pa·s/m², — 130200 Pa·s/m², — 112100 Pa·s/m²

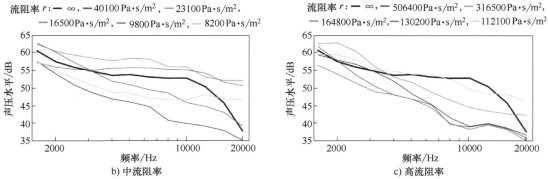

b) 中流阻率   c) 高流阻率

图 7.11   带有孔隙材料的机翼后缘的噪声测试结果

从图 7.11a 可以看到，对于低流阻率孔隙材料的机翼后缘，孔隙材料对噪声没有什么抑制作用。从图 7.11b、图 7.11c 可以看到，中与高流阻率的孔隙材料确实对后缘的噪声起到抑制作用。最高噪声减少可达 10dB 以上。

7.2.4   猫头鹰翅膀柔软绒毛的研究

猫头鹰羽毛的一种可能的减噪机制是其羽毛表面上有柔性纤维组成的柔软的绒面层。为了研究这一特性，人们深入、详细地了解了这个柔软绒面层的细微结构，如图 7.12 所示。

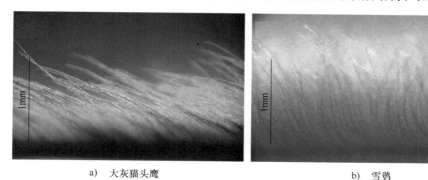

a)   大灰猫头鹰   b)   雪鸮

图 7.12   猫头鹰羽毛柔软绒面层的截面

从图 7.12 中可以看到，猫头鹰的绒毛一般高度为 1mm 左右，绒毛与表面具有不同的倾斜角度，有些绒毛带有一些倒钩。如果我们进一步研究其精细结构，可以发现图 7.13 所示的结构。

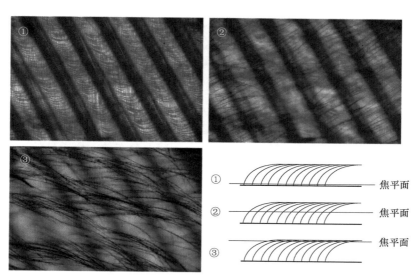

图 7.13   绒毛的精细结构

从图 7.13 中可以看得很清楚，猫头鹰绒毛的表面结构是由 3 层组成的。第一层由不透气的纤维板组成（图 7.13 中的①），第二层是密密麻麻的可见的绒毛（图 7.13 中的②），第三层距离第一层 0.5mm 处开始弯曲，形成一个"天棚"层，就是一层顶罩（图 7.13 中的③）。

为了测试猫头鹰柔软羽毛的声学特征，人们使用两个平面进行风洞试验对比。一种表面是砂纸粗糙层，一种是模仿猫头鹰羽毛的"天棚"层。

从图7.14可以看到，相对于像砂纸一样粗糙的表面，"天棚"结构的噪声衰减频率特性是频率越高对噪声的衰减就越大，最高可以产生30dB的噪声衰减。当频率大于1000Hz时，噪声的衰减更显著，这是因为猫头鹰的猎物对飞行时的高频噪声很敏感。

吉林大学的孙少明等对长耳鸮、雉鸡、鸽子的胸腹部皮肤和覆羽进行了形态、结构进行了吸声降噪特征的对比试验，并且通过试验研究了长耳鸮皮肤组织式样的耦合吸声特征。他们的试验表明，低于1000Hz，三种鸟类的皮肤和覆羽的吸声能力没有明显的差

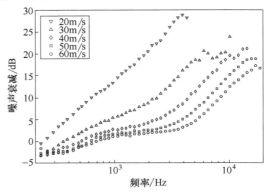

图7.14 猫头鹰柔软绒毛"天棚"结构相对于砂纸粗糙表面的噪声衰减

别，在1000~4000Hz频率段，长耳鸮的皮肤和覆羽具有一定的吸声性能，最大吸声系数在2000Hz可达45%。

7.2.5 猫头鹰翅膀的空气动力学与声学特性

自从Graham提出猫头鹰安静飞行的理论后，许多科学家做了大量的空气动力学、声学以及生物学试验去揭示猫头鹰安静飞行特性的噪声衰减空气动力学原理。Kroeger等人对猫头鹰翅膀的结构进行了深入的研究，并对这些猫头鹰翅膀结构的声学特性进行了空气动力学、声学、生物学等方面的试验研究，试图从空气动力学、声学的理论角度揭示猫头鹰安静飞行的奥秘，为我们探索安静飞行的设计提供理论根据。根据试验结果，他们发现了猫头鹰翅膀结构的三大降噪机制：①猫头鹰翅膀前缘的锯齿形结构加上前缘的槽状结构与翅膀边缘的羽毛使得空气层流一直紧紧贴着翅膀的整个后半部，使得层流不会与翅膀分离而产生湍流，因此起到了抑制湍流边界层噪声的作用；②柔软的表面可以减少湍流边界层，而且可以将猫头鹰翅膀的噪声频率谱移动到低频区域；③在翅膀上分布的、由柔软的表面产生的孔隙性加厚了沿着翼弦方向羽毛之间的空气流的边界层，从而减少了在后缘的速度梯度，因此减少了后缘的噪声。

最接近自然情景的对猫头鹰飞行的噪声情况的了解就是在猫头鹰飞行时测量它们的飞行噪声。科学家们煞费苦心地设计了在自然环境下了解猫头鹰飞行噪声的直接测量方法。科学家训练猫头鹰沿着设定飞行路线飞行，然后利用模仿地面上被扑食的猎物感知猫头鹰飞行的噪声，进行猫头鹰飞行的噪声测量（图7.15）。

这样设计的测量方法所测得的猫头鹰飞行噪声如图7.16所示。

从图7.16中可以看到，在低频域内，不同鸟的飞行噪声没有很多的不同。但在高频域内，从1600Hz开始，由谷仓猫头鹰飞行产生的噪声要低于秃鹰与灰林鸮。人们的深入研究结果是猫头鹰特殊的羽毛适应性导致在频率域高于2000Hz中有一个大的噪声衰减。此外，我们还观察到，这些噪声曲线的斜率是不一样的。猫头鹰的噪声曲线斜率为每倍频程降低

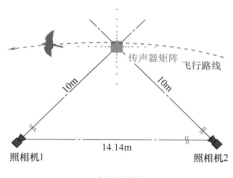

a) 飞行测量简图

b) 谷仓猫头鹰的飞行(从左向右)

图 7.15 猫头鹰飞行噪声测量

15dB，而其他两种鸟的斜率仅为每倍频程降低 10dB。这个频率谱形状的不同说明猫头鹰滑行的噪声产生机制与其他两种鸟是不一样的。

许多科学家对猫头鹰的翅膀进行了各种风洞试验，包括风洞噪声试验，如图 7.17 所示。在声学风洞中做翅膀的试验的优点是风洞具有非常低的背景噪声，而且在试验区域具有非常低的涡流。试验用 0.35m 直径的圆形喷嘴，最大流速可达 25m/s。在 20m/s 时垂直于喷嘴 1m 距离的总声压仅仅 44dB（A）。试验使用 56 个 1/4in（6.35mm）麦克风组，安装在 1.5m×1.5m 的铝板上。

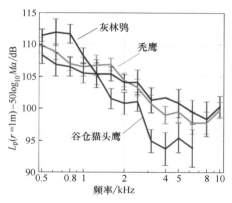

图 7.16 猫头鹰等低空飞行噪声测量

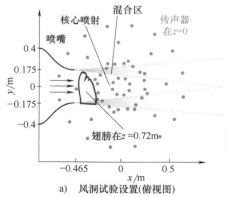

a) 风洞试验设置(俯视图)

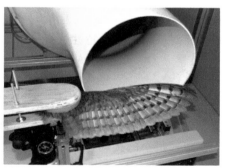

b) 试验装置的照片

图 7.17 猫头鹰翅膀样本的风洞试验

试验结果如图 7.18 所示。图 7.18b 是将图 7.18a 的数据使用局部加强回归（LOWESS）过滤器进行了过滤，结果比较清晰。

结果显示，对于这种猫头鹰翅膀的声学风洞试验，猫头鹰的翅膀产生的噪声比鸽子等非安静飞行的鸟类在很宽的频率谱中都要低很多。

Graham 指出，基于猫头鹰飞行特性的灵感可能会影响到航空飞行的设计理念。第一是

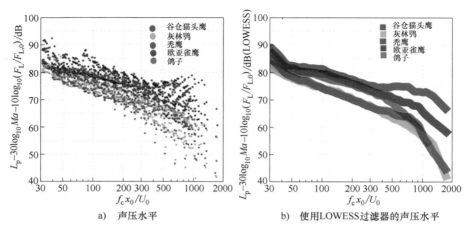

a) 声压水平　　　b) 使用LOWESS过滤器的声压水平

图 7.18　猫头鹰翅膀的风洞试验结果

猫头鹰翅膀的荷载。猫头鹰的翅膀承受很轻的荷载是因为猫头鹰翅膀的轻型荷载允许猫头鹰的翅膀扇动得很慢，而且入射角也很小，能叼着猎物飞回巢穴。荷载重就会产生大的噪声。第二是猫头鹰翅膀的低速，这种低速是飞机螺旋桨不可比拟的。虽然还没有高速飞行的鸟的翅膀可以使得它们能够安静地飞行，但只要不产生过大的阻力，猫头鹰翅膀的消声效果在高速时可能与低速时同样有效，至少它可以减少更多的噪声。这种评估为将猫头鹰低速安静飞行的仿生理论用于高速的机翼或其他高速运动的机械的设计提供了一个基础。

7.3　安静飞机螺旋桨叶片生物仿生

为了了解猫头鹰翅膀的前缘、后缘与柔软羽毛这三种生物声学特性对安静飞行的影响，以及这些特性是如何影响气流、湍流与表面压力从而实现安静飞行的，美国爱荷华州立大学的年轻助理教授 Anupam Sharma 与他的同事们对真实的猫头鹰翅膀进行了三维扫描，建立起三维数字模型，对模型的声学特性进行分析。

7.3.1　受猫头鹰翅膀启发的飞机螺旋桨叶片设计

猫头鹰翅膀的前缘带有锯齿状结构，理论上可以将翅膀前缘的湍流边界层的扰动化解成很小的扰动，从而到达减少飞行噪声的功能。现实中要想在发动机金属螺旋桨上模仿猫头鹰翅膀与羽毛的柔软特性是非常困难的，但 Anupam Sharma 教授领导的团队设计了带有锯齿型前缘的仿生飞机螺旋桨叶片（图 7.19）。

他们还将这种理念用于飞机机翼的设计，另外又仿造猫头鹰翅膀后缘

图 7.19　模仿猫头鹰翅膀的飞机螺旋桨叶片的 3D 打印模型

260

的流苏原理设计了小鳍结构导流器。他们对这些三维模型在国家实验室使用具有 16000 个处理器的超级计算机进行了多天的计算机模拟。

7.3.2　计算机模拟结果

如图 7.20 所示，他们的模拟结果表明，模仿猫头鹰翅膀设计的飞机螺旋桨具有锯齿形叶片，可以在一个很宽的频率范围内减少最高 5dB 的噪声，而不会牺牲它的空气动力学特性，而小鳍结构的模拟结构除了在 500Hz 以下噪声有所增加外，在其他剩余的频率段内，减噪效果非常明显，在有些频率减噪效果甚至大于 10dB。

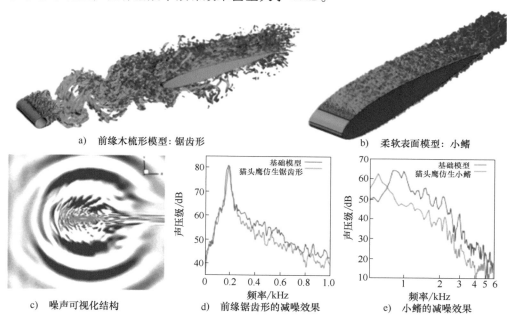

a)　前缘木梳形模型: 锯齿形　　　　　　b)　柔软表面模型: 小鳍

c)　噪声可视化结构　　　d)　前缘锯齿形的减噪效果　　　e)　小鳍的减噪效果

图 7.20　模仿猫头鹰翅膀设计的飞机螺旋桨模型及减噪效果

7.4　基于生物启发设计的汽车冷却风扇的噪声衰减

发动机冷却风扇的噪声随着发动机的输出功率与转速的增加而增加，成为内燃机驱动车辆的主要噪声之一。随着电动车辆的蓬勃发展，电动车辆的 NVH 越来越受到人们的关注。在电动汽车中缺乏像燃油发动机的噪声覆盖效应，因此，电器的噪声就显得很突出。电动空调鼓风机的风扇噪声也是非常突出的噪声源。

人们想尽办法来减少发动机冷却风扇的噪声。传统的冷却风扇减噪措施主要集中在风扇叶片形状、叶片安装角度、叶片个数、叶轮轮毂比等方面的改进。尽管模仿生物结构用来优化风扇叶片的声学性能还是处于起步阶段，但是受生物学启发的减噪方法在许多理论研究领域与实际研究项目中取得了许多成果。

7.4.1　受鲨鱼保护鳞片启发的叶片设计

鲨鱼表皮是一种由小的保护鳞片组成的结构。每一个保护鳞片都有槽形与平行脊形的特征形态学。在鲨鱼游泳的过程中，保护鳞片的脊形结构在水流方向上扰动鲨鱼表皮上的水流，因此减少了水流与鲨鱼表皮之间的湍流与表面阻力。如图7.21a所示，鱼鳍的结构也可以简化为槽形与脊形结构交替排列的结构，起到引导流体在鱼身上流动的作用。类似的，贝类的外壳结构也呈现类似的槽形与脊形交替结构（图7.21b）。这些反映在自然生物中的结构优化了生物表面流体的流动，减少了阻力，避免了不必要的迁移，并提供了对磨损与腐蚀的阻抗力。

受这些生物结构的启发，人们考虑使用这些生物结构制造冷却风扇的叶片。如图7.22所示，这种冷却风扇的叶片就是在原始叶片的基础上，按照鱼鳍的生物结构特征，在原来的叶片上增加槽形与鳍形交替结构。确定鳍形结构的参数共有4个：鳍形的中心位置 A、鳍形的宽度 B、鳍形的高度 C 以及两鳍形之间的节长 D。

a) 鱼鳍结构　　　　　　b) 贝类的外壳结构

图 7.21　鱼鳍结构与贝类的外壳结构

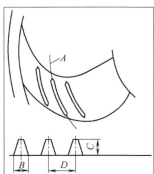

图 7.22　受生物启发的冷却
风扇叶片设计简图

图7.23中，左表为9个风扇叶片的参数，右图为相应的设计简图。

设计号	半径位置 A/mm	鳍形宽度 B/mm	鳍形高度 C/mm	鳍形节长 D/mm
FA1	136	1	0.5	5
FA2	136	2	1	10
FA3	136	4	2	15
FA4	146	1	1	15
FA5	146	2	2	5
FA6	146	4	0.5	10
FA7	156	1	2	10
FA8	156	2	0.5	15
FA9	156	4	1	5

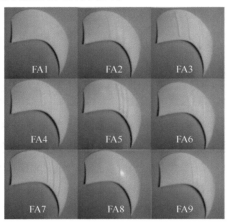

图 7.23　风扇叶片的仿生设计参数及设计简图

7.4.2　受鲨鱼保护鳞片启发的叶片设计的减噪效果

确定了叶片仿生结构后，使用设计试验方法，对9个不同的设计参数叶片的噪声进行试验，结果见表7.2。

表7.2　不同风扇转速的风扇噪声　　　　　［单位：dB（A）］

设计号	1000r/min	1250r/min	1500r/min	1750r/min	2000r/min	2250r/min	2500r/min
FA0	53	54.37	61.86	65.37	66.21	70.18	73.18
FA1	51.8	54.69	62.83	64.54	65.61	70.45	72.11
FA2	51.15	52.52	60.2	61.39	66.65	69.45	73.1
FA3	52.82	54.23	60.42	61.54	65.27	69.83	69.85
FA4	53.05	53.43	61.61	62.26	65.81	69.66	71.75
FA5	51.47	57.09	62.7	64.44	66.99	68.6	73.96
FA6	51.87	55.21	61.11	62.36	63.62	68.79	71.14
FA7	52.66	53.45	60.26	61.84	66.29	68.54	72.46
FA8	52.34	55.29	61.6	62.33	65.24	69.79	73.24
FA9	54.26	56.09	60.08	62.9	64.63	66.85	69.8

从表7.2所示的测试结果可以看到，按照生物原理设计的风扇叶片减噪效果随着转速的增加而增加。其中，减噪效果最好的是 FA3 型叶片，特别是在 1500～2500r/min 时。在1750r/min 时，FA3 型叶片与原始叶片相比较，减少了 3.83dB（A）。

7.5　飞机机翼的仿生设计

飞机的机翼与猫头鹰的翼在功能上有相似的地方，都是利用气体在经过不同翼面所产生的压力差来提供升力，使飞行成为可能。飞机的噪声无疑是对机场附近居民的一种声污染，也是乘客在飞行过程中所诟病的声污染。猫头鹰的安静飞行特性启发人们利用猫头鹰翼的声学特性，对飞机机翼进行仿生设计，试图获得能够安静飞行的机翼的设计灵感。

7.5.1　机翼后缘的仿生设计

根据猫头鹰翅膀锯齿形后缘的减噪原理，人们对飞机翼面进行了改进，设计出具有锯齿形的机翼后缘，如图7.24所示。

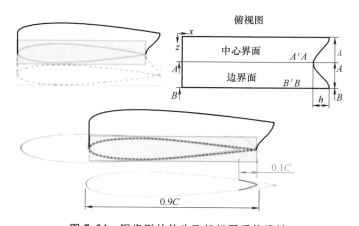

图 7.24　锯齿形的仿生飞机机翼后缘设计

机翼仿生设计之一是在飞机机翼的设计原型上，在其后缘的中心线的两侧设计了对称的锯齿形结构。

如图7.25所示，根据试验结果，具有锯齿形后缘的飞机机翼的总噪声（146~10000Hz）从基础型NACA0012的81dB减少到了73dB，减少了8dB，减噪效果是非常明显的。同时，在1800Hz附近的局部噪声的峰值也得到衰减。

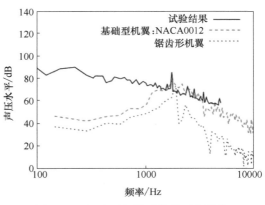

图7.25 锯齿形机翼后缘的减噪性能

7.5.2 机翼后缘的仿生导流器设计

猫头鹰身上的毛绒软羽毛在皮肤表面垂直升起，然后沿着空气流的方向向后形成一个平面。这种结构使得飞行气流的行为就像森林树梢上层流动的风一样。如图7.26所示，人们想重复这种覆盖层的减噪效果，设计了小鳍结构，这种结构有两种不同的构造方式：第一种是加上一组尖锐边界导流器，第二种是使用小的圆柱形导向柱。

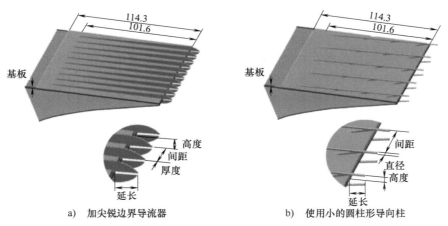

a) 加尖锐边界导流器　　　　b) 使用小的圆柱形导向柱

图7.26 飞机机翼后缘的小鳍结构

受以上仿生结构的启发，人们对这个结构进行了改进，在机翼上加了单级与多级的导向器，如图7.27所示。

将带有后缘导向器的机翼放到声学风洞里进行试验，结果如图7.28所示。

从图7.28中可以看到，尽管在4000Hz以上的噪声衰减没有或很少，但在1000~4000Hz之间有明显的噪声衰减，最高可达10dB。低于1000Hz没有噪声衰减的原因是试验设施的噪声本身就很大，由小鳍产生的噪声衰减无法进行评估。

在机翼后缘加上锯齿形也是一种仿生降噪设计。机翼后缘锯齿形的尺寸如图7.29所示，图中，A为锯齿形结构，B为尖锐锯齿形，C为机翼主体。

具有锯齿形结构的机翼与原型机翼相比，声功率可以减少高达30dB。可见机翼后缘锯齿形对减噪的效果是很大的。

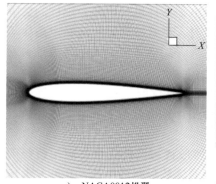
a)　NACA0012机翼

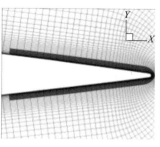
b)　NACA0012机翼后缘加单级导向器

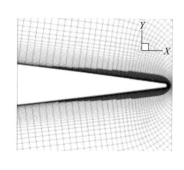
c)　NACA0012机翼后缘加多级导向器

图 7.27　机翼单级与多级导向器

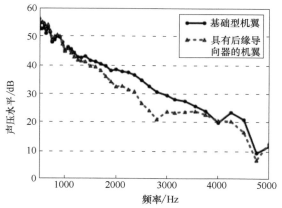
图 7.28　具有机翼后缘导向器的远场减噪结果

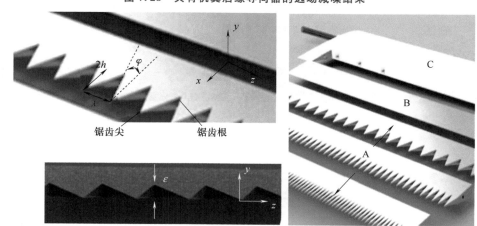
图 7.29　具有锯齿形的机翼后缘

7.6　受猫头鹰启发的静音计算机冷却风扇

计算机已成为现代办公不可或缺的工具。当计算机的处理器在做大量的计算时，例如压缩 HD 视频、运行大型游戏或转移大量数据到计算机硬盘，电子器件与线路会产生很大的热量，计算机的风扇会转得更快以便提供更多的空气流动，对电子器件进行冷却。你可能会听到风扇的噪声，特别是在一个相对安静的环境下使用计算机时。尽管冷却风扇的噪声是冷却过程中自然存在的，但计算机冷却风扇所产生的噪声不能太大，如果噪声太大就必须减少到计算机使用者所能接受的范围之内。

中国台湾的计算机巨头宏碁（Acer）就是利用猫头鹰安静飞行的生物特性，模仿猫头鹰翅膀的声学原理设计出安静的计算机风扇，使得人们在使用计算机时基本听不到冷却风扇的噪声。

如图7.30所示，宏碁计算机的冷却风扇叶片的尖端几何形状的设计完全打破了传统的平滑设计，根据猫头鹰翅膀尖端的结构设计出模仿猫头鹰翅膀尖端形状的叶片，在叶片上加上了小鳍结构的导流器，叶片尖端处采用了锯齿形结构，乃至整个叶片结构处处都体现出模仿猫头鹰翅膀的声学结构设计。

从图7.31中可以看到，通用塑料风扇叶片在风扇转动时产生湍流，而猫头鹰仿生风扇叶片气流都是层流。从噪声的产生情况来看，猫头鹰翅膀仿生设计的叶片的噪声幅值要比通用塑料风扇叶片的噪声幅值小得多，具有数量级上的差别。可见猫头鹰仿生设计的计算机冷却风扇叶片是相当安静的。

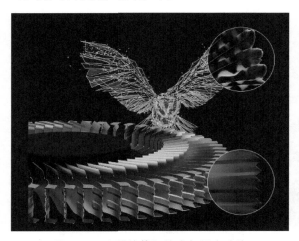

图7.30　宏碁计算机的冷却风扇叶片

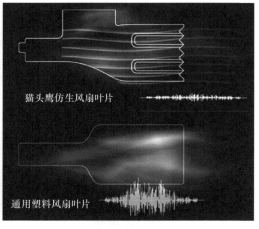

图7.31　普通叶片与猫头鹰仿生叶片的
流体与噪声特征对比

7.7　长耳鸮翼仿生叶片的气动噪声衰减

窗式家用空调因其结构简单、生产成本低廉、销售价格便宜、安装方便等原因在空调市场上具有较高的占有率。这种空调的缺点是它是安装在窗户上，当空调产生噪声时，噪声直接传递到室内，而这类噪声的主要声源就是气动噪声，而气动噪声问题主要的来源就是风扇的叶轮。

7.7.1　仿鸮翼翼型的计算

长耳鸮扑食猎物时的安静飞行速度是8m/s，这个速度与空调离心风机进口处的气流速度是在一个数量级上的。西安交通大学的王梦豪教授与广东美的制冷设备有限公司的马列等选择长耳鸮翅膀结构作为仿生对象，采用逆向工程设计方法，提取具有良好气动性能与低噪声特性的长耳鸮翅膀40%展向界面处的翼型结构作为风扇叶形的设计依据。

$$\frac{z_c}{c} = \frac{z_{c\,max}}{c}\eta(1-\eta)\sum_{m=1}^{3}S_m(2\eta-1)^{m-1} \tag{7.3}$$

$$\frac{z_t}{c} = \frac{z_{t\,max}}{c}\sum_{n=1}^{4}A_n(\eta^{n+1}-\sqrt{\eta}) \tag{7.4}$$

式中，c 为翼型某弦向截面的弦长；$\eta=x/c$ 为翼型某弦向截面的弦坐标比，x 为翼型某弦向截面的弦向坐标；$z_{c\,max}$ 为翼型某弦向截面的最大弧度坐标；S_m（$m=1$，2，3）为描述翼型的多项式系数；$z_{t\,max}$ 为翼型某弦向截面的最大厚度；A_n（$n=1$，2，3，4）为描述翼型的多项式系数。

$z_{c\,max}$ 与 $z_{t\,max}$ 有下列关系：

$$\frac{z_{c\,max}}{c} = \frac{0.18}{1+7.31\xi^{2.77}} \tag{7.5}$$

$$\frac{z_{t\,max}}{c} = \frac{0.1}{1+14.86\xi^{3.52}} \tag{7.6}$$

式中，ξ 为翼型展向比，可以取 $\xi=0.4$；S_m 与 A_n 是多项式系数，可以取 $S_1=3.936$，$S_2=-0.7705$，$S_3=0.8485$，$A_1=-29.4861$，$A_2=66.4565$，$A_3=-59.806$，$A_4=19.0439$。

根据这些系数，可以计算出翼型某弦向截面的上表面型线、下表面型线分布坐标：

$$z_u=z_c+z_t \tag{7.7}$$

$$z_u=z_c-z_t \tag{7.8}$$

根据这些公式就可以绘出仿鸮翼翼型的叶片形状，如图 7.32 所示。

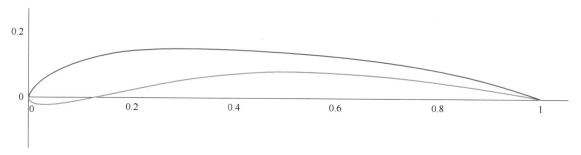

图 7.32　仿鸮翼翼型的叶片形状

对于不同展向位置截面的翼型形状所产生的噪声亦不相同。对于 20%、40%、60%展向位置截面处的翼型，它们的噪声频率谱如图 7.33 所示。

在图 7.33 中我们可以看到，在 60%展向位置处的猫头鹰翅膀的噪声是最低的。

7.7.2　仿鸮翼翼型的减噪效果

根据这种仿鸮翼翼型设计的风机叶片与原始设计的一般风机叶片相比较具有明显的消声作用，其声压级对比结果如图 7.34 所示。

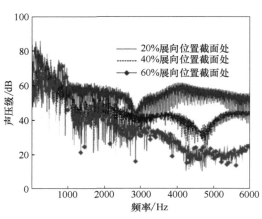

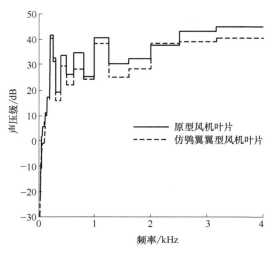

图 7.33　猫头鹰翅膀不同展向位置的频率谱比较　　图 7.34　仿鸮翼翼型叶片与原型叶片的噪声对比

从图 7.34 中可以看到，仿鸮翼翼型风机叶片在几乎所有的频率域上的噪声都比传统的风机叶片的噪声低，特别是在 1000Hz 以上，减噪效果特别明显。这些结果表明，仿鸮翼翼型叶片对于流动分离引起的涡流噪声，以及叶片与蜗舌之间非定常相互作用引起的旋转噪声具有明显的改进效果。

7.8　受猫头鹰启发的船舶螺旋桨噪声的衰减

船舶螺旋桨的噪声对于海洋船舶的性能是不利的。来自螺旋桨或转子的噪声可能有若干个不同的噪声源，这些噪声源取决于螺旋桨涉及的特殊的几何与流动。两个流体动力噪声的共同的声源（在相对没有扰动地流入时，特别是对船舶的大型、慢运动的螺旋桨，即高雷诺数，低马赫数），是湍流边界层后缘噪声与后缘钝边涡流脱离噪声。湍流边界层后缘噪声是转子叶片边界层中的湍流漩涡与叶片的后缘相互作用的结果，这种相互作用将与这些湍流漩涡相关的压力波动散射成噪声。而后缘钝边涡流脱离噪声是由离散的漩涡引起的，而离散漩涡是当气流从钝后缘边上分离时形成的。

如果我们使用尖锐的后缘就可能减少或消除这些噪声，但船舶的叶片需要承受比较大的荷载，所以我们只能寻找更好的工程解决方案。创新型的工程解决方案可以考虑猫头鹰翅膀的解剖学原理，利用猫头鹰安静飞行的生物原理找到船舶螺旋桨降噪的工程解决方案。

7.8.1　受猫头鹰翅膀静音结构启发的螺旋桨静音工程解决方案

为了进一步增加在后缘附近形成湍流边界层的几率，一种非常简单的处理方法就是在螺旋桨叶片上贴上具有锯齿形的、0.5mm 厚的胶带，这个胶带的位置是在 10% 的弦位置上。胶带是用特殊材料制成的导流器胶带。在螺旋桨的后缘模仿猫头鹰翅膀的后缘流苏形结构，在螺旋桨后缘设计了流苏形导流器（图 7.35）。

7.8.2　受猫头鹰翅膀静音结构启发的螺旋桨的减噪效果

为了了解螺旋桨叶片设计改进的量化结果，将该结构放到消声室中进行测量。为了获得

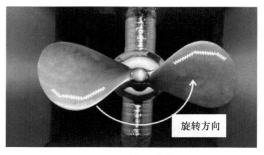

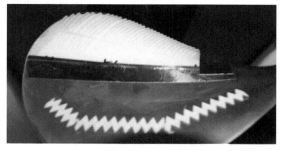

a) 导流器胶带   b) 后缘流苏形结构

图7.35 导流器胶带在螺旋桨叶片上的布置图以及后缘流苏形结构

更详细的在螺旋桨（原型叶片与带有小鳍结构的叶片）周边的流体数据，将探头放到了螺旋桨的后面。

如图7.36所示，从测量的结果可以看到，比较高的噪声发生在 1~1.7kHz 的范围内，在这个范围外的噪声都比较低。这些高分贝的噪声是由螺旋桨的钝边效应引起的。如果采用小鳍结构，这频率段的噪声可以减少最高 8dB 左右。这些结果说明在螺旋桨上附加小鳍结构在减少螺旋桨的噪声方面是很有效的。

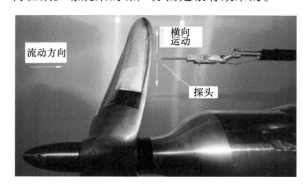

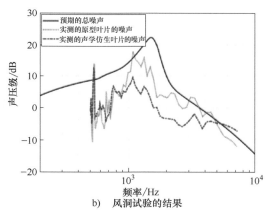

a) 风洞试验的布置   b) 风洞试验的结果

图7.36 螺旋桨叶片上的风洞试验布置图以及结果对比

7.9 飞蛾的声学仿生学

在动物世界中追扑与反追扑之间的生存法则下的生死搏斗中，蝙蝠在夜间使用回声雷达确定飞蛾的位置，而某些飞蛾物种既没有听觉，也没有视觉，更没有反超声波功能，它们能够防止被蝙蝠灭门的绝技是几千万年中进化出来的隐身能力：吸收蝙蝠发出的超声波的卓越能力，如图7.37所示。这种隐身能力使得飞蛾不至于灭种，蝙蝠也能得以延续种族，保持着大自然生物之间神奇的生态平衡。

7.9.1 飞蛾的隐身术

飞蛾是有鳞屑的昆虫，其翅膀上有许多可以吸收扑食蝙蝠发出的超声波的鳞屑，因此可以达到隐身的效果。这是自然界中首次发现的自然声学超材料。英国布里斯托大学生物科学学院的 Neil 教授与他的中国学生沈志远（音译）及其他领导团队对飞蛾翅膀的声学结构与声学特性进行了开创性的研究，也是第一次发现了自然界中的声学超材料。

图 7.38a 所示为统帅青凤蝶（右上）与金斑蝶（右下），以及柞蚕蛾（左上）与卢西纳水蜡蛾（左下）的翅膀细微结构的照片。圆圈中的图形就是前翅膀的前缘与后缘的细微结构。图中的圆形图是背上表面的图像，方形图为每个翅膀的微观电子计算机断层扫描（CT）图。

图 7.37　柞蚕飞蛾能够很好地吸收蝙蝠的超声波

他们在蝴蝶与飞蛾翅膀上进行了切片得到了试验样件，对这些样件进行两种回声试验，一种是带有鳞屑的回声试验，一种是去掉鳞屑的回声试验。通过反射与入射的声强在频率域

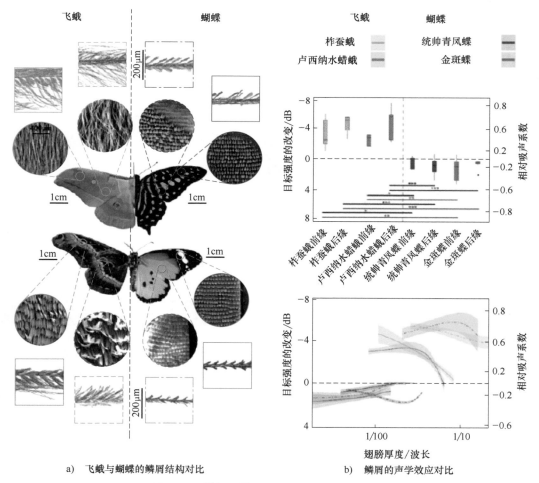

a)　飞蛾与蝴蝶的鳞屑结构对比　　　　　　b)　鳞屑的声学效应对比

图 7.38　鳞翅目昆虫的鳞屑结构与声学效应

的比例作为目标强度。对比试验的结果发现,去掉鳞屑后,飞蛾翅膀反射蝙蝠用来发现飞蛾所发射超声波的频率范围内(20~60kHz)的目标强度大大减少,只有一小部分入射声波被反射或散射,恰好是这小部分的反射波,使得蝙蝠不至于因抓不到飞蛾而饿死。飞蛾翅膀的鳞屑减弱声波的功能主要是翅膀鳞屑的声吸收功能,体现为吸声系数,如图 7.38b 所示。

7.9.2 基于飞蛾翅膀的生物超级吸声材料

Neil 教授利用他们模拟与试验的结果提出了基于飞蛾翅膀吸声原理的生物超材料吸声器(BioMA)的概念与具体的结构模型。

图 7.39a 所示为飞蛾翅膀鳞屑结构的微观图片,尺寸为 0.21mm×0.28mm,该图展示了鳞屑的结构、种类,以及基本排列情况。仿生结构的基本单元如图 7.39b 所示,第一部分是形状如同手指的部分,第二部分是中部,第三部分是渐变区,然后这个结构铰接在一个薄膜上。每种单元具有一个共振频率。这种单元在工作频率上有一个吸声系数的峰值。构造不同的单元使每个单元的共振频率不同,那么组合起来的组合共振器就会在覆盖的频率域中有着40%左右的吸声系数(图 7.39c)。对于飞蛾来讲,这个频率域的带宽应该就是蝙蝠发出的定位生物超声波的频率带宽。吸声系数还没有达到100%,否则,完全隐身的飞蛾将使得蝙蝠种族灭绝。这就是为什么自然界会有生态平衡。飞蛾需要飞行,自然地,它的翅膀一定是超薄型的,自然力量使飞蛾的翅膀进化成一个共振吸声器,而且是许多不同频率共振器的组合,每一个共振器都有其不同于其他共振器的共振频率,共同组合成一个宽频段的共振器,构成一种超薄型、超轻型、具有多种共振频率的吸声共振器,而且这种超薄型、超轻型的吸声共振器是自然界的杰作。

a) 飞蛾翅膀鳞屑结构的微观图片

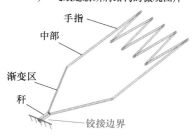

b) 仿生结构的基本单元

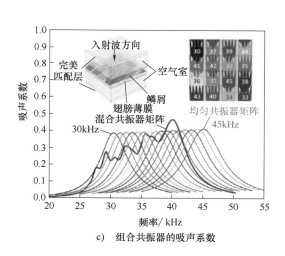

c) 组合共振器的吸声系数

图 7.39 生物超材料吸音器结构与仿生及吸声系数

Neil 教授证明了某些飞蛾的翅膀上进化出了具有一层鳞屑的薄膜,这种薄膜可以减少超声波的回波。这种翅膀展现出一种声学超材料技术上的特色性能。这些研究成果丰富了我们对飞蛾翅膀结构与功能的理解，并启发与开阔了我们设计生物超材料的新的思路与方式。这些思路与设计结果可以帮助我们使用生物超材料的特色性能来设计制作高性能的声学薄板与减噪装置。飞蛾翅膀的吸声频率范围是人的听觉所不能及的，但是我们可以改进设计，让这些装置能够吸收人类可听范围内的低频噪声。飞蛾翅膀的许多几何及物理特性决定了它们的高频特性。它的秆的平均长度为 $21.12\,\mu m$，秆的平均宽度为 $6.21\,\mu m$，鳞屑的平均厚度为 $4.05\,\mu m$。如果我们改变秆的长度、秆的宽度、鳞屑的厚度、鳞屑的材料，那么它们形成的共振器的共振频率将会随之改变。这可能是未来这种生物超材料吸声器向低频发展的逻辑性方向。

这些新的生物超材料吸声器的潜在应用包括但不限于，居家或公共建筑物的吸声墙纸、车辆的钣金以及某些产生噪声的机械。由于该生物超材料吸声器是建立在薄膜的基础上的，而且是仿生的，因此具有超薄的几何特性，具有作为超薄、紧凑型声学吸声器的无限前景。传统声学理论曾经预言：薄膜是不可能有吸声性能的，但自然界却给了我们完全相反的结论。

这些新技术是 2020 年发现的，即便是敏感的学术界也都还没有来得及反应，因此，对这种技术的进一步研究，尤其是低频频率特性的研究还是处于待开发状态。

7.10　声学仿生学的应用

猫头鹰等猛禽安静飞行的声学原理启发了人们对减少噪声的设计方案的灵感，科学家们首先捕捉到这个新科技，开展了许多开创性的研究工作。他们除了在学术上进行研究之外，也试图将他们的科学成果用于工业上。许多注重科学技术的公司，也在这方面进行着不懈的努力。

7.10.1　成熟的声学仿生学的工程应用

为了减少喷气式飞机发动机后面的轰鸣声，许多航空发动机公司，例如波音、通用电气、美国国家航空航天局都开发了锯齿形的喷气发动机后缘，如图 7.40 所示。

一些工业发达的国家，例如德国，开始使用猫头鹰仿生学制造消声装置。德国公司 Ziehl-Abegg 决定应用猫头鹰翅膀的生物学原理生产最新一代的轴流风扇。风扇叶片的后缘是锯齿形的，而且翼梢小翼也加到叶片上来减少风扇叶片的阻力。新的叶片几何确实实现了节能与风扇噪声的大幅减少，如图 7.41 所示。

图 7.40　发动机后面的锯齿形结构

图 7.41　具有锯齿形的工业用风扇叶片

该公司宣称，这些噪声衰减仿生风扇将会用到冷链车辆的电冰箱中，以及计算中心电子器件、开关设备以及逆变器的冷却设备中。

7.10.2　声学仿生学在无人机上的应用

小型四旋翼无人机在人群集中地区对人群的噪声污染与干扰问题已经引起人们的注意，中国科学技术大学的王兵在研究小型无人机旋翼的仿生降噪问题时发现，通过仿生学的技术手段可以降低无人机的噪声。将毛刷纤维按一定间隙固定在原型旋翼的尾最大能够降低1.5dB 噪声，添加锯齿形结构的仿生旋翼最大能够降低2.5dB 噪声，某些在机翼下表面凸起的结构既可以提高升力，又可以降低2dB 的噪声。

南方科技大学的胡海淘等受猫头鹰安静飞行的启发，对于无人机的旋翼采用了不同参数的前缘锯齿形，如图 7.42 所示。

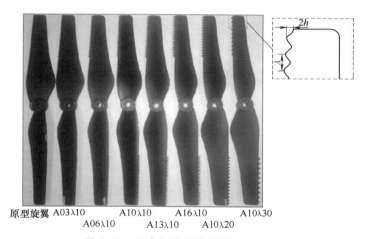

图 7.42　无人机旋翼前缘的仿生设计

这些旋翼的设计参数为前缘的锯齿形高度为 $2h$，锯齿形波长为 λ。

表 7.3 中，c_0 是旋翼径向位置 $0.75R$ 的弦长。名字的字母与数字的意义如下：A 代表锯齿的幅值，字母后面的两位数字是锯齿幅值相对应弦长的百分比。例如，A03 代表锯齿幅值是弦长 c_0 的 3%。同样道理，锯齿波长是由 λ 后两位数字来代表的。

表 7.3　旋翼的不同锯齿形设计参数

旋翼名称	原型	A03λ10	A06λ10	A10λ10	A13λ10	A16λ10	A10λ20	A10λ30
$2h/c_0$	0	0.033	0.067	0.1	0.133	0.167	0.1	0.1
λ/c_0	0	0.1	0.1	0.1	0.1	0.1	0.2	0.3
$2h/\lambda$	—	0.33	0.67	1	1.33	1.67	0.5	0.033
体积/mm³	70.2	70.6	70.9	71.2	71.6	71.9	71.3	71.2

旋翼的选择会产生一个特殊的频率：叶片通过频率，即旋翼的旋转速度乘以叶片的个数。这个叶片通过频率为一阶，自然数与之的乘积为高阶叶片通过频率。一般来讲，所有旋转的叶片在第一阶叶片通过频率上噪声都是最高的。仿生旋翼的评价指标包括噪声与升力，就是在升力相同或更大的情况下声学仿生减噪才有意义。在同样升力的情况下，具有最高锯

齿形的 A16λ10 旋翼具有最低的第一阶叶片通过频率的单频噪声。在最大升力值时，相对于原型旋翼，最大第一阶叶片通过频率的噪声可减少 4dB。在 6~25.6kHz 频率段，A16λ10 旋翼的噪声最多可减少达 13dB。

7.10.3 金属切削中的仿生学减噪的应用

金属切削是使用切削刀具切削金属。在切削的过程中会产生振动与噪声。美国的 LEUCO 工具公司提出一个口号：把自然作为模型。切削工具旋转时（怠速期间以及切割期间）会产生空气的湍流，特别是在突出的边缘以及接合切割刀具的排水槽中。在这些地方，空气湍流是最强的，而且是最不可控制的，这些空气湍流产生了在机器周边影响工作环境的噪声。

如图 7.43 所示，该设计的理念是认识到猫头鹰翅膀结构的优点，将仿生的概念融入新一代的接合切削刀具上。其目的就是系统地引导在钻石形倾斜的切削边附近的空气流动，减少湍流。这种新设计可以减少 1~2dB（A）的操作人员所感受到的噪声。

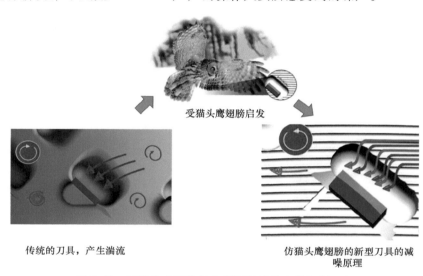

受猫头鹰翅膀启发

传统的刀具，产生湍流

仿猫头鹰翅膀的新型刀具的减噪原理

图 7.43　受猫头鹰翅膀的启发而设计的安静切削工具

参 考 文 献

[1]　TIAN W, YANG Z, QI Z, et al. Bionic design of wind turbine blade based on long-eared owl's airfoil [J]. Applied Bionics and Biomechanics, 2017, 2: 1-10.

[2]　TSAI A. Noise reduction of automobile cooling fan based on bio-inspired design 1 [J]. 2021, 235 (2-3): 465-478.

[3]　WANG L, LIU X, LI D. Noise reduction mechanism of airfoils with leading-edge serrations and surface ridges inspired by owl wings [J]. Physics of Fluids, 2021, 33: 015123.

[4]　CLARK C J, LEPIANE K, LIU L. Evolution and ecology of silent flight in owls and other flying vertebrates [J]. Integrative Organismal Biology, 2020, 2, 1: 1-32.

[5]　BODLING A, SHARMA A. Noise reduction mechanisms due to bio-inspired airfoil designs [C] //International Symposium on Transport Phenomena and Dynamics of Rotating Machinery. New York: Curran Associ-

ates, 2017.

[6] WANG S, YU X, SHEN L, et al. Noise reduction of automobile cooling fan based on bio-inspired design [J]. Proceedings of the Institution of Mechanical Engineers, Part D: Journal of Automobile Engineering, 2020, 235 (2-3): 465-478.

[7] LI L, HUANG Q. Research on the mechanism of fan blade shape effect on its noise [J]. Journal of Low Frequency Noise, Vibration and Active Control, 2005, 24 (1): 59-70.

[8] LI D, LIU X, HU F, et al. Effect of trailing-edge serrations on noise reduction in a coupled bionic aerofoil inspired by barn owls [J]. Bioinspir BIomin, 2019, 15 (1): 016009.

[9] HU H-X, BO T, ZHANG Y. Application of the bionic concept in reducing the complexity noise and drag of the meta high-speed train based on computer simulation technologies [J]. Complexity, 2018, 2018: 3689178: 1-3689178: 14.

[10] 迟建国. 英揭开猫头鹰无声飞行机理 [J]. 畜牧兽医科技信息, 1999, (9): 9.

[11] WANG Y, ZHAO K, LU X-Y, et al. Bio-inspired aerodynamic noise control: a bibliographic review [J]. Applied Sciences, 2019, 9 (11): 2224.

[12] GRAHAM R R. The silent flight of owls [J]. The Aeronautical Journal, 1934, 38 (286): 837-843.

[13] LILLEY G M. A study of the silent flight of the owl [C] //Proceedings of the 4th AIAA/CEAS Aeroacoustics Conference. Brussels: Council of European Aerospace Societies, 1998.

[14] KROEGER R A, GRUSCHKA H D, HELVEY T C. Low speed aerodynamics for ultra-quiet flight [R]. Dayton: US Air Force Flight Dynamics Lab, 1971.

[15] GEYER T, SARRADJ E, FRITZSCHE C. Measured owl flight noise [C] //Proceedings of 43rd International Congress on Noise Control Engineering. Toowong: The Australian Acoustical Society, 2014.

[16] BACHMANN T W. Anatomical, morphometrical and biomechanical studies of barn owl's and pigeon's wings [D]. Aachen: RWTH Aachen University, 2010.

[17] JAWORSKI J W, PEAKE N. Aeroacoustics of silent owl flight [J]. Annual Review of Fluid Mechanics, 2020, 32: 395-420.

[18] CLARK I A, DALY C A, DEVENPORT W, et al. Bio-inspired canopies for reduction of roughness noise [J]. Journal of Sound and Vibration, 2016, 385: 33-54.

[19] CLARK I A, DALY C A, DEVENPORT W, et al. Bio-inspired trailing edge noise control [D]. Blacksburg: Virginia Polytechnic Institute and State University, 2017.

[20] CLARK I A, ALEXANDER N, DEVENPORT W. Bio-inspired finlets for reduction of marine rotor noise [C] //Proceedings of the 23rd AIAA/CEAS Aeroacoustics Conference. Brussels: Council of European Aerospace Societies, 2017.

[21] CHAITANYA P, NARAYANAN S, JOSEPH P, et al. Leading edge serration geometries for significantly enhanced leading edge noise reduction [C] //Proceedings of the 22nd AIAA/CEAS Aeroacoustics Conference. Brussels: Council of European Aerospace Societies, 2016.

[22] TANG H, LEI Y, FU Y. Noise reduction mechanisms of an airfoil with trailing edge serration at low mach mumber [J]. Applied Sciences, 2019, 9 (18): 3784.

[23] MUTHURAMALINGAM M, TALBOYS E, WAGNER H, et al. Flow turning effect and laminar control by the 3D curvature of leading edge serrations from owl wing [J]. Bioinspiration & Biomimetics, 2020, 16 (2): 026010.

[24] WANG Y, ZHAO Y, TIAN H, et al. Reduction of trailing-edge noise by means of brush-serrated coupling bionic structure [C] //IOP Conf. Series: Materials Science and Engineering Bristol: IOP Publishing, 2019.

[25] LACAGNINA G, HASHEMINEJAD S M, CHAITANYA P, et al. Leading edge serrations for the reduction

of aerofoil separation self-noise [J]. International Journal of Aeroacoustics, 2021, 20 (1-2): 130-156.

[26] BOLDING A, SHARMA A. Numerical investigation of noise reduction mechanisms in a bio-inspired airfoil [J]. Journal of Sound and Vibration, 2019, 435: 314-327.

[27] 王梦豪, 吴立明, 刘小民, 等. 采用仿鸮翼叶片降低空调用离心风机气动噪声的研究 [J]. 西安交通大学学报, 2018, 52 (6): 55-61.

[28] 刘小民, 李烁. 仿鸮翼前缘蜗舌对多翼离心风机气动性能与噪声的影响 [J]. 西安交通大学学报, 2015, 49 (1): 14-20.

[29] 司大滨. 轴流风机仿生耦合叶片降噪机理研究 [J]. 设备管理与维修, 2022 (6): 46-47.

[30] 王雷, 李金波, 黄榆太, 等. 仿鸮翼叶片对轴流风机气动噪声特性的影响研究 [J]. 风机技术, 2020, 62 (2): 19-26.

[31] NEIL T R, SHEN Z, ROBERT D, et al. Moth wings are acoustic metamaterials [J]. Proceedings of the National Academy of Sciences, 2020, 117 (49): 31134-31141.

[32] CLAPHAM P, HUTLEY M. Reduction of lens reflexion by the "Moth Eye" principle [J]. Nature 1973, 244 (5414): 281-282.

[33] BERNHARD C G, MILLER W H. A corneal nipple pattern in insect compound eye [J]. Acta Physiol, Scand, 1962, 56: 385-386.

[34] WILSON S J, HUTLEY M C. The optical properties of "Moth Eye" antireflection surfaces [J]. Optica Acta: International Journal of Optics, 1982, 29 (7): 993-1009.

[35] CHONG T P, JOSEPH P F, GRUBER M. Airfoil self noise reduction by non-flat plate type trailing edge serrations [J]. Applied Acoustics, 2013, 74: 607-613.

[36] MIKLOSOVIC D S, MURRAY M M, HOWLE L E, et al. Leading-edge tubercles delay stall on humpback whale (megaptera novaeangliae) flippers [J]. Physics of Fluids, 2004, 16 (5): L39-L42.

[37] CHONG T P, VATHYLAKIS A. Self noise produced by an airfoil with non-flat plate trailing edge serrations [J]. AIAA Journal, 2022, 60 (12): 1-36.

[38] ROSTANZADEH N, KELSO R M, DALLY B B, et al. The effect of undulating leading-edge modifications on NACA 0021 airfoil characteristics [J]. Physics of Fluids, 2013, 25 (11): 117101.

[39] BOLDING A, RAJ B, SHARMA A. Numerical investigations of bio-inspired blade designs to reduce broadband noise in aircraft engines and wind turbines [C] //54th AIAA aerospace sciences meeting. Reston: American Institute of Aeronautics and Astronautics, 2017.

[40] 李典, 刘小民, 杨罗娜. 仿鸮翼的三维仿生翼型叶片气动特性研究 [J]. 西安交通大学学报, 2016, 50 (9): 111-118.

[41] 孙少明, 任露泉, 徐成宇. 长耳鸮皮肤和覆羽耦合吸声降噪特性研究 [J]. 噪声与振动控制, 2008, 28 (3): 119-123.

[42] HU H, YANG Y, LIU Y, et al. Effects of leading edge serration on noise reduction of multi-copter rotor during forward flight [C] //AIAA AVIATION Forum. Reston: American Institute of Aeronautics and Astronautics, 2020.

[43] 张康, 杨爱玲, 董云山, 等. 长耳鸮翼型气动及声学特性研究 [J]. 能源研究与信息, 2018, 34 (2): 102-109.

[44] 王兵. 小型无人机旋翼的仿生降噪 [D]. 合肥: 中国科学技术大学, 2018.

[45] GEYER T, SARRADJ E, FRITZSCHE C. Measurement of the noise generation at the trailing edge of porous airfoils [J]. Experimental Fluids, 2010, 48: 291-308.

第8章 声学超材料的工程化与商业化

8.1 超材料与知识产权企业

超材料行业的一种商业模式是知识产权企业，这种特殊的企业是将超材料的新技术集中起来，形成一个强大的书架式的技术储备。知识产权企业一般有一个专门的网站，例如 Intellectual Ventures 公司的网站：https：//www.intellectualventures.com。该公司培育了超过 15 家成功的初创公司，总共获得了超过 15 亿美元的投资。这 15 家公司有一点是一样的，即他们都是基于 Intellectual Ventures 提供的技术。该知识产权企业特色是拥有超过 95000 项专利与专利授权，这种技术上的强势与多元化使得他们在寻找投资金主大鳄、寻找技术合作伙伴等方面具有相当大的优势。

8.2 科研人员的商业化努力

声学超材料的概念与研究在数学与物理界已经存在若干年了，现在需要考虑如何将它们设计成为满足实际工程应用的要求，并加速这些新理论在技术上成熟化的进程。高校科研人员堪称宝塔尖上的璀璨明珠，他们的研究代表着科学的最新成就。在国外，许多教授在自己的研究领域取得一定成果后，就开设一家或多家私人公司来开发自己的科研成果，试图找到新科技的应用市场与工程应用，把他们的科学技术转变成产品与生产力，与此同时，他们还保持教授这个永久性的光荣职业。

例如美国阿拉巴马大学机械工程系教授 Ajay K. Agrawal 在 2012 年申请了一个减少燃烧噪声的突破性技术的专利，如图 8.1 所示。该发明将一个海绵状的材料直接放到火焰上就可以减少燃烧系统产生的噪声。该项发明是基于 Agrawal 教授由美国海军提供资金的，关于喷气式发动机燃烧噪声的研究成果的。

b) Agrawal教授与他的学生们

a) 减少燃烧噪声的超材料

图 8.1 Agrawal 教授研究的减少燃烧噪声的技术

Agrawal 教授创办了一家名叫 Ultramet Corp. 的公司，而且专利也是以这个公司的名义申请的。这个发明具有非常广泛的应用，包括军用、民用喷气发动机，独立别墅民用暖风机的燃烧器，旅馆用的暖风机的燃烧器等。Agrawal 教授希望他的发明能够获得广泛的商业化应用。因为他的项目是由美国海军资助的，应该在海军的船舶动力设备、舰载机中会有应用。

8.3　研究机构对新科技的资助与支持

大学与研究机构在资金、商品化、推广上也可以做许多事情。

有的大学看到了他们的教授的科学研究成果的可以期待的工程应用与产品，就资助这些教授成立创新技术公司，来培养与推动这些新技术的推广。以英国 Bristol 大学与 Sussex 大学为例，Mihai Caleap 博士在声学超材料的研究中有所成就，发明了"不可见窗户"的产品，这种窗户的特点是空气可以进入室内，但对声音却具有阻力作用，即可以通气并且隔声的窗户。这种科学原理在本书中也有介绍，不过 Caleap 博士将这个技术变成了产品。他们的另一项声学超材料新技术是，在汽车里，司机与乘客可以同时听不同的声频而不需要耳机或其他辅助设备。这些新产品在 2018 年的美国著名的新技术展览大会——国际消费类电子产品展览会上，受到了人们的好评。学校看到了这种新技术的良好前景，就资助 Caleap 博士成立了一家公司：Metasonics，并且授予他们企业奖学金，成为一个企业俱乐部的终身成员，帮助加速他们的新技术的商业化进程，同时驱动公司的发展与快速成长。

市场需求：光学超材料将为那些想要替换或增购传统光学仪器的早期用户提供具有更先进的性能与竞争优势的产品。有分析机构认为，在未来的 5 年内，光学超材料的应用会快速增长。

技术价值：到目前为止，最有价值的市场在智能手机以及视力矫正镜片方面，市场估值有 400 亿美元。光学超材料可能需要时间来实现足够的规模来占领这些市场，但是广泛的小规模应用在短时间内可以提供应用的基础。

没有解决的困难：尽管生产成本正在快速下降，但目前还是很高，而且产品规模对于许多应用来讲都很小。此外，这种技术具有领导地位的开发者并不多，这可能在近期成为这种技术的创新与被接受程度的一个瓶颈。

8.4　超材料在中国的商业化与工程化成功案例

中国不缺高新科技的学术专家，缺的是能够把这些高新科技商业化、工程化的实业家、工业家。

中国电磁超材料的领军人物非刘若鹏博士莫属。他在浙江大学上大学时就接触到超材料，从此迷恋上了电磁超材料。在美国杜克大学读博期间，为了从事超材料研究，他转专业到电子与计算机工程系，师从杜克大学杰出教授戴维·R. 史密斯（David R. Smith）（图 8.2）。如果我们看看刘若鹏博士的导师史密斯教授的阅历以及他对刘若鹏博士的影响，就不难看出刘若鹏博士的巨大成功背后的原动力了。

当刘若鹏博士 5 岁的时候，史密斯教授就已经毕业于著名的美国加利福尼亚大学圣迭戈分校的物理系了。毕业后，他在加利福尼亚大学圣迭戈分校的两家公司做技术咨询。1994

年，他博士毕业于圣迭戈分校的物理系。博士毕业后，他在母校又做了 3 年的博士后。他的专业领域就是对独特的电磁结构（包括光子晶体与超材料）的理论、模拟与特征的研究。可见他的教育背景就是纯物理学。在美国学习纯物理学的学生都是对物理学有发自内心的热爱而且也都是聪明绝顶的。

图 8.2　杜克大学杰出教授戴维·R. 史密斯

史密斯教授在电磁超材料方面的理论与实验研究是非常著名的。史密斯教授一直在使用数字方法设计与描述电磁超材料特征方面处于领先地位，尤其是他做出了许多关键的证明超材料具有巨大潜力的实验。2000 年，在圣迭戈分校时，他就与他的同事们第一次展示了在 30 多年前理论上证明的，但一直没有人在现实世界证明的在微波频率段的左手超材料（或负反射系数的材料），另一个成就是他从实验上确认了 Veselago 关键的猜想：斯内尔反射定律的反转。这两个成就奠定了他在超材料研究中的领导地位。

史密斯教授对超材料的另一个贡献是他将改变一个材料的折射系数作为一种手段来产生新的渐变折射系数的介质，可以形成一整类的光学单元，例如透镜。

超材料领域最著名的学者就是在伦敦帝国理工学院物理系的 John Pendry 爵士。史密斯教授对 Pendry 爵士非常崇拜，Pendry 爵士对史密斯教授的成果也非常感兴趣，于是，他们俩一拍即合，2001 年，史密斯教授毅然赴帝国理工学院的物理系任访问教授，两位超材料的巨匠开始了一段美好的合作时光，这也是超材料学的一桩幸事。

史密斯教授与最先提出"隐身衣"的 John Pendry 爵士合作，在 2006 年提出了"隐身衣"，可以通过保角变换光学设计的超材料实现。同年，史密斯教授领导的研究团队通过光学变化设计制作出来了在微波频率段的"隐身衣"。实际上，史密斯教授开创了超材料学光学变换的新学术领域，史密斯教授与 Pendry 爵士堪称超材料学术界的殿堂级开拓者与大师。

史密斯教授的研究成果受到了美国军方的表彰，美国国防高级研究计划局的六个技术办公室之一的国防科学办公室在广泛的科学与工程学科中筛选并推进高风险高回报的研究计划，并将其转化为适用于美国国家安全的改变游戏规则的技术。国防科学办公室在 2008 年为了奖励史密斯教授在超材料领域的贡献，特地为他制作了带有特别号码的一枚硬币。将他研究的电磁隐身材料用于某种机型中也不是不可能的事。

史密斯教授不仅仅是一位出色的学者，也是一位出色的企业家。2004 年，他与他的同事合作创立了 Sensor MetriX Corporation 公司，至今他还是该公司的一名董事会成员。

2006 年，刘若鹏从浙江大学毕业后赴美国杜克大学学习。史密斯教授在超材料方面的成就恰好与刘博士的对超材料的兴趣完美契合，他义无反顾地选择了史密斯教授作为博士指导老师，研究超材料及其应用。另外，刘若鹏博士参与的超材料研究项目获得了美国雷神导弹系统（Raytheon Missile System）的资助，快速设计方法项目获得了美国空军科学研究办公室的支持，他的团队的一位成员是来自东南大学毫米波国家重点实验室的崔博士，也受到了中国国家自然科学基金与江苏省自然科学基金的支持。由此可见，中美两国的学术界都对超材料有着浓厚的兴趣，都投入了相当数量的资金推动超材料的发展。

隐身衣的设计就是使用变换光学理论，将一个保角坐标变换用于麦克斯韦方程以便获得一个空间分布的一组定义隐身设计的本构参数。刘若鹏博士在实验室里将这个理论变成了现实。他们做了一个隐身设计，这个隐身设计可以隐藏在一个平板型的导电平面上扰动，也就是说，可以在电磁波下让电磁波绕过物体，电磁波好像没有遇到这个物体一样，在电磁波下这个物体消失了，这就是飞机的隐身原理。为此，他们构造了一个由几千个单元组成的超材料，每一个单元的几何尺寸与形状都由自动设计流程确定。

图 8.3 为隐身衣的详细设计。隐身衣由非共振超材料组成，图 8.3a 所示为超材料的基本单元，基本参数：$l=2\text{mm}$，$w_1=0.3\text{mm}$，$w_2=0.2\text{mm}$，a 从 0 变化到 1.7mm。图 8.3b 所示为非共振型超材料，图 8.3c 所示为非共振型超材料的实际尺寸：高为 100mm，长度为 500mm。

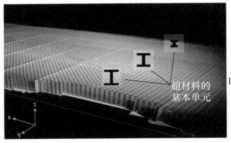

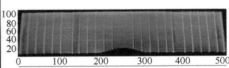

a) 超材料的基本单元　　　　b) 非共振型超材料　　　　c) 非共振型超材料的尺寸(单位：mm)

图 8.3　隐身衣的详细设计

这种地面隐身衣对电磁波的反射的实际效果如图 8.4 所示。如果垂直于地面方向发射直线线束，图 8.4a 所示为当地面有一个凸出物时，它的电磁场显示出强烈的散射场，有 7 条亮线，而且在上边缘附近，这些亮线发生了弯曲，显示出凸出物的存在；当给这个凸出物加上了隐身衣后（图 8.4b），发射电磁波遇到凸出物以后几乎以直线的方式发生反射，有了 9 条亮线，这 9 条亮线在隐身衣的上边缘都是垂直于地面的，因此，对于垂直于地面的观察者来讲，这些亮线是从一个平面上反射回来的，也就是说，相对于垂直地面的观察者而言是看不出这个凸出物存在的。我们可以设想，如果这些隐身设计可以在飞机机身上实现，那么机身对探测雷达的雷达截面积（RCS）就会大大减少，即达到飞机隐身的目的。

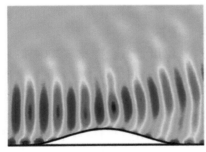

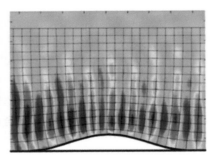

a) 没有隐身衣的电磁波反射　　　　b) 有隐身衣的电磁波反射

图 8.4　隐身衣的隐身效果

这个案例只是一个纯学术问题，因为这是一个二维问题。在 2022 年的第十四届中国国际航空航天博览会上，刘博士创办的光启公司发布了第四代超材料技术，即超材料技术可以实现三维以及工程化应用，实现了由二维平面向三维立体设计转变的重大技术突破，以及超材料制作工艺的升级改进，如图 8.5 所示。

图 8.5　第四代三维立体超材料可以
覆盖新一代尖端装备全身

刘若鹏博士对超材料的巨大贡献除了在学术上的高深造诣外，还表现在推动超材料商业化与工程化的进程中。刘博士以他敏锐的商业头脑，对中国市场的深入了解，以及对中国文化的深刻理解与巧妙运用，在几乎全世界的科学家们都非常兴奋地沉浸在学术领域深入研究超材料之时，成功地使超材料在商业化与工程化的进程中树立起一个又一个里程碑。

全国规模最大的超材料制造基地——709 基地一期于 2021 年正式投产，2022 年下半年启动了 709 基地二期计划，2022 年年底启动施工。等到二期建成投产，光启就真正进入全方位的电磁超材料大规模批量生产。

刘博士创立了深圳光启高等理工研究院并任院长。该研究院专注于超材料电磁调制能力的底层材料研究，紧紧围绕着超材料的应用方向，打通超材料的全产业链条，将超材料由实验室研究推向产业化应用，实现了超材料大规模量产和中国高端装备领域的全面应用，引领了超材料技术的创新发展，使得中国的超材料技术的研发与应用居于世界领先地位。

人的成功不仅仅需要天赋与才能，还需要机会与运气。中国重大军工设备井喷式大发展时期对高科学技术的需求以及这个需求的时间节点，与刘博士取得学术成就并归国的时间恰到好处地吻合在一起，让刘博士得以蓄势而发，可谓时势造英雄。

为了吸引资金投资，扶持仍处于成长期的"超材料"技术，在国家民政局、深圳市民政局的支持与帮助下，刘博士在 2012 年 12 月 26 日组织了由华为、中兴、中国移动深圳分公司等组成的"深圳超材料产业联盟"，目前该联盟已有 30 多家企业加盟。这是超材料产业创业化、商业化、工程化进程的重要大事件。该联盟的专利池的管理原则是"谁研发，谁得益"，"共同注入，共同维护，共享多赢"。截至 2022 年 5 月底，光启申请超材料专利已达 5800 多件，占全球超材料专利申请总量的 86%。这个联盟使得电磁超材料及其相关的上下游企业与供应商有了一个新的平台，做到了产学研商的优化组合，有助于电磁超材料及其相关产品的市场感知度的扩大，将参加联盟或没有参加联盟但有意开发超材料的公司联系在一起，有利于产业链的发展扩大。联盟内企业的制造设备还可以互通有无，提高设备的利用率，也节省了不必要的重复投资，这符合多快好省的经济原则。

我国超材料技术的国家标准体系建设更是领先于世界其他地区。这些标准体系的建立有利于超材料产业的发展，有利于我国超材料产业在全球的发展与竞争，争取到了我国超材料产业链及其发展的更大的话语权。

青出于蓝胜于蓝，严师出高徒。刘博士在超材料工程化、产业化、商业化的成功背后，我们看到了超材料一代宗师史密斯教授，Pendry 爵士的身影与影响力，也看到刘若鹏博士作为创新型高科技工业实业家的远见卓识。刘博士已成为创新科技产业化、工程化、商业化的成功典范与学习榜样。

如今，刘若鹏的名下已经有两家上市公司，其中光启技术股份有限公司股票市值387.61亿（截至2022年11月24日），王业光启，鼎祚有归，而他的财富也以90亿元名列胡润富豪榜第33位。财富乃身外之物，是人们高质量与有尊严的生活的一种保障。但高新科技的商业化、工程化、工业化却是造福于人民的，能够在人民心里铸成永久性的纪念丰碑，青史留名，流芳百世。这可能是作为一个理工科知识分子的最高境界了。

8.5 声学超材料的工程化与商业化路线图

雷达波、光波、声波都是波动，都服从麦克斯韦方程。它们的区别仅仅在于他们的频率或波长。超材料的工程解决方案的优点就是次波长原理，即超材料的工程解决方案的超材料结构基础单元的几何尺寸小于所要解决波动问题的波长。通俗地讲，波动问题的频率越高，波长越小，其超材料结构单元的尺寸就越小，波长越大，超材料的结构单元的尺寸就越大。

图8.6所示为波的不同频率段的频率与波长。对于可见光来讲，其波长在400~700nm，对于声波来讲，可听声波的频率在20~20000Hz，即波长在17mm到17m之间。

波长在毫米级、甚至米级的超材料的基本单元的几何尺寸就是在毫米级甚至米级。根据次波长的原理，声学超材料单元的最小厚度 h_0 为

$$h_0 = 0.128\lambda \tag{8.1}$$

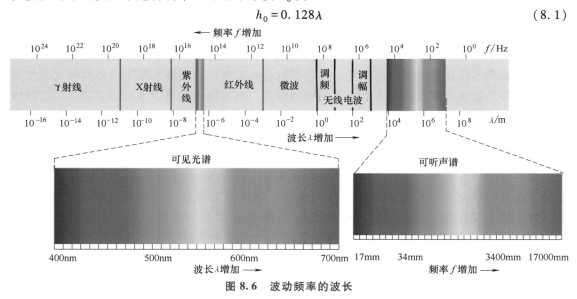

图8.6 波动频率的波长

带入20~20000Hz的波长，可听频段的超材料单元的厚度为2.176~2176mm。

一般来讲，对于低频声音，人的耳朵的敏感性比较低，同样地，对于高频声音，人耳的敏感性也不高。去掉这些低频或高频，我们考虑200Hz以上的频率，即200~6000Hz频带段。在低频时人的耳朵是不敏感的，频率为1000~2000Hz时人的耳朵是最敏感的。我们不期望在全频率段对所有的噪声进行衰减，但希望在人听觉感觉敏感的频率段上进行衰减或在某一个或几个影响人们听觉愉悦的频率段上进行噪声衰减设计。在这个频率段，声学超材料的厚度大多数情况下是可以控制到设计空间可以接受的范围内的。

8.5.1 声学超材料的结构基本单元

声学超材料的结构形式多种多样、千变万化，但其基本单元却是很简单的。超材料的结构跟分子的构造有些相似之处，它是由基础单元作为最基本的结构，不同基础单元的排列组合以及衍生变化构成了不同的超材料结构。根据作者所收集到的有限数量的文献，对第 2 章文献中所列出的声学超材料结构进行分析，我们发现，不论是空间折叠单元还是迷宫单元，它们都是由最基本的、最简单的基础单元变化而来的，如图 8.7 所示。

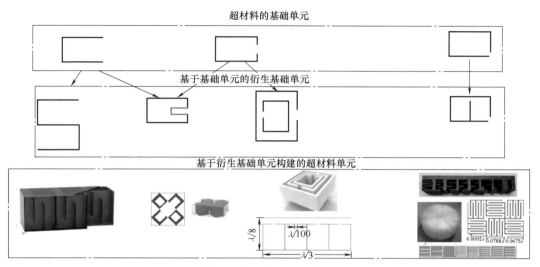

图 8.7　超材料的基础单元

空间折叠与迷宫式超材料的基础单元，即最小结构单元，是由开口型、中间小开口型、侧边小开口型三种基础单元组成的。在这三种基础单元之上进行了多种变化，生成了超材料的衍生基础单元，这些衍生基础单元的各种排列组合又产生出来多种多样的迷宫式与空间折叠式超材料结构。

8.5.2 声学超材料的塑胶注塑制作

电磁超材料、电磁隐身技术的工程化道路是充分利用现有的工业基础设施与设备去制作超材料。这种方式的好处是利用成熟技术、减少初始投资、工程化进度快、产品质量可控等。声学超材料的结构单元不同于电磁超材料，但这种工程化的思路与路线是可以借鉴的。

根据迷宫型、空间折叠型超材料的结构特点，超材料的制造方法之一是采用塑胶注塑的方式制作。首先，塑胶注塑制作是一个非常成熟的技术，具有现成的供应商产业链，注塑机的模具制造技术也是非常成熟的技术。塑胶注塑在日常生活的产品中得到了大量的应用，例如家电、通信、厨卫、计算机、汽车、玩具、办公设备、运动器材、医疗器械、园林设备等各大领域。超材料对制作精度的要求也不是很高，对造型、颜色、花纹、纹理等外观的要求也不高。如果我们可以利用塑胶注塑技术与注射模具制造技术来制造超材料，将会使超材料的制造成本大幅度降低，这不失为超材料工程化、商业化、具有可行性的道路之一。这种超材料的制作方式有利于超材料的工程化与商业化。

如图 8.8 所示，超材料单元注塑制作的第一步是制作模具，然后将模具放到注塑机中，利用塑胶注塑机进行制作。

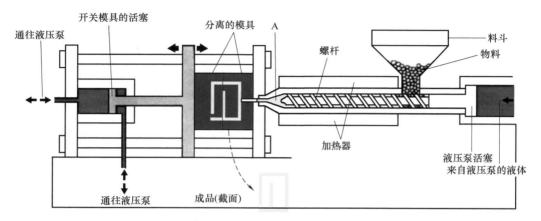

图 8.8　一种典型超材料衍生基础单元的塑胶注塑示意图

这种制作方式的特点是工艺过程比较简单、易行。工艺、模具、制作设备等都是市场上的成熟技术，注塑机有高档的、也有低档的，有进口的、也有国产的。我国的塑胶注塑机的模具制造商也比较多，这些制造商的设备、技术都很成熟、很普及，完全可以满足声学超材料的制作要求，而且价格也是很合理的。因此，声学超材料进入工程化生产没有技术障碍。对刚进入声学超材料领域的创新企业来讲，进入门槛比较低，基础设施的投资也不高，适合于声学超材料的工程化。

本书只是列举了一种塑胶注塑制作方式，起到一个抛砖引玉的作用。还有其他的制作方式，如嵌件注塑、双色注塑、微发泡注塑、纳米注塑等。这些成熟的工艺已经广泛地用于工业与日常用品上了，我们可以根据声学超结构的应用特点与实际工作情况，与注塑供应商进行协商，看看选取哪一种注塑工艺更能达到多快好省的目的。

8.5.3　注塑成型单元制造流程

超结构的形状通常是复杂的，目前来看，3D 打印的优点是制作精确，什么复杂的结构都可以制作。但其有速度慢、成本高的缺点，只适合于单件生产的科学研究与实验用途，对于大规模生产与市场推广目前是行不通的。对于静音结构来讲，结构相对复杂，如果使用 3D 打印技术则成本相对高，会使得市场的接受程度受到限制。因此，我们需要一种大规模生产的技术，降低生产成本，使得高科技可以像王谢堂前燕一样飞入寻常百姓家，让人们的生活更加舒适，造福人类。

超级静音结构的制造技术与成本是决定其应用广泛程度的重要因素之一。为了减少成本、提高生产效率，一种声学超结构的大规模生产方式是使用模具注塑。这种生产方式的最大成本可能是模具的制作，但这种模具制作相对简单，成本也不是很高，因此可以作为大规模生产满足市场应用的基础。

其制造方法是采用插入式注塑成型法，具体步骤如图 8.9 所示。

制造流程的第一步是将金属条插入封闭的模具中，然后在模具中注入塑料，成型后从模具中将单元取出。制造过程非常简单，非常适合大规模生产。

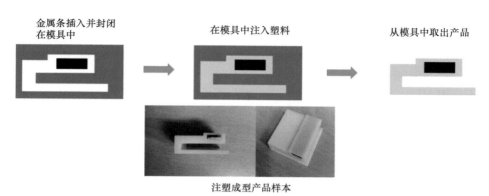

图 8.9　插入式注塑成型工艺流程及样本

8.5.4　声学超材料的商业化思考

超材料在光学、电磁学等方面的成功商业化为声学超材料的商业化提供了一个范例，使得声学超材料的商业化有了可借鉴的样本，商业化路线图更加明晰。

首先需要有敏感的市场洞察力。对市场的需求要有系统的了解与研究，特别是对未来的市场与产品对声学超材料的需求要做系统的市场调研。要敏感地洞察到市场的需求，抓住市场的机遇，果断出手。

基于中国特色的社会主义经济，各级政府的经济政策导向与发展经济的策略往往会对经济活动产生重大影响。我们需要研究这些政策对经济问题的影响以及发展机会，为发展声学超材料的商业化提供动力。

声学超材料具有天然材料所不具备的超越自然的减振、减噪能力，对于减少环境的噪声污染，提升家庭的安静性舒适性，民用设备的减振减噪，航空、航海设备的减噪与减振都有着其独特的应用前景。关键的问题是我们需要找到这些潜在的或现实的市场需求与声学超材料技术、工程解决方案、产品之间的一个或多个恰到好处的切入点，将正确的产品在正确的时间以正确的价格投放到正确的市场。

打铁还需自身硬，市场化最重要的还是我们要有客户喜欢的、客户想要的，而且能够为客户带来价值的声学超材料产品。这些声学超材料产品经过了设计验证与产品确认，而且能够产生利润并能够持续增长。

最理想的结果就是勇于创新，能够利用声学超材料的独特性能以及独特的波导优势解决NVH 工程问题中的次波长问题，在产品的减噪、减振方面独树一帜，在没有现成市场的情况下开创出一个新的市场。

参 考 文 献

［1］　LIU R，JI C，ZHAO Z，et al．Advanced materials and materials genome-review metamaterials：reshape and rethink［J］．Engineering，2015，1（2）：179-184．

［2］　LIU R，JI C，MOCK J J，et al．Broadband ground-plane cloak［J］．Science，2009，323（5912）：366-369．

［3］　叶青．从平面到立体：第四代超材料技术亮相中国航展［EB/OL］．（2022-11-21）［2023-07-01］．https：//www. kczg. org. cn/rules/detail？id=6204373.

［4］　Adam Jones. UA Engineering Professor Quiets Combustion with Patented 'Noise Sponge'［EB/OL］. (2012-04-13)［2023-07-01］. https：//news. ua. edu/2012/04/ua-engineering-professor-quiets-combustion-with-patented-noise-sponge/.

［5］　LIU R，CHENG Q，CHIN J，et al. Broadband gradient index microwave quasi-optical elements based on non-resonant metamaterials［J］. Optics Express，2009，17（23）：21035.

［6］　科里时技术. 塑料成型最常见的几种注塑工艺［EB/OL］. (2022-05-23)［2023-07-01］. https：//baijiahao. baidu. com/s？id=1733579283424994938&wfr=spider&for=pc.

［7］　PENDRY J B，SCHURIG D，SMITH D R. Controlling electromagnetic fields［J］. Science，2006，312（5781）：1780-1782.

后　记

就声学领域而言，制造超材料装置的材料并不重要，主要是结构在起作用，因此我们也称声学超材料为声学超结构。设计人员要根据具体的工程 NVH 问题，应用声学超结构理论、原理以及相关的超自然性能，去设计具体的声学超结构。

NVH 问题的实质就是声波、振动波与冲击波的传播，常规的解决 NVH 问题的思路就是处理这些波，要么加吸声装置、阻尼衰减这些波，要么加声障阻止这些波的传播。这些 NVH 问题处理措施的设计前提是我们默认这些波的传播特性是不能改变的，只能根据所选用的材料的自然属性无差别地进行 NVH 设计。声学超材料所具有的超自然特性，例如声学黑洞、系统的负质量密度及负弹性模量、弹簧负刚度、声波的广义反射与折射定律、施罗德衍射原理以及仿生学，从根本上颠覆了传统的 NVH 解决方案的思路、设计方法以及最终产品。

第一个颠覆性的概念是声波、振动波及冲击波的传播方向是可以通过超材料/超结构的设计来任意改变的。对于振动波，声学黑洞与伊顿透镜都可以改变其传播方向，都可以将波与能量聚集到一个点上。对于声波，可以根据广义反射与折射定律，通过设计反射面的超结构任意改变其传播方向。

第二个颠覆性的概念来自超材料的神奇特性：负质量密度与弹性模量。超材料的单元可以通过排列组合的方式形成超结构。这种超结构的整体 NVH 特性在某些频率带上产生负质量密度，或负刚度，或二者皆有。这些超自然的 NVH 属性在某些频率带产生了声传播禁带，声传播禁带的设计与实施为 NVH 问题提供了一个非常有效的工程解决方案。由此，阻碍噪声的传递能量不再建立在声障的质量密度或厚度基础上，而是建立在反射界面的超结构设计基础上。

第三个颠覆性的概念是吸声系数/传递损失在整个频率域中是可以设计的。超结构的吸声与传递损失特性，可以根据出现 NVH 问题的频率域进行设计，制成具有完美吸声系数的吸声超结构，或在问题频率域内具有极高传递损失的超结构。

第四个颠覆性的概念是超结构的紧凑性。传统吸声材料对厚度是有要求的，厚度增加 1 倍，其吸音系数曲线就会向低频移动 1 倍频程，即厚度越大吸声效果越好。但对超结构而言，尺寸上的限制被突破了。超结构的重要特点之一就是它的结构紧凑性。超结构装置的尺寸是次波长的，也就是说，它的尺寸可以是相对于它所要衰减的噪声的波长的 0.128 倍。这在 NVH 减噪装置的设计上是一个突破，超结构的尺寸紧凑性使它能在设计空间非常有限的地方发挥改善 NVH 性能的功能。此外，根据超结构理论设计的超薄型吸声器，以及依据飞蛾声学仿生原理设计的超薄型吸声材料，都突破了传统吸声材料的厚度下限。

第五个颠覆性的概念是声隐身。关于声隐身的最初设想是通过设计声隐身装置，使声源在该装置外发出的声波到达该装置时，能绕过该装置而不会在其表面产生反射。延伸至 NVH 问题，就是当声波绕过声隐身装置时，不会进入其内部，从而起到了静音作用。这是一种全新的 NVH 设计策略，既不同于设计隔声装置被动阻止噪声进入房间，也不同于设计吸声装置吸收已经进入房间的噪声，而是通过设计声隐身超结构，让噪声绕过房间，意即"御噪声于房门之外"的 NVH 设计策略。

第六个颠覆性的概念是 NVH 材料范畴的大幅拓展。传统吸声材料是纤维或孔隙材料，不耐高温，且无法在潮湿、污染的环境下发挥 NVH 效能。而对于声学超材料，材料不重要，结构才重要，因此可以根据应用环境与场合选用几乎任何材料来制作 NVH 装置，例如"噪声海绵"，就可以安置在涡扇发动机的燃烧室里，用于降低燃烧噪声。

声学超结构的超自然特性为 NVH 技术的发展打开了一扇机会之门。NVH 超结构理论有的已经开创了上百年，有的开创了几十年，还有的仅仅开创了十几年，但它们大多非常遗憾地还没有转化成工程技术，广泛应用到产品上，只是徘徊在学术期刊的论文里，作为学者们的研究课题。

在科学与技术的发展长河中，科学家永远走在前面，他们的聪明才智得到了极大发挥，但工程技术人员却在应用方面一直落后。究其原因，主要是科学与技术间缺乏衔接的桥梁。科学家的科研成果与信息没有一个很畅通的渠道传递给工程技术人员，引起他们的注意，激发他们对科研成果的利用与再创造。科学家履行着他们探索新领域与新理论的使命，反复试验验证，不断将科研成果发表在学术期刊上，以此作为对他们辉煌成就的永久记录与见证。但工程技术人员很少去关心科学家的科研进展，而是整日忙于越来越繁重的工作。企业是以生产为目的，以产品为驱动的，因此很少有企业会雇用专门人才研究科学理论在工程与日用产品上的应用，大多数企业会急功近利地雇用那些能马上为自己带来利润的高级技术人员。因此，科学研究的前沿与工程技术的应用间总是存在着壁垒。笔者撰写本书的目的之一就是打破这一壁垒，搭建起 NVH 前沿科学与 NVH 工程技术应用的桥梁。本书旨在通过对 NVH 前沿科学成果与工程技术应用案例的系统、详细讲解，激发一线工程技术人员的认知飞跃，为他们打开 NVH 设计与开发的机会窗口，进而推动 NVH 前沿技术的工程应用进程。本书将概念、理论与应用案例融会贯通，有如一个"NVH 前沿科学与技术数据库"，使工程技术人员可以轻松查阅自己需要的内容，并进行巧妙的排列组合，最终实现自己的设计目的。

NVH 新技术不仅在工业上有无限的应用场景，在日常生活中也有无限的应用机会。此外，NVH 新技术的应用会为 NVH 超结构的发展提供新的科研课题与机遇。科学与技术的发展，就像两个黑洞的纠缠，它们距离越近，旋转的速度就越快，最后结合成一体，迸发出巨大的能量，向四周传播。因此，科学与技术的紧密结合，就是生产力快速进步的源动力。

科学界的大师们，Pekeris、斯涅尔、Bose、Krylov、Veselago、Hersche、Capasso、虞南方、米纳特、Bossart、Dykstra、施罗德、沈平、陈子亭、程建春、马大猷、Pendry、Norris、Smith、Leonhardt、Cummers、Bodling、Agrawa、Graham、Sharma、Mesaguer、Hogado、Kroeger、Neil、Bernhard、Miller、Clapham、Hutley、Hartog、Ormondroyd、Barish、Thorne、Weiss、Angus、付跃刚、董亭亭、沈志远（音译）、Naify、Fang、Rho、朱陶、Cazzolato、

Robertson、Stewart、孙少明、曼德博、张锌、马冠聪、张海龙、王梦豪、坂上公广、马列、刘乐等，在 NVH 超结构的科学领域为我们指引了一个前途无限的方向，开辟了一条光明的道路。万事俱备，东风已起。科学舞台上最伟大的下一幕永远是技术应用。科学工作者与工程技术人员要以爱迪生、特斯拉、乔布斯、Jhabvala、Wollack、刘若鹏、陈舒玉（音译）、Latvis、Platus、D'Antonio、Park、Caleap、胡海淘、Horiuchi、张浩、王兵为榜样，升起风帆，借助东风，让 NVH 前沿科技的工程应用沿着既定航线，起锚开航！